Arend W. Lang

Die »Caerte van oostlant« des Cornelis Anthonisz. 1543

Schriften des Deutschen Schiffahrtsmuseums

Herausgegeben von
Detlev Ellmers, Wolf-Dieter Hoheisel und Gert Schlechtriem
Schriftleitung: Uwe Schnall

Band 8

Arend W. Lang

Die »Caerte van oostlant« des Cornelis Anthonisz. 1543

Die älteste gedruckte Seekarte Nordeuropas und ihre Segelanweisung

ERNST KABEL VERLAG

Die Herausgeber danken dem Förderverein Deutsches Schiffahrtsmuseum e.V. herzlich für einen großzügigen Druckkostenzuschuß.

Die englische Übersetzung der Zusammenfassung besorgte Jane Weeks, M.A., die französische Pascale Billant und die russische Maximilian Parnitzki.

Redaktion: Dr. Uwe Schnall

Verlag: Ernst Kabel Verlag GmbH, Sierichstraße 21, 2000 Hamburg 60

Satz und Lithographie: Der Satz-Partner, Wiefelstede-Metjendorf
Druck und Einband: Ernst Kabel Druck GmbH, Hamburg
ISBN 3-8225-0012-7

In memoriam Arend Wilhelm Lang

15. September 1909 – 23. Februar 1981

Das vorliegende Werk über Cornelis Anthonisz. »Caerte van oostlant« ist die letzte vollendete größere Arbeit von Arend Wilhelm Lang, und das Deutsche Schiffahrtsmuseum schätzt sich glücklich, dies wissenschaftliche Vermächtnis eines herausragenden Forschers veröffentlichen zu können.

Arend Wilhelm Lang wurde 1909 als Sohn eines Eisengießerei-Besitzers in Leer/Ostfriesland geboren, besuchte das dortige Gymnasium und studierte anschließend Medizin. Nach Beendigung des Studiums arbeitete er im öffentlichen Gesundheitsdienst und ab 1942 als Militärarzt. Nach dem Ende des Zweiten Weltkrieges änderte er seine Lebensaufgabe vollständig: Er widmete sich nun den Geisteswissenschaften, vor allem der historischen Kartographie, und auf diesem Felde gewann er internationale Bedeutung. Eine Vielzahl von grundlegenden Veröffentlichungen (vgl. die Publikationsliste am Ende dieses Buches) brachten diese Forschungsdisziplin bedeutsam voran, und Lang hat darüber hinaus als Lehrbeauftragter an den Universitäten Göttingen und Berlin und in unzähligen Gastvorlesungen und wissenschaftlichen Vorträgen im In- und Ausland für das von ihm vertretene Fach Großes geleistet. Sein Haus auf Juist war Treffpunkt und gern aufgesuchte Ansprechstelle für Kartographie- und Schiffahrtshistoriker aus aller Welt. Die wissenschaftlichen Verdienste Langs, der Mitbegründer der »Fryske Akademy« in Leeuwarden und Mitglied verschiedener anderer Akademien und gelehrter Gesellschaften war, wurden u.a. durch die Verleihung der Martin-Prestel-Medaille 1973 und der Ubbo-Emmius-Medaille 1976 gewürdigt. Seine Arbeiten über den Gestaltungswandel der Ästuare der nordwestdeutschen Ströme, über die Morphologie der friesischen Inselketten und über die Seezeichen- und Kartengeschichte der Nord- und Ostsee und der angrenzenden Länder werden ihm stets eine bedeutende Stellung in seiner Forschungsdisziplin bewahren.

Arend Wilhelm Lang stand dem Deutschen Schiffahrtsmuseum seit dessen Gründung beratend zur Seite, u.a. durch die Erarbeitung der Seekartenausstellung. Das Deutsche Schiffahrtsmuseum hat in ihm einen immer der Sache verpflichteten Förderer verloren. Der Tod nahm ihm über der Herstellung des vorliegenden Werkes die Feder aus der Hand. Es ist nur ein kleines Zeichen unserer Dankbarkeit, wenn wir das letzte Opus dieses bedeutenden Wissenschaftlers der Öffentlichkeit zugänglich machen.

Bremerhaven, im Winter 1985/86 — Uwe Schnall

Inhaltsverzeichnis

Lose Beilage: Cornelis Anthonisz.: »Caerte van oostlant«
(verkleinerter Abdruck)

Vorwort

Spätestens seit Veröffentlichung des »Catalogus auctorum« im »Theatrum orbis terrarum« (1570) des Ortelius ist der Amsterdamer Cornelis Anthonisz. als Schöpfer einer der frühesten Seekarten der nördlichen Hälfte Europas, der »Caerte van oostlant« (»Regionum orientalium Tabula«) in aller Welt bekannt. Sein Blatt selbst aber blieb jahrhundertelang verschollen. Wohl veröffentlichte Ortelius in seinem Atlas 1570 einen – überarbeiteten – Mittelteil der Karte unter dem Titel »Daniae Regni Typus«, über das Aussehen der übrigen Partien der Seekarte blieb man jedoch trotz Erscheinens anonymer zeitgenössischer verkleinerter Kopien durch italienische Verlage im Ungewissen.

Erst als Ruge 1904 das – bis heute einzige bekannte – Original unter den Beständen der alten Universitätsbibliothek Helmstedt in Wolfenbüttel nachweisen konnte, lichtete sich das Dunkel. Wie unten näher ausgeführt, handelt es sich freilich nicht um die Erstausgabe, sondern um die dritte Auflage der »Caerte van oostlant«.

Nur wenige Jahre später veranstalteten Bjørnbo und Petersen in ihrem aufsehenerregenden Werk »Anecdota Cartographica Septentrionalia« (1908) den ersten verkleinerten, freilich nicht in allen Teilen genügend klaren Nachdruck. Er blieb von da an für Jahrzehnte Grundlage aller angestellten Untersuchungen.

An gleicher Stelle lieferten sie die erste kritische Betrachtung der in vielfältiger Hinsicht sehr bedeutsamen Karte zusammen mit einer sorgfältigen Auflösung der oft schwer verständlichen topographischen Namen. Neben dem Niederländer Burger (1908) waren es in der Folgezeit vor allem skandinavische Wissenschaftler, die sich weiterhin mit der »Caerte van oostlant« auseinandersetzten und sie hierzu in ganzer Ausdehnung oder ausschnittsweise veröffentlichten, wie Knudsen (1913) oder Dahlgren/Richter (1944), während Bagrow 1928 eine Zusammenschau der hydrographischen und kartographischen Arbeiten des Anthonisz. bot.

Unabhängig hiervon wiesen vorwiegend niederländische Gelehrte, vor allem Moes (1900) und Burger (1908ff), aber auch Knudsen (1914) auf verschiedene seit 1541 im Druck erschienene kleine Segelhandbücher hin, für deren Autorschaft sie – nicht immer zu Recht – den Schöpfer der »Caerte van oostlant«, Cornelis Anthonisz., ebenfalls in Anspruch nahmen. In der Tat hatte dieser die Ausgabe eines solchen die Gewässer der Nord- und Ostsee beschreibenden Buches angekündigt, das zugleich Seitenansichten verschiedener Küstenabschnitte enthalten sollte.

Erst die Veröffentlichung Keunings (1950, 1952), der den Wert eines vor etwa drei Jahrzehnten wiederentdeckten ältesten bisher bekanntgewordenen Segelhandbuchs dieser Art richtig deutete und das Werk Cornelis Anthonisz. zuschrieb, stellte erneut das Œuvre des Amsterdamer Hydrographen und Künstlers zur Diskussion.

Nachdem wir zweifelsfrei in dem seltenen Segelhandbuch »Dies ist die Beschreibung der östlichen Gewässer« (1558) die dritte Auflage des lange als verschollen gegoltenen Originals des Anthonisz. vor uns haben, dessen Texte ihm zum Teil zum Aufbau der »Caerte van oostlant« dienten, d.h. nachdem endlich beide Originale des Anthonisz., nämlich Seekarte und zugehörige Segelanweisung, vorlagen, ergab sich erneut die Veranlassung, sich mit diesen für die Entwicklung der älteren Hydrographie der nördlichen Hälfte Europas äußerst wichtigen Quellen eingehend zu beschäftigen und mit Aussicht auf Erfolg zu versuchen, eine Reihe bedeutsamer, bisher offen gebliebener Fragen einer Klärung näherzuführen.

Ich lege hiermit das Ergebnis einer langjährigen Untersuchung vor. Sie zielt darauf ab, neben einer eingehenden Beschreibung des Blattes sowohl eine Übersicht der zum Aufbau der Seekarte dienenden Grundlagen, eine Analyse der Arbeitsmethoden des Autors zu bieten sowie das Zustandekommen und die Bedeutung der Segelanweisungen nebst Vertonungen darzulegen, als auch die epochale Wirkung beider Arbeiten des Anthonisz. herauszustellen.

Es ist mir ein Bedürfnis, an dieser Stelle allen zu danken, die maßgeblich diese Untersuchung förderten, in erster Linie Herrn Bibliotheksdirektor Professor Dr. Paul Raabe, Wolfenbüttel, der die schwierige Reproduktion des seltenen Blattes (in 1 : 1) ermöglichte, Herrn Sinelnikoff (†), London, dem ich einen Fotonegativfilm des in den USA bewahrten Segelhandbuchs verdanke, Herrn J. Keuning (†), Schiedam, der wertvolle Hinweise beisteuerte, und nicht zuletzt dem Direktorium des Deutschen Schiffahrtsmuseums, Bremerhaven, das die Erstellung des Manuskriptes unterstützte und in seine Schriftenreihe aufzunehmen sich bereiterklärte. Herrn Dr. U. Schnall bin ich für die Korrektur des Manuskriptes und die Einrichtung zum Druck verpflichtet.

Juist, im Januar 1981 — Arend W. Lang

Einleitung

Im 15. Jahrhundert hatte die starke Bevölkerungsdichte des europäischen Westens und eine zunehmende Industrialisierung, besonders in den seit je kornarmen Niederlanden, einen steigenden Bedarf an Getreide, Schiffbaumaterialien und zahlreichen anderen Gütern zur Folge. Dies führte zu einem vorher nie gekannten Aufschwung des Schwergutverkehrs zwischen dem europäischen Osten und dem Westen, zu dem um die Mitte des gleichen Jahrhunderts auch die seefahrttreibenden Völker der Iberischen Halbinsel hinzutraten. Während der Osten, vor allem die baltischen Länder, vorwiegend Getreide, aber auch Holz, Flachs, Teer und andere Bedarfsgüter lieferte, führten der Westen und Süden neben industriellen Erzeugnissen, Wein und Gewürzen vorwiegend das im Osten sehr begehrte Salz aus.[1] In dieser sich im Laufe des 15. und 16. Jahrhunderts enorm ausweitenden Korn–Salzfahrt traten zunehmend die zwischen beiden Wirtschaftsgebieten geographisch ungefähr in der Mitte liegenden Niederlande[2] als Verbraucher – mehr aber noch als Vermittler und Zwischenhändler – in Erscheinung. Der ständig wachsende Getreidebedarf des Westens brachte es zu Anfang des 16. Jahrhunderts weiter mit sich, daß auch verschiedene Küstenländer und Seestädte im Bereich der Helgoländer Bucht, Dithmarschen, Eiderstedt und Nordstrand, aber auch Hamburg und Bremen als Kornproduzenten bzw. -Lieferanten auftraten.[3] Im Westen konzentrierte sich der Kornhandel nach dem Verlust der Vormachtstellung Brügges[4] neben Antwerpen vorwiegend auf Amsterdam. Hier, wo sich schon im 15. Jahrhundert der Hauptgetreidemarkt der Niederlande befand, entwickelte sich im 16. Jahrhundert die unbestrittene »Korenschuur« Westeuropas.[5]

Die Seeverkehrsroute dieses Schwergutaustausches führte vom Marsdiep und Vlie[6] – den Nordausgängen der Zuidersee – über Kap Skagen durch die Meerenge zwischen Helsingør und Helsingborg – den hier verhältnismäßig leicht zu schließenden Sund – und weiter in die »Oostersche Zee«.

Obwohl man hierunter in den Niederlanden im 15. und 16. Jahrhundert vorwiegend die heutige Ostsee verstand, beschränkte sich zu jener Zeit dieser Begriff jedoch keines-

[1] Vgl. hierzu und zu folgendem: R. HÄPKE: Die Regierung Karl V. und der europäische Norden. Lübeck 1914. S. 26ff.; F. VOLLBEHR: Die Holländer und die Deutsche Hanse. (=Pfingstblätter des Hansischen Geschichtsvereins XXI). Lübeck 1930; A. E. CHRISTENSEN: Dutch trade to the Baltic about 1600. Kopenhagen/Den Haag 1941; J. A. VAN HOUTTE: Economische en sociale geschiedenis van de lage landen. Zeist/Antwerpen 1964. Buch 3.

[2] A. MEILINK: Rapporten en betoogen nopens het Congégeld op granen 1530 – 1541. In: Bijdragen en Mededeelingen v. h. Hist. Gen. 44, (Amsterdam) 1923.

[3] DERS.: ebendort, S. 32 (1530), 36, 40, 50, 66.

[4] M. K. E. GOTTSCHALK: Het verval van Brugge als Wereldmarkt. In: Tijdschr. voor Geschiedenis 66, Afl. 1, (Groningen) 1953, und die dort angeführte Literatur.

[5] Vgl. H. BRUGMANS: Opkomst en bloei van Amsterdam (Edit. II). Amsterdam 1944. S. 38ff. Schon 1539 wurden zu Amsterdam nicht weniger als 2 200 Last Getreide angelandet. J. S. THEISSEN: De Regeering van Karel V in de noordelijke Nederlanden. Amsterdam 1912. S. 217.

[6] Vgl. MEILINK: a.a.O., vor allem S. 72 und 112f, ferner F. KETNER: Handel en scheepvaart van Amsterdam i.d. 15. eeuw. Leiden 1946. S. 107f, ferner: N. W. POSTHUMUS: De oosterse handel te Amsterdam. Leiden 1953.

wegs allein auf sie. Das »Oistlandt deses – oft guns zydes van der Sondt oft Belte«[7] bezog vielmehr alle östlich der eignen Landesgrenzen gelegenen Territorien mit ein, d.h. Hamburg und Bremen zählten ebenso hierzu wie alle Nordseeländer der Helgoländer Bucht: Eiderstedt, Holstein, speziell Dithmarschen, Wurtfriesland, Jeverland und Ostfriesland.[8] Spätestens im Laufe des 16. Jahrhunderts, allem Anschein nach aber schon wesentlich früher, dürfte sich für die nach Osten gerichtete Fahrt im Nordseebecken einschließlich der jütischen Westküste die Bezeichnung »Kleine Oost« –, für die zu den östlich davon gelegenen Territorien des Dänischen Königreichs, besonders aber für die Fahrt in die »Oesterzee« – die Ostsee – die Bezeichnung »Groote Oost«[9] herausgebildet haben.

Durch die Sperrung des Sundes hatten die Hansestädte unter Führung Lübecks wiederholt diesen Warenzug an seiner empfindlichsten Stelle zu unterbrechen gesucht, um die immer bedrohlicher werdende niederländische Handelskonkurrenz niederzuhalten und aus ihrer ureigensten hansischen Einflußsphäre, der Ostsee, herauszudrängen.[10] In der Tat traf eine Sundsperre den Westen fast jedes Mal auf das empfindlichste, verursachte das Ausbleiben der Getreideflotten aus dem baltischen Osten doch nicht nur für den holländischen Zwischenhandel, ja für das ganze niederländische Wirtschaftsleben größte Verluste, sondern kam auch aus ernährungspolitischen Gründen nicht selten einer Katastrophe gleich.[11]

Der Handelsverkehr zu Schiff nach »Oostlant« hatte sich längst zum »Mutterhandel«[12] entwickelt, er war »die siele van de geheele negotie«, d.h. er war schlechthin die Basis für alle großen handelspolitischen Operationen der Niederländer geworden und blieb es für viele Generationen. Es war daher für Amsterdam und die vielen anderen Seehandels- und Industriestädte des Westens ein Ereignis von größter wirtschaftlicher Tragweite, als im Frieden von Speyer 1544 den Niederländern der freie Sundverkehr garantiert wurde, der Ost-West-Verkehr sich wesentlich freier als bisher zu entwickeln vermochte und damit endgültig die Ostseepolitik der Hanse zusammenbrach.

Von da an wurde die Überlegenheit der Niederländer in der Sundfahrt über alle anderen Nationen noch drückender, als sie ohnehin schon gewesen war: Machten sie 1518 hier schon 16% aller Passagen aus[13], so steigerte sich ihr Anteil 1565 bis auf 86%.[14]

Diese überaus günstige Entwicklung der Korn-Salzfahrt in den 30er und 40er Jahren des 16. Jahrhunderts suchte die Landesregierung sich dadurch zu Nutze zu machen,

[7] Groot Placcaat – en Charterboek van Vriesland (Edit. G. F. SCHWARTZENBERG EN HOHENLANDSBERG). III. Leeuwarden 1778. S. 151 (1549). Vgl. auch: ebendort, Nr. 754 (1573) und Nr. 212 sowie 382 (1566). Hamburg, Bremen, Holstein und Dithmarschen zählen zu den Ländern und Städten, die 1563 »granen uuyt Oestlandt« liefern.

[8] 1562 wurde ein Straßenräuber »tot Hamborch in Oistlant« gefangen (R. HÄPKE: Niederländische Akten und Urkunden zur Geschichte der Hanse. II. Lübeck 1923. Nr. 161); »Bremen, Hamburch en andere plaatsen in Oostland« (1530), in: MEILINK: a.a.O., S. 52 und 69; 1541 werden außer Emden auch Holstein und Dithmarschen ausdrücklich als »Oostersche steden« bezeichnet; DERS.: ebda, S. 112.

[9] J. TER GOUW: Geschiedenis van Amsterdam. V. Amsterdam 1886. S. 412 (1557 II 11), und Tegenwoordige Staat der vereenigte Nederlanden XV/3. Amsterdam 1788. S. 75[25]; ferner J. W. VAN DILLEN: Stukken betreffende den Amsterdamschen graanhandel. In: Econ. hist. Jaarboek III, (Den Haag) 1917, S. 96 und S. 99 (um 1681).

[10] Vgl. hierzu die zusammenfassende Darstellung VOLLBEHRS: a.a.O. S. 40ff.

[11] Vgl. E.C.G. BRÜNNER: De order op de buitennering van 1531. (Diss. phil.). Utrecht 1918. S. 139ff.

[12] KETNER: a.a.O. S. 201. Vgl. auch den »Vertoogh over den Oosterschen handel van 1646«, in der letzterer als »de siele van de gehele negotie« bezeichnet wird, »waeraen alle andere Commercien ende traffiquen dependeren«, in: CHRISTENSEN: a.a.O. S. 5 und S. 20[3].

[13] THEISSEN: a.a.O. S. 216.

[14] CHRISTENSEN: a.a.O. S. 47[2]. Amsterdam vermehrte in der Zeit von 1546 bis 62 die Zahl seiner Häuser fast um das Doppelte. Vgl. hierzu W. VAN RAVESTEYN: Onderzoekingen over de economische en sociale ontwikkeling van Amsterdam gedurende de 16de en het eerste kwart der 17de eeuw. (Diss. phil. Utrecht). Amsterdam 1906.

daß sie danach trachtete, eine neue Einnahmequelle in Gestalt einer Abgabe auf den Import ausländischen Getreides einzuführen, das sogenannte Congégeld.[15] Heftige Proteste der betroffenen Handelswelt, besonders Amsterdams waren die Folge (vgl. S. 23).[16] In den Jahren 1530 und 1540 fügte man den schriftlichen Protesten zur Erläuterung der geographischen Verhältnisse im Bereich der niederländischen Küsten als zusätzliche Beweismittel Karten bei.[17] Der oder die Autoren beider Karten sind unbekannt. Ob zumindest für den Entwurf der Darstellung des Jahres 1540 der Amsterdamer Künstler Cornelis Anthonisz. herangezogen wurde, ist zwar nicht erwiesen, jedoch durchaus möglich, zumal für ihn eine Vergütung durch den Amsterdamer Stadtkämmerer aus dem Jahre 1541 sich eindeutig nachweisen läßt. Anthonisz. erhielt sie für eine »Karte der Seegaten, die man aus der Nordsee kommend und in die Zuiderzee segelnd passiert«. Hierin waren unter anderem auch die »darin gelegenen Tiefen und Sände«[18] berücksichtigt.[19]

Dieser Hinweis ist auch insofern recht aufschlußreich, als er darauf hinzudeuten scheint, daß zu jener Zeit noch keine – jedenfalls keine ausreichenden – Seekarten, speziell keine hydrographischen Aufnahmen der Zuiderzee, existiert haben. In der Tat war dies in jener Zeit nicht nur für den Bereich der Niederländischen Gewässer, sondern für die gesamte nördliche Hälfte Europas der Fall.

15 MEILINK: a.a.O. S. 2ff.

16 BURGER (1909) S. XII und J. KNUDSEN/C.P. BURGER: Het Leeskaartboek van Wisbuy (1566). Kopenhagen/Den Haag 1920. S. XII.

17 MEILINK: a.a.O. S. 10 und S. 16. 1530 heißt es »Carte van buyten om te seylen om ... de congien (te schuwen)«.

18 KNUDSEN/BURGER (1920) S. XI.

19 KNUDSEN/BURGER (1920) S. XII. BURGER, der der festen Meinung ist, Cornelis Anthonisz. sei Seemann gewesen, nimmt an, daß hiermit das Segelhandbuch »Dit is die Caerte vander zee«, Amsterdam 1541, gemeint sei. Dies kann jedoch keineswegs als erwiesen gelten. Es dürfte sich vielmehr um eine – inzwischen verloren gegangene – hydrographische Detailkarte der Einfahrten in die Zuiderzee – Marsdiep und Vlie – sowie um eine skizzenartige Darstellung des weiteren Verlaufs der Fahrrinnen nach Amsterdam gehandelt haben.

Entwicklung der See-Kartographie bis zum 4. Jahrzehnt des 16. Jahrhunderts

Im auffälligen Gegensatz hierzu sind von Südeuropa seit dem Ende des 13. Jahrhunderts Seekarten, sogenannte Portolankarten, bekannt.[20] Sie lassen im allgemeinen einen hohen Entwicklungsstand erkennen und geben die Küsten des Mittelmeeres, aber auch die Frankreichs und Englands, erstaunlich wirklichkeitsnah wieder, ein Umstand, der trotz Fehlens jeglicher konkreter Hinweise gelegentlich den Gedanken an ein Erbe der Antike aufkommen ließ. Dies war weit eher hinsichtlich der Beschreibungen der von einem Ort zum anderen führenden Fahrtrouten, der Segelanweisungen, der Fall, die z.T. die Konstruktionsgrundlage für die bildliche Darstellung der Küsten auf den Portolankarten bildeten, sind doch von ihnen eine Anzahl aus der Antike überliefert.[21]

Es ist besonders auffällig, daß die Wiedergaben der Küsten nördlich von Flandern auf allen mittelalterlichen südeuropäischen Seekarten einen stark hypothetischen Charakter annehmen, gleich ob es sich um solche italienischer oder katalanischer[22] Herkunft handelt. Der Grund hierfür dürfte einmal darin zu suchen sein, daß die »amtlichen« Handelsfahrten der Südeuropäer in Flandern endeten und allenfalls bis zur englischen Ostküste ausgedehnt wurden.[23]

Zum anderen hat offensichtlich die Hanse ein weiteres Vordringen der Italiener und Katalanen über Flandern hinaus nach Norden, d.h. in den Handelsraum des Städtebundes, nicht gerade gefördert. Jedenfalls waren die Kenntnisse der Südeuropäer über den Küstenverlauf nördlich des großen Strommündungsdeltas äußerst gering.

Wohl kannte man offenbar Namen einzelner Völkerschaften, Länder, Städte und sonstiger Örtlichkeiten, war aber nicht in der Lage, diese Namen auch nur einigermaßen situationsgemäß zu fixieren, zumal man sich vom Verlauf der Küsten, besonders der

20 Vgl. hierzu K. KRETSCHMER: Die italienischen Portolane des Mittelalters. Berlin 1909; ferner E. G. R. TAYLOR: The Haven-Finding Art. London ²1958 und die hier angeführte Literatur sowie G. CARACI: Italiani e Catalani nella primitiva cartografia nautica medievale. Roma 1959 (Mit Listen der wichtigsten Portolankarten) sowie A. CORTESAO et A. TEIXEIRA DA MOTA: Portugaliae Monumenta Cartographica. Vol. I. Lisboa 1960, und neuerdings die umfassende Literaturangabe in W. RISTOW and R. A. SKELTON: Nautical Charts on Vellum in the Library of Congress. Washington 1977. S. 29ff.

21 Vgl. hierzu KRETSCHMER: a.a.O., dazu B. R. MOTZO: Il compasso da Navigare. Cagliari 1947; R. GÜNGERICH: Die Küstenbeschreibung in der griechischen Literatur. Münster 1950; D. GERNEZ: Les periples des ancien Grecs et leurs rapports avec les livres d'Instructions nautiques. In: Communications de l'Académie de marine, IV, (Anvers) 1947/49; und E. STEGER: Untersuchungen italienischer Seekarten des Mittelalters auf Grund der kartometrischen Methode. (Diss. phil). Göttingen 1896.

22 Vgl. hierzu G. GROSJEAN (Edit.): Der Katalanische Weltatlas aus dem Jahre 1375. Dietikon–Zürich 1978.

23 A. SCHAUBE: Die Anfänge der Venetianischen Galeerenfahrt nach der Nordsee. In: Historische Zeitschrift, Vol. 101, 1908, und R. DOEHAERD: Les galères genoises dans la Manche et la Mer du Nord à la fin du 13.e et au debut du 14.e siècle. In: Bulletin de l'institut hist. Belge de Rome, T. 19, (Rome) 1938. Auch die Segelanweisungen, die Portolane, pflegten im allgemeinen im Bereich des Kanals zu enden. Abgesehen von gelegentlichen Erwähnungen weniger Örtlichkeiten sind jedenfalls bis jetzt keine südeuropäischen Texte bekannt geworden, die die Gewässerbeschreibungen über Holland/England hinaus nach N und O ausdehnten. Vgl. hierzu u.a. KRETSCHMER: a.a.O., ferner A. LANG: Seekarten der südlichen Nord- und Ostsee. Hamburg/Berlin/Stuttgart 1968. S. 3f.

Nordsee, völlig falsche Vorstellungen gemacht hat. Diese führte man unter Vernachlässigung des Rechten Winkels der Deutschen Bucht von der Rheinmündung ab direkt nach Norden. Die Zuiderzee sowie die Deutsche Bucht werden in Form östlich gerichteter kleiner Ausweitungen in runder oder dreieckiger Gestalt angedeutet.[24] Während die Jütische Halbinsel einigermaßen situationsgerecht wiedergegeben ist, zeigt der Verlauf der Ostseeküsten ein sich nach Osten ausweitendes sackförmiges Aussehen, das – zusammen mit der gänzlichen Verzeichnung Südwestnorwegens – abermals beweist, daß die Südeuropäer aus Mangel an ausreichenden Informationen nicht in der Lage waren, eine auch nur annähernd der Wirklichkeit entsprechende Darstellung des Nord- und Ostseebereichs zu entwerfen (Abb. 2).

Im Laufe des 15. Jahrhunderts wurde noch eine weitere Version der kartographischen Küstengestaltung Nord- und Nordosteuropas bekannt. Sie geht auf Ptolemäus zurück, dessen – offenbar nicht fehlerfrei überlieferte – Listen der Längen- und Breitenwerte bedeutender Örtlichkeiten man dazu verwandte, Kartenbilder zu entwerfen. Die auf diese Weise entstandenen »Tabulae« stellten in kartographischer Hinsicht zwar alles in den Schatten, was bisher an mittelalterlichen Vorstellungen über den orbis terrarum bestand, ergaben aber gerade im Norden Europas – allem Anschein nach aufgrund fehlerhafter Überlieferung der Koordinaten – ein grundfalsches Bild vom Aussehen der Länder und Meeresbecken.[25]

Anfangs handschriftlich vervielfältigt und nur für Gelehrte erreichbar, wurden die Karten von der zweiten Hälfte des 15. Jahrhunderts an auch durch Druck bekannt. In der ersten Hälfte des 16. Jahrhunderts waren sie aufgrund verhältnismäßig rasch aufeinanderfolgender Ausgaben verschiedener Verlage weit verbreitet.[26] Hier ist nach wie vor der Norden der Britischen Inseln nach Osten abgeknickt wiedergegeben, so daß Schottland weit in das Nordseebecken hineinragt. Die niederländisch-deutsch-dänische Nordseeküste führt von der Rheinmündung ab in leicht gekrümmtem Lauf von Südwest nach Nordost bis nach Kap Skagen im Norden Jütlands und das Ostseebecken dehnt sich schlauchförmig nordostwärts (Abb. 3).

Charakteristisch ist, daß die Neu-Editionen, die unter anderem auch sogenannte »Tabulae novae« enthielten, d.h. solche Karten, die neue geographische Erkenntnisse mit berücksichtigten, die Grundfehler der ptolemäischen Überlieferung jahrzehntelang beibehielten (Abb. 4).

Eine Ausnahme macht hier die »Schondia« (Abb. 5), eine Karte des europäischen Nordens, die der deutsche Mathematiker und Astronom Jacob Ziegler 1532 zu Straßburg im Druck herausgab, aufgrund zahlreicher Längen- und Breiten-Angaben wichtiger Örtlichkeiten, die er von nordischen Gelehrten erhalten hatte. Wenn auch der Fehler vermieden ist, den Norden der Britischen Inseln nach Osten ausladen zu lassen, so ist doch auch hier die Anlehnung an das ptolemäische Vorbild unverkennbar. Darüber hinaus weist der Küstenverlauf auf dieser im übrigen durchaus selbständig entworfenen Karte so viele Fehler auf, daß eine Verwendung dieses Blattes etwa durch Seeleute sich von vornherein verbot.[27]

[24] DERS.: ebendort, S. 4

[25] A. LANG: Traces of lost North European seacharts of the 15th century. In: Imago mundi XII, (Leiden) 1955, S. 31ff; ferner G. SCHÜTTE: Ptolemy's maps of Nothern Europe. Copenhagen 1917. Eine Ausnahme machte die Portolankarte des Katalanen Petrus Roselli von 1462, die erstmals eine bildliche Interpretation der entsprechenden Angaben des »Seebuchs« (um 1450) bot. Ihr Einfluß auf die südeuropäischen Kartenmacher blieb jedoch gering. Vgl. hierzu LANG (1955).

[26] L. BAGROW und R. A. SKELTON: Meister der Kartographie. Berlin 1963. S. 518, Übersicht.

[27] Vgl. hierzu H. RICHTER: Olaus Magnus, Carta Marina 1539. Lund 1967.

Die alles überragende Autorität des griechischen Gelehrten hat, um die Wende vom 15. zum 16. Jahrhundert beginnend, verschiedene Portolankartenzeichner offenbar veranlaßt, in Abwandlung ihrer längst zu einem Schema erstarrten Tradition die Linienführung der kontinentalen Küsten der Nord- und Ostsee im ptolemäischen Stil zu gestalten, unter ihnen Battista Agnese (Abb. 6), der sogar noch über die Mitte des 16. Jahrhunderts hinaus hieran festhält.[28]

Es bedarf keiner Erörterung, daß die nordeuropäischen Seeleute – Holländer, Hansen und Friesen – von Anfang an die Darstellung der Gewässer der nördlichen Hälfte Europas sowohl auf den Seekarten der Südeuropäer als auch auf den von Ptolemäus beeinflußten Tabulae ablehnten.

Es scheint, daß im Mittelalter im Norden Seekarten unbekannt waren. Abgesehen davon, daß keinerlei entsprechende Darstellungen auf uns gekommen sind, fehlen im Gegensatz zum Süden Europas auch jegliche diesbezüglichen literarischen Hinweise. Ja, kein Geringerer als der gelehrte Kartograph Fra Mauro bezeugt auf seiner berühmten Weltkarte von 1460 ausdrücklich, daß man im Ostseebereich nicht nach Seekarte und Kompaß, sondern allein mit Hilfe des Lots navigiere.[29]

Daß aber gerade die Schiffer des Nordens ein vitales Interesse an möglichst eingehenden Beschreibungen ihrer Routen, besonders an einer genauen Darstellung der Gefahrenpunkte, die sie auf ihren Fahrten von Narva, Reval, Riga und Danzig zum Westen über das gefürchtete Skagerrak und die nicht minder gefährliche Deutsche Bucht zu beachten hatten, liegt auf der Hand. Machten doch die im ständigen Gestaltungswandel begriffenen Flachlandküsten der Nordsee mit ihren gefährlichen Platen und Sänden und ihren oft unübersichtlichen Fahrwasserverhältnissen eine eingehende Kenntnis der Gewässer dringend erforderlich.

Es leuchtet ein, daß unter diesen Umständen die Seeleute der Anrainerstaaten der Nord- und Ostsee seit Jahrhunderten durch Erfahrung gesicherte Vorstellungen vom wirklichen Verlauf der Küsten, von ihren Routen, Fahrtrichtungen und -Distanzen besaßen, obwohl kaum irgendwelche entsprechende Aufzeichnungen auf uns gekommen sind.

Sie wurden innerhalb der Schifferfamilien und der jeweiligen Schiffergilden zunächst mündlich tradiert und angesichts des verhältnismäßig späten Aufkommens der Schriftlichkeit in Kreisen der Seeleute erst um die Mitte des 15. Jahrhunderts in Form kurzer beschreibender Texte zu Papier gebracht.

Von diesen Sammlungen älterer Segelanweisungen verschiedener über die Nord- und Ostsee führender Routen sind nur wenige Handschriften erhalten geblieben, unter welchen das sogenannte Seebuch die wichtigste ist. Es dürfte hinsichtlich seiner Fahrtbeschreibungen im Bereich von Nord- und Ostsee in wesentlichen Teilen wohl der Mitte des 15. Jahrhunderts zuzurechnen sein.[30] Daß wir uns hier noch im Anfangsstadium der Entwicklung derartiger nautischer Hilfsmittel befinden, ergibt sich klar aus dem Umstand, daß von verschiedenen Gewässern, wie etwa von der Außenelbe, nur eine dürftige Beschreibung vorliegt, ja Weser und Ems nur beiläufig erwähnt werden (Abb. 7).

Der fleißige Gebrauch des Lots[31] sowie diese – zunächst mündlich überlieferte – Beschreibungen waren die wichtigsten nautischen Hilfsmittel rechter Kursfindung jener

[28] BAGROW/SKELTON (1963) Tafel 66.
[29] Vgl. hierzu T. GASPARINI LEPORACE: Il mappamondo di Fra Mauro. Rom 1956.
[30] Vgl. hierzu und zu folgendem LANG (1968) S. 3f.
[31] Über die Bedeutung des Lotes als Instrumentes rechter Kursfindung vgl. U. SCHNALL: Navigation der Wikinger. Oldenburg/Hamburg 1975. S. 42ff und DERS.: Bemerkungen über Navigation auf Koggen. In: Jahrbuch der Wittheit zu Bremen 21, (Bremen) 1977; ferner »Das Seebuch« (Edit. K. KOPPMANN/A. BREUSING). Bremen 1876. S. 49f.

Zeit. Soweit bekannt erschienen sie von 1532 an im Druck und dürften bald eine weite Verbreitung innerhalb Seehandel treibender Kreise gefunden haben (Abb. 8). Hier werden erstmals praxisbezogene realistische Beschreibungen des Hauptverlaufs der Küsten im Nord-Ostseebereich geboten, erstaunlich genaue Distanzschätzungen und auf den Kompaß bezogene Richtungsangaben, dazu genaue Schilderungen zahlreicher Fahrrinnen nebst deren Ansteuerung.

So einleuchtend auch dieser Fortschritt in der Entwicklung derartiger nautischer Hilfsmittel zunächst gewesen sein mag, so bedeuteten die bis 1541 bekannt gewordenen derartigen Segelhandbücher doch kaum mehr als einen bescheidenen Anfang. Wenn wir bedenken, daß weite Strecken der Ostseeküsten, wie die eines Teils Schwedens, aber auch solche Mecklenburgs, dazu ein so wichtiger Strom wie die Weser kaum oder überhaupt nicht erwähnt werden, so begreifen wir durchaus, wenn noch 1558 Anthonisz. darauf verweist, die Gewässer Hollands und Frieslands seien bis dahin so unvollkommen beschrieben worden, daß manches Schiff aus diesem Grunde verlorengegangen sei.[32]

Nicht anders war es um die bis dahin bekannt gewordenen Seekarten nordeuropäischer Autoren bestellt. Soweit bekannt, erschien die älteste derartige Darstellung 1526 unter dem Titel »Caerte van de Oosterscher zee« zu Antwerpen im Druck. Von ihr blieben lediglich einige Fragmente erhalten. Ihr Autor, Jan van Hoirne, gibt hier unter anderem den Hauptverlauf der holländisch-friesischen und der deutsch-dänischen Küste – wenn auch in stark generalisierender Form – richtig wieder (Abb. 9). Die unbeholfene, fast archaisch zu nennende Konfiguration der der friesischen Küste vorgelagerten Inselkette verrät, daß wir hier noch am Anfang der Entwicklung stehen. Die »Caerte«, die augenscheinlich als sogenannter Übersegler gedacht war, dürfte aufgrund ihrer noch sehr ungenauen Angaben wohl kaum eine entscheidende Hilfe für die Seeleute jener Jahre geboten haben, wenngleich sie zumindest die Hauptverlaufsrichtungen der Küsten im Prinzip richtig wiedergegeben haben mag und somit von vornherein allein schon aus diesem Grund allen gelehrten Konstruktionen der Zeitgenossen hoch überlegen war.[33] Gänzlich verloren gingen – vielleicht ähnliche – Darstellungen eines Jan Jansz alias de Paep aus dem Jahre 1532, der »verschiedene Karten der Gewässer, Ströme, Städte und Länder von der Bretagne bis Danzig« entworfen hatte.[34] Es ist anzunehmen, daß es sich hier nicht um Landkarten, sondern um handschriftliche Seekarten gehandelt haben wird. Über ihre Darstellungsweise, ihren Zuschnitt und dergleichen wissen wir freilich nichts.

Dagegen blieb die »Carta marina« des Olaus Magnus von 1539, von der erst vor wenigen Jahren noch ein zweites Exemplar wieder auftauchte, erhalten.[35] Obwohl von förmlich erdrückendem Inhaltsreichtum, erweist sie sich bei näherer Betrachtung schon allein aufgrund der starken Anlehnung ihres Autors an das klassische Vorbild des Ptolemäus als eine völlig praxisferne emsige Gelehrtenarbeit (Abb. 10). Zwar stand sie in ihrer Zeit in hohem Ansehen, doch war sie aufgrund ihrer allenthalben zu beobachtenden sehr starken Verzeichnungen für die Verwendung in der Schiffahrt von vornherein ungeeignet; kein Seemann hätte mit ihr etwas anzufangen gewußt.

32 J. KEUNING: Cornelis Anthonisz.. In: Tijdschrift v.h. K. Nederl. Aardrijkskdg. Gen., D 67, 1950. Nr. 6, S. 698.

33 B. VAN T' HOFF en L. J. NOORDHOFF: Een kaart van de Nederlanden en de »Oosterscher zee«. In: Het Boek XXXI, (Den Haag) 1953.

34 J. KEUNING: XVIth Century Cartography in the Netherlands. In: Imago Mundi IX, (Leiden) 1952, S. 42. Vgl. hierzu und zu folgendem vor allem: C. KOEMAN: Atlantes Neerlandici. IV. Amsterdam 1970. S. 7ff.

35 H. RICHTER (1967), S. 102ff. und die dort angeführte Literatur. Heute Universitätsbibliothek Uppsala.

Die Übersicht über die in den ersten Jahrzehnten des 16. Jahrhunderts dem Seemann zugänglichen wichtigsten, die nördliche Hälfte Europas darstellenden Kartentypen zeigt in aller Deutlichkeit, daß um 1540 wirklichkeitsnahe, an Bord praktisch verwendungsfähige Abbildungen der Nord- und Ostsee kaum existierten. Angesichts der eingangs skizzierten raschen wirtschaftlichen Entwicklung der niederländischen Seestädte, insbesondere der Getreidefahrt aus dem Baltikum, bestand um die Mitte des 16. Jahrhunderts zweifellos ganz allgemein ein Bedürfnis nach derartigen Seekarten. Den entscheidenden Anstoß zum Entwurf einer solchen gab die Stadt Amsterdam. Sie hegte als Wortführerin im Streit mit der Brüsseler Regierung um die Einführung des den Getreidehandel stark belastenden Congégeldes die Absicht, zur Durchsetzung des Verzichts auf die geplante neue Getreideimportsteuer durch eine möglichst wirklichkeitsnahe, überzeugende, bildhafte Darstellung der großen Risiken des weiten Seetransports in Gestalt einer neuen Seekarte die kaiserlichen Beamten zur Aufgabe ihrer Steuerpläne zu veranlassen. Sie bediente sich hierzu des einheimischen Künstlers Cornelis Anthonisz., der sich in letzter Zeit nicht nur als begabter Maler qualifiziert, sondern vor allem auch in der Ausfertigung topographischer und geographischer Ansichten und Pläne bewährt hatte.

Leben und Werk des Cornelis Anthoniszoon

Wie von so vielen großen Künstlern und Kartographen der Vergangenheit wissen wir auch über das Leben des Cornelis Anthonisz. nur denkbar wenig. Nicht einmal Geburts- und Sterbejahr lassen sich eindeutig nachweisen. Aufgrund seines 1533 geschaffenen Gemäldes »De Braspenninckmaaltijd«[36], das ihn als jungen Künstler zeigt (Abb. 1), wird angenommen, daß er um 1507 zu Amsterdam geboren wurde. Die Namen seiner Eltern stehen bis heute nicht einwandfrei fest. Man glaubt – wie es scheint mit gutem Grund – in dem Amsterdamer Anthonisz. Egbertszoon seinen Vater und in Annetje Jacobsdochter seine Mutter gefunden zu haben.[37] Auch scheint die Annahme berechtigt, daß Jacob Cornelisz van Oostzanen, ein bekannter Künstler[38], sein Großvater war.

Wir wissen weder, welche schulische, noch welche künstlerische Ausbildung Cornelis Anthonisz. genoß, wann er seine – später mehrfach genannte – Frau, Geert Jansdochter[39], heiratete und ob Kinder aus der Ehe hervorgingen.[40]

1527 wird er zum ersten Mal in Amsterdam urkundlich erwähnt, 1533 abermals und hier als Maler bezeichnet.[41] Von 1538 an tritt er als Künstler und Kartenmacher, unter anderem auch als Autor eines imponierenden Stadtplans von Amsterdam (1538 und 1544), wiederholt in Erscheinung[42] (Abb. 11).

In der Folgezeit hat Anthonisz. verschiedentlich größere Reisen unternommen. So nahm er offensichtlich zu Anfang der 40er Jahre, ferner um 1550 an einer Fahrt zum Baltikum teil (s.u.). Die bisherige Annahme, er habe 1541/42 an einem Kriegszug Kaiser Karls V. gegen Algier teilgenommen und zu diesem Zweck bereits 1539 unter Hinweis auf dieses Vorhaben vorsorglich sein Testament hinterlegt[43], läßt sich freilich nicht aufrechterhalten.[44]

Viele Jahre später – 1552/53 – scheint Anthonisz. im Gefolge des Grafen Reynout van Brederode an den Feldzügen des Kaisers im belgisch-französischen Grenzraum als Beobachter und Zeichner teilgenommen zu haben. Hierauf deutet jedenfalls seine – unvollendet gebliebene – Darstellung der Belagerung von Thérouanne hin (Abb. 12), die derart viele Details aufweist, daß ohne persönliche Inaugenscheinnahme der Situation eine so wirklichkeitsnahe Schilderung des Geschehens fast ausgeschlossen erscheint.[45]

[36] Das Gemälde mit seinem Signet C T (=Cornelis Thonis) und dem Anthonius-Glöckchen sowie der Jahreszahl 1533 zeigt den etwa 25jährigen Künstler im Hintergrund eines Gruppenbildes einer Amsterdamer Schützenbrüderschaft (Amsterdam, Rijksmuseum).

[37] So F. J. Dubiez: Cornelis Anthoniszoon van Amsterdam 1507–1553. Amsterdam 1969. S. 10–13.

[38] Ebd., S. 12f.

[39] Ebd., S. 13, 58f.

[40] Ebd., S. 59.

[41] In diesem Jahr wird er Vormund mehrerer Neffen und Nichten. Dubiez, S. 13f.

[42] Ebd., S. 15.

[43] Ebd., S. 44

[44] Nach einer frdl. Mitteilung von Frl. Dr. I. H. van Eeghen, Amsterdam.

[45] Dubiez, S. 46.

Es ist möglich, daß seine von Anfang an bewiesene ausgesprochene Fähigkeit scharfen Beobachtens und überzeugender Wiedergabe geographischer Gegebenheiten mit dazu beigetragen hat, von seiner Vaterstadt den Auftrag zu erhalten, eine groß angelegte Seekarte, die »Caerte van oostlant«, zu entwerfen. Jedenfalls dürfte er 1542, spätestens 1543, eine Schiffsreise unternommen haben, die ihn über die Nordsee in die baltischen Gewässer führte. Es ist undenkbar, daß er seine berühmte Karte allein aufgrund gesammelter Angaben älterer oder zeitgenössischer Segelanweisungen entworfen hat. Die vermutlich ein Jahr nach Erscheinen des epochemachenden Blattes erstmals veröffentlichte zugehörige Segelanweisung mit ihren Vertonungen einiger wichtiger markanter Punkte der Nord- und Ostsee wäre wegen der exakten Wiedergabe der Situation ohne persönliche Inaugenscheinnahme der jeweiligen Gegend durch den Künstler unvorstellbar.

Wegen der eindringlichen Darstellung der Küsten auf seiner Karte und der prägnanten Wiedergabe einzelner Küstenabschnitte in seinen Vertonungen hat man lange geglaubt, annehmen zu müssen, Anthonisz. sei neben seiner Tätigkeit als Maler viele Jahre auch als Matrose oder Steuermann zur See gefahren.[46] Auch galt Anthonisz. lange Zeit als Autor zweier Segelhandbücher von 1532 und 1540/41.[47] Keine Nachricht deutet jedoch darauf hin, daß er jemals den Beruf eines Seemanns ausgeübt hat, geschweige denn, daß ein urkundlicher Beleg hierfür zu erbringen wäre.[48] In Anbetracht seiner äußerst fruchtbaren künstlerischen Tätigkeit dürfte dies vielmehr von vornherein auszuschließen sein. Wir müssen daher annehmen, daß Anthonisz. lediglich im amtlichen Auftrag einige wenige ausgedehnte Seereisen als Zeichner und Künstler unternahm, die ausschließlich der möglichst genauen Aufnahme örtlicher Situationen galten. Daß er nach Erscheinen seiner Segelanweisung (vermutlich 1544) wahrscheinlich um 1550 abermals eine ähnliche Seereise unternahm, ist so gut wie sicher. Die wesentlich erweiterte Zahl der Vertonungen und ihre Verbesserung lassen keinen anderen Schluß zu.

Außer diesem epochemachenden Werk ist von Anthonisz. eine verhältnismäßig stattliche Zahl an Gemälden, Holzschnitten und Kupferstichen erhalten geblieben, die von seinem begnadeten Künstlertum beredtes Zeugnis ablegen. Bis 1553 war er zu wiederholten Malen für seine Stadt tätig.[49] Der unvollendet gebliebene Holzschnitt von der Belagerung von Thérouanne von 1553 dürfte eines seiner letzten Werke gewesen sein (Abb. 12).

Angesichts seiner vielseitigen Tätigkeit blieben für ihn auch materielle Erfolge nicht aus: Lange hat er mitten in Amsterdam in seinem stattlichen Haus in »De schrijvende Hand« gewohnt[50], und bis zu seinem Tode besaß er in verschiedenen Straßen der Stadt nicht weniger als vier Häuser.[51]

Als wohlhabender und angesehener Bürger Amsterdams und als einer der bekanntesten niederländischen Maler, Holzschneider und Kupferstecher seiner Zeit ist er – etwa 46jährig – wahrscheinlich 1553 gestorben.[52]

Cornelis Anthonisz. hat ein vielseitiges Œuvre hinterlassen. Abgesehen von seinen kartographischen Arbeiten, von denen unten weiter die Rede sein wird, ist er vor allem

[46] So C. P. BURGER in der Einleitung zum »Leeskaartboek van Wisbuy 1566«, Edit. J. KNUDSEN. Kopenhagen/Den Haag. S. Xff.

[47] Für diese u. a. auch von BURGER, a.a.O. S. Xff vertretene Hypothese fehlen jegliche Beweise. Es ist vielmehr anzunehmen, daß es sich hier z. T. um amtliche Untersuchungen seitens beauftragter Sachverständiger der Stadt Amsterdam handelt, die – von Zeit zu Zeit von Lotsen, Tonnenlegern, Bakenstechern usw. auf den neuesten Stand gebracht und überarbeitet – von verschiedenen Druckern in jeweiligen Neuauflagen verbreitet wurden.

[48] Nach einer freundlichen Mitteilung des Cpt au long cours DÉSIRE GERNEZ, Versailles (†).

[49] DUBIEZ, S. 53.

[50] Ebd., S. 34 (Nieuwezijds-Oosterachterburgwal, heute Spuistraat genannt).

[51] Ebd., S. 58f und 34.

[52] Ebd., S. 10, 46, 58.

als begnadeter Künstler bekannt geworden. Thematisch befaßte er sich in erster Linie mit Darstellungen religiös-kirchlichen Genres, mit Motiven aus dem Volksleben, ferner mit dem Porträtieren bedeutender Persönlichkeiten und mit der Allegorie. Hierbei entwickelte er auch technisch gesehen eine bewundernswerte Meisterschaft: Sowohl in der Malerei als auch in Radierung und Kupferstich schuf er Hervorragendes, ja im Holzschnitt zählte er zweifellos zu den größten nordeuropäischen Künstlern seiner Zeit.

Von zahlreichen ihm zugeschriebenen Gemälden[53] sind freilich nur drei von ihm signiert: die bereits erwähnte Braspenninckmaltijd von 1533 und zwei Stadtpläne, die ebenfalls schon erwähnte Abbildung Amsterdams von 1538 und eine anspruchsvolle Darstellung der Stadt Weesp, die er 1551, also wenige Jahre vor seinem Tode, schuf.[54] Von allen übrigen Gemälden – man nennt nicht weniger als 24 – ist die Autorschaft des Anthonisz. so gut wie unzweifelhaft bzw. wahrscheinlich.[55]

Anthonisz. hinterließ ein umfangreiches Holzschnitt-Werk. Bisher lassen sich 25 Blätter eindeutig als seine Arbeiten nachweisen[56], darunter die tief verinnerlichte Darstellung des Abendmahls, die eindringlichen Allegorien auf die Vergänglichkeit (Abb. 13) sowie »Spiel- und Weinteufel«, das Porträt Christians III. von Dänemark (Abb. 14) und »Die Belagerung von Algier«. Von mehr als 60 weiteren Darstellungen ist seine Autorschaft anzunehmen.[57]

Außer einer sicher von seiner Hand stammenden Radierung, der Allegorie »Friede, Eintracht und Liebe«[58] und den beiden Kupferstichen »Einsturz des Turms zu Babel«[59] (Abb. 15) sowie einem Porträt Kaiser Karls V.[60] sind bisher keine weiteren Nadelarbeiten des Anthonisz. bekannt geworden.

Wir müssen es uns versagen, auf die Blätter im einzelnen einzugehen. Zwei auffällige – ihnen in ihrer Gesamtheit gemeinsame – Wesenszüge gilt es jedoch herauszustellen: Zum einen ist eine scharfe Beobachtung wichtiger Merkmale und das offenkundige Bestreben des Künstlers, diese mit größtmöglicher Akribie wiederzugeben, typisch für sein Œuvre. Zum anderen sind seine Darstellungen in strenger Disziplin auf das jeweilige Thema ausgerichtet, ohne den Betrachter durch allzuviel Schmuck und Beiwerk, das im allgemeinen dem künstlerischen Schaffen der Renaissance so oft das Gepräge gibt, abzulenken. Anthonisz. beschränkt sich vielmehr auf das Wesentliche, das er mit erstaunlicher Sicherheit in einfachen Strichen virtuos darzustellen weiß. So ist seinen Bildern – gleich ob Kupferstich oder Holzschnitt – ein monumentaler Charakter eigen, gepaart zumeist mit größtmöglicher Wirklichkeitstreue.

Auch verdient Beachtung, daß Anthonisz. nur einen Teil seines Œuvres – Dubiez zählt 13 verschiedene Motive[61] – offenbar im eigenen Hause, quasi im Selbstverlag erschienen ließ. Eine nicht geringe Anzahl wurde zwischen den Jahren 1536 und 1551[62] von seinem Verleger, Drucker und Formschneider, dem Amsterdamer »Figuer-schnij-

[53] Vgl. DUBIEZ, S. 52ff. Es ist hier nicht der Platz, näher auf die Kontroversen in der Beurteilung der Autorenfrage unter verschiedenen Kunsthistorikern einzugehen. Hierzu wird auf die jüngste Monographie des C. Antonisz. von DUBIEZ verwiesen.

[54] Vgl. DUBIEZ: a.a.O. S. 36 und 37 sowie Abb. 1 und 6. Die genannten Werke befinden sich heute zu Amsterdam im Rijksmuseum sowie im dortigen Historischen Museum und im Gemeente-Archiv zu Weesp.

[55] DUBIEZ: a.a.O. S. 52ff. und die dort angezogene Literatur. Vgl. hierzu Anm. 53.

[56] Übersicht bei DUBIEZ : a.a.O. S. 99ff.

[57] Ebd., S. 110ff. Vgl. hierzu Anm. 53.

[58] 1539, heute Wien, Albertina.

[59] 1547, heute Amsterdam, Rijksprentenkabinet.

[60] 1548, heute London, British Museum, und Paris, Cabinet des Estampes.

[61] DUBIEZ: a.a.O. S. 103ff. Ob sämtliche 13 Stücke tatsächlich im Selbstverlag herauskamen oder nur einige wenige, läßt sich nicht mit Bestimmtheit sagen.

[62] DUBIEZ, S. 41ff.

der« Jan Ewoutszoon, herausgebracht.[63] Einige wenige erschienen möglicherweise bei zwei Antwerpener »Taillieurs de Figures«, Hans Liefringk und Sylvestre de Paris.[64] Die Frage, ob Anthonisz. letztgenannte Stücke selbst geschnitten bzw. gestochen hat oder aber – was man für durchaus denkbar hält – lediglich die Vorlagen hierzu zeichnete und die genannten Antwerpener Künstler nach diesen die Darstellungen selbst in Holz schnitten, muß bis heute offen bleiben.[65]

Angesichts der durch sein künstlerisches Schaffen bewiesenen besonders ausgeprägten Fähigkeit, sich in der Darstellung auf wesentliche Merkmale seines Vorwurfs zu konzentrieren, das Beobachtete mit großer Sorgfalt wiederzugeben und sich hierbei auf wenige Striche zu beschränken, ist es nicht weiter verwunderlich, daß man schon früh seitens verschiedener Institutionen, besonders seitens der Stadt Amsterdam, auf Anthonisz. aufmerksam wurde und ihn von 1538 an zu darstellerischen Aufgaben heranzog, die nur wenige hierzu besonders Begabte zu jener Zeit zu meistern verstanden: der Topographie und Kartographie. Sie setzt bekanntlich nicht allein die Fähigkeit voraus, plastische Raumvorstellungen möglichst wirklichkeitsnah zu verebnen, sondern auch abstrakt in einer Zeichnung zu formulieren und zu generalisieren.

Anthonisz. muß wohl schon in den 30er Jahren den Beifall seiner Auftraggeber gefunden haben, jedenfalls sind uns aus den Jahren 1538 (Amsterdam) bis 1551 (Weesp) eine erhebliche Zahl topographischer und kartographischer Auftragsarbeiten amtlicher Stellen bekannt. Von ihnen haben sich freilich nur einige wenige erhalten, allen voran die Aufnahme der Stadt Amsterdam von 1538 und der hierauf beruhende große Holzschnitt (1544) (Abb. 11) sowie die »Caerte van oostlant« von 1543[66] (Anlage, Faltblatt).

In den Stadtplänen von Amsterdam, dem gemalten von 1538 und dem umfangreichen Holzschnitt von 1544, offenbart sich die große Meisterschaft des Künstlers: Beide sind in der Manier einer von N nach S betrachteten perspektivischen Ansicht aus der Vogelschau wiedergegeben. Im Vordergrund vermitteln eine Vielzahl unterschiedlicher Schiffe auf dem Y symbolhaft die mächtige Stellung der aufstrebenden niederländischen Handelsmetropole, südwärts dehnt sich das durch die Amstel und weitere Wasserzüge, Straßen und Gassen aufgegliederte Häusermeer der Stadt mit ihren stark betonten Kirchen, Wällen und Toren. Beiden Darstellungen ist die bewundernswert genaue Wiedergabe jeder Einzelheit gemeinsam, die ebenso ein scharfes Beobachtungsvermögen wie auch ein ständiges Bestreben nach größter Sorgfalt in der Wiedergabe beweist. Bei aller nüchterner Darstellung, gepaart mit einem bemerkenswerten Abstraktionsvermögen und der Fähigkeit, das Wesentliche herauszustellen, weiß Anthonisz. doch das Ganze in künstlerischer Formgebung zu umschließen.

Die allgemein erstaunlich wirklichkeitsnahe Wiedergabe des Stadtbildes dürfte ihm wohl nur aufgrund von bereits teilweise vorhandenen Vermessungsgrundlagen einzelner Partien der Metropole möglich gewesen sein, die er umarbeitete und ergänzte, um alles in höchster Vollendung zu einem einzigartigen großen Ganzen zusammenzufügen.

Vielleicht trug die überzeugende Abbildung Amsterdams von 1538 dazu bei, daß die Behörden Anthonisz. verschiedentlich mit ähnlichen Aufgaben betrauten.[67] Aus den Stadtrechnungen Amsterdams geht hervor, daß der Künstler 1541 mit der Anfertigung

[63] Ebd., S. 99ff.

[64] Ebd., S. 102.

[65] Ebd., S. 39.

[66] Die auf 12 Blättern im Holzschnitt erstmals 1544 herausgegebene Karte von Amsterdam ist wiederholt von den gleichen Druckstöcken nachgedruckt worden: kurz nach 1553, um 1625, nach 1636, vgl. DUBIEZ, S. 96f.

[67] Für Amsterdam hat Anthonisz. ausweislich der alten Thesauriers-Rekeningen der Stadt bis 1547 folgende Karten angefertigt bzw. geliefert:
1. Cornelis Thonisz, schilder, vuyt saicke, dat hij gemaickt heeft een chaerte van de gaeten, die men vuyte

einer »Caerte van de gaeten, die men vuyte Noortzee in de Zuyderzee innecompt, omme daerbij die Majesteyt van de coninginne te verthoenen die groote periculen ende costen, die de coopvaerders, van Oisten comende, hebben ende lijden, aleer zij met hoere scepen tot Amsterdam comen moegen«.

(»Karte von den Seegaten, durch die man aus der Nordsee kommend in die Zuiderzee einwärts segelt, um hierdurch Ihrer Majestät der Königin die großen Gefahren und Unkosten zu verdeutlichen, die den von Osten kommenden Kauffahrern erwachsen, ehe sie mit ihren Schiffen bis Amsterdam zu kommen vermögen.«)

Es liegt nahe, anzunehmen, daß es sich hier um einen Arbeitsauftrag gehandelt hat, der mit einem für Amsterdam damals wichtigen wirtschaftspolitischen Problem in direktem Zusammenhang stand: In einem seit 1506 anhängigen langwierigen Rechtsverfahren gegen die seitens der Kaiserlichen Verwaltung geplante Einführung einer besonderen Steuer auf Getreideimporte, dem sogenannten Congégeld, suchte die Provinz Holland, vor allem Amsterdam, sich mit Erfolg zur Wehr zu setzen (vgl. oben S. 13). Die Beschwerdeführer wiesen mit Nachdruck darauf hin, daß der Getreidehandel eine zusätzliche finanzielle Belastung nicht erlaube. Hierdurch würden letztlich die Reeder lediglich gezwungen, ohne Holland anzulaufen, in direkter Fahrt weiter nach Süden zu segeln, wodurch Amsterdam großer Schaden entstehe. Außerdem sei der Seetransport des Getreides ohnehin bereits mit außerordentlichen Risiken belastet und die Unkosten durch die Unübersichtlichkeit der Einfahrt in die Zuiderzee, besonders aber den Zwang, wegen der Untiefen vor Amsterdam, den Pampus[68], die Ladung leichtern zu müssen, noch zusätzlich erhöht. Um dieser Argumentation besonderes Gewicht zu verleihen, hatten Amsterdam und Holland 1541 gemeinsam einen der bekanntesten und besten damaligen Kartographen, Jacob van Deventer, beauftragt, nach bewährter Methode[69] im Kartenbild die Schwierigkeiten des Antransports des Getreides und die damit verknüpften Risiken und Kosten sinnfällig vor Augen zu führen. Diese kleine Karte wurde von den Vertretern der Beschwerdeführer am 25. 1. 1541 der Regierung vorgelegt.[70]

Da van Deventer ein ausgesprochener Landkartograph gewesen ist und als Zeichner von Seekarten, soweit bekannt, niemals hervortrat, könnte möglicherweise Amsterdam die Darstellung nicht in allen Teilen zugesagt haben, so daß sie sich genötigt sah, zusätz-

Noortzee in de Zuyderzee innecompt, omme daerbij die Majesteyt van de coninginne te verthoenen die groote periculen ende costen, die die coopvaerders, van Oisten comende, hebben ende lijden, aleer zij met hoere scepen tot Amsterdam comen moegen I. XIII.IIII.

2. Cornelis Thonisz, schilder, voer zijn salaris ende vacatien van 't maicken von een chaerte van de Noort en Zuyder zee mette diepten ende zanden, daerinne gelegen, omme redenen als voor I.VI.VIII.

3. Cornelis Thoniszoon, schilder, ter zaicke van twee chaerten, bij hem voer de stede gemaickt van de gaten, bancken ende situatie van der Oistersche zee LX.IIII.

4. Cornelis Thonisz, schilder voer zijn sallaris van een chaerte van de situatie van der Lastagie buyten de Sint Anthonis poort voer de stede te maicken VIII.IIII.

5. Denzelven noch van de voorn. chaerte te vermaicken ende te amplieren VIII.IIII.

6. Cornelis Thonisz, schilder, ter zaecke van twee chaerten, bij hem gemaeckt van der situatie van de Lastagie, waervan d'eene geexhibeert is in den processe, dwelck die stede voer den grooten Raede tot Mechelen hangende heeft tegens Olfert in de Fuyck cum Sociis, geerfden van de Lastagie VII.IX.

7. Cornelis Thonisz, schilder, voer een charte, bij hem voer de stede gemaeckt van de situatie van de Lastagie buyten Sinte Anthonis poort, omme over te leggen in de processe, dewelcke deze stede voer den grooten Raede hangende heeft tegens de geerfden van den Lastagie VI.IIII.

68 MEILINK, (1923) S. 113.

69 Schon 1531 hatte man zum gleichen Zweck eine Karte anfertigen und dem Kaiser persönlich vorlegen lassen mit dem Erfolg, daß Sr. Majestät die Transportschwierigkeiten und Risiken »wel conde begrijpen« vgl. MEILINK, (1923) S. 10. Möglicherweise haben wir unter dieser Seekarte die des Jan de Pape zu verstehen.

70 MEILINK, (1923) S. 16. Ferner B. VAN 'T HOFF: Jacob van Deventer. Den Haag 1941. Begleittext, S. 12, Nr. 7–9 und Nr. 11 (Dagregister van der Goes).

lich Anthonisz. zu beauftragen, zum selben Zweck das gleiche Gebiet vornehmlich unter hydrographischen Gesichtspunkten nochmals aufzunehmen und darzustellen. Jedenfalls legt die Formulierung des Auftrags des Entwurfs einer »Karte der Seegaten, die man beim Einsegeln von der Nordsee in die Zuiderzee befährt ... mit Berücksichtigung der dort festzustellenden Wassertiefen und der darin gelegenen Sände« diese Schlußfolgerung nahe. Daß es sich hierbei nicht – wie gelegentlich vermutet wird[71] – um eine zufällig in gleicher Zeit erschienene Segelanweisung gehandelt haben kann, geht wohl eindeutig aus den Worten hervor, man habe die Karte durch Anthonisz. anfertigen lassen, um dadurch der Königlichen Majestät klarzumachen, welch große Gefahren und Unkosten die aus dem Osten heransegelnden Kauffahrer auf sich nehmen müssen, ehe sie Amsterdam erreichen. Dies dürfte wohl kaum durch den gedruckten langatmigen Text einer vorwiegend nur Seeleuten verständlichen Segelanweisung –, sondern allein durch die überzeugende Darstellung im Kartenbild möglich gewesen sein. Auch spricht die mehrfach belegte Praxis der Beweissicherung durch Karten[72] entschieden gegen solche Vermutungen.

Die zeitlich nächste kartographische Arbeit, von der wir erfahren, ist die bereits mehrfach erwähnte »Caerte van oostlant«, die 1543 erschien. Mit ihr werden wir uns unten eingehend zu befassen haben. Das Gleiche gilt in diesem Zusammenhang für die zugehörige Segelanweisung, die unter Umständen noch im selben, vermutlich jedoch im nächsten Jahr erschien und drei Auflagen erlebte, sowie teilweise auch für die »Onderwijsinge vander zee«, des ältesten lehrbuchartigen Werkes der nördlichen Hälfte Europas, das sich mit der Nautik befaßt.

1543/44 schuf Anthonisz. im Auftrag der holländischen Verwaltung eine »Karte der überschwemmten Gemarkung von Pütte«, ein Blatt, das offenbar verlorengegangen ist.[73]

1544 und 1547 folgen mehrere Vermessungspläne jener Gegend im Hafenbereich Amsterdams, der sich ehemals Lastagie nannte, d.h. des Geländes, auf dem seit langem die Schiffbauindustrie ansässig war.[74] Sie dienten als Beweisstücke in einem Prozeß der Stadt gegen einige ihrer Bürger. Die Pläne scheinen nicht mehr zu existieren.

Als letzte kartographische Arbeit muß der bereits erwähnte, kurz vor seinem Tode gemalte Plan der Stadt Weesp von 1551 gelten.[75] Der Stadtplan stellt in seiner nüchternen Abstraktion der Untergliederung der einzelnen Viertel und Kennzeichnung verschiedener Fluren und Gewanne nochmals in überzeugender Weise das vermessungstechnische Können des Anthonisz. heraus und beweist überzeugend die wichtige Tatsache, daß seine künstlerische Begabung mit höchst nüchternen Fähigkeiten einherging.

Der Herausgeber des ältesten Atlas der Welt, Abraham Ortelius, erwähnt noch eine weitere von Cornelis Anthonisz. geschaffene Karte: »Europa«. Nach Angaben des Antwerpener Verlegers kam sie zu Frankfurt am Main heraus.[76] Das Jahr des Erscheinens teilt Ortelius nicht mit. Bisher sind irgendwelche Spuren dieses Blattes, unter dem wir möglicherweise ebenfalls eine Seekarte zu verstehen haben und die vielleicht im Stil der »Caerte van oostlant« entworfen gewesen sein könnte, nicht bekannt geworden.

[71] So BURGER, der hierzu meint, es könne nicht bezweifelt werden, daß die Beschreibung von 1541 eine Segelanweisung gewesen sei. (BURGER, [1920] S. XI).

[72] S.o.

[73] DUBIEZ: a.a.O. S. 15 und S. 95, Nr. 9.

[74] Lastage (heute Gelderschekade/Coningstraat/Oude Schans), auch »tymmerwerf« genannt, wo bereits um 1500 »dagelijks vele schone schepen getimmert werden«. (Zit. nach F. KETNER: Handel en Scheepvaart van Amsterdam in de 15. eeuw. Leiden 1946. S. 115). Vgl. auch B. HAGEDORN: Entwicklung der Schiffstypen. Bremen 1914. S. 53.

[75] DUBIEZ: a.a.O. S. 95ff, 120 und Abb. 6.

[76] L. BAGROW: A. Ortelii Catalogus cartographorum. In: Petermanns Mitteilungen, Ergänzungsheft 199, (Gotha) 1928, S. 29f.

Die »Caerte van oostlant« (etwa 1560)

Allgemeine Beschreibung des Antwerpener Drucks

Die äußerlich durch die Größe auffällige Seekarte, von der lediglich ein Exemplar einer späteren (vermutlich der dritten) Auflage (s.u.) erhalten blieb, findet sich heute in der Bibliotheca Augusta zu Wolfenbüttel.[77] Sie mißt – bezogen auf den äußeren Rand ihres Rahmens – 104 x 78,5 cm, die eigentliche kartographische Darstellung – bezogen auf den inneren Rand – 96,5 x 73 cm. Der verhältnismäßig breite Rahmen ist im Stil der Zeit künstlerisch ausgestaltet.

Die in Holzschnitt herausgebrachte, flüchtig kolorierte Karte gibt den größten Teil der Nord- und Ostsee wieder. Eine Längengradeinteilung fehlt, dagegen zeigen die senkrechten Randleisten eine Breitengradeinteilung vom 52. bis 62. Grad. Die große Seekarte setzt sich aus neun Einzelblättern zusammen, die in drei Reihen von je drei Blättern untereinander auf Leinen geklebt sind. Ihr Titel »Caerte van oostlant« findet sich im oberen mittleren, der Name des Verlegers Arnold Nicolai und des Druckortes Antwerpen im unteren rechten Blatt, eingefaßt durch eine Doppelleiste. Das Jahr der Edition fehlt. Über dem Impressum brachte der Verleger in einem im prunkvollen Renaissance-Stil geschaffenen Rahmen ein Geleitwort ihres Autors, des Anthonisz. »An den Leser« in lateinischer Sprache unter. In einem geöffneten Zirkel ist eine Strecke von 3 Kenningen zu einer deutschen Meile gekennzeichnet. Die Darstellung reicht von etwa 3° westlicher Länge bis etwa 26° östlicher Länge und (bezogen auf Calais) von 51° nördlicher Breite bis 62° nördlicher Breite (bezogen auf Kap Stadlandet). Der Maßstab beträgt ungefähr 1 : 1,5 Millionen. Die Karte ist projektionslos.

Ihren Mittelpunkt bilden Jütland und die großen dänischen Inseln. Westlich dehnt sich »De Noort Zee«, östlich die »Oester Zee«. Hart an den linken Kartenrand gepreßt erkennen wir die englisch-schottische Küste nebst einem Teil der Shetland-Inseln. Rechts endet die Darstellung mit küstennahen Gebieten der Baltischen Länder. Im Norden bildet der Autor einen Teil Südfinnlands, Nordschwedens sowie Westnorwegens bis etwa Kap Stadlandet ab. Im stark verzeichneten – weil gerafften – Süden endet die Karte mit den Ländern Hessen und Böhmen.

Die Flächen der Nord- und Ostsee und ihrer angrenzenden Gewässer überzog Anthonisz. mit einer Netzfigur von 32 Strahlen, deren Zentrum er in den Raum von Fünen, also ungefähr in die Mitte der Gesamtdarstellung legte. Die genannten neun Blätter

[77] Signat. »K 1.1«. Papier auf Leinwand. Vgl. hierzu: W. RUGE: Älteres kartographisches Material in deutschen Bibliotheken. Reisebericht I. (=Nachrichten d. kgl. Ges. d. Wiss. zu Göttingen, Phil. hist. Kl., 1904, S. 37.). Göttingen 1904.

grenzen sich zum Teil in ihrer unterschiedlichen Art des Holzschnitts deutlich voneinander ab. Sie lassen erkennen, daß sie nicht in einem Arbeitsgang angefertigt, sondern verschiedenen Arbeitsperioden zuzuschreiben sind: In Stil und Anlagen unterscheiden das linke und rechte untere Eckblatt sich von den übrigen nicht unerheblich. Auch das linke obere Eckblatt kommt teilweise mit dem Charakter der Darstellung der anderen nicht überein[78]: Unterschiede, die in ihrer Gesamtheit sich am ehesten als äußere Anzeichen verschiedener Auflagen oder unterschiedlicher Arbeitsphasen erklären lassen (s.u.).

Die selbst vor gröbsten Fehlern nicht zurückschreckende Sorglosigkeit in der Wiedergabe des inneren Kontinents[79] im Verein mit der starken Betonung wichtiger morphologischer Einzelheiten verschiedener Küstenstrecken machen von vornherein deutlich, daß der Autor bestrebt war, unter weitgehender Vernachlässigung des ihn nicht interessierenden küstenfernen Inlands vorwiegend alle für die tägliche seemännische Praxis wichtig erscheinenden Örtlichkeiten darzubieten, d.h. eine typische Seekarte zu schaffen. Diese Tendenz unterstreicht seine Widmung an den Kaiser, an Fürsten und Edle. Hierin betont Anthonisz., er habe die »Caerte van oostlant« zugleich auch zum Nutzen aller Kaufleute und Reeder geschaffen, und fährt fort, man könne mit einem Zirkel sämtliche Entfernungen auf der Karte anhand des am unteren Kartenrand angebrachten Maßstabs und die Segelkurse vermittels der 16 Kompaßstriche bestimmen. Darüber hinaus seien alle für die Schiffahrt gefährlichen Untiefen durch punktierten Untergrund sowie Kolorierung besonders kenntlich gemacht.[80]

In der Tat hat sich der Autor mit bewundernwertem Eifer bemüht, das ihm erreichbare geographische und morphologisch-hydrologische Wissen seiner Zeit über den Verlauf einzelner Küstenstriche mit ihren Inseln, Klippen, Untiefen, Meereseinschnitten, Felsen, Dünen, Bergen, Wäldern, Dörfern und Städten so sorgfältig wie möglich anzugeben.

Die felsig mehr oder weniger steil aufragenden links oder rechts mit Schlagschatten versehenen Kuppen versinnbildlichen Felsen und Gebirge, wie etwa in Norwegen oder Schweden, aber auch an der nördlichen englischen Ostküste. Ähnliche, jedoch nicht so hoch und außerdem flacher ansteigende Erhebungen deuten hügeliges oder düniges

[78] Man achte etwa auf die unterschiedliche Schraffur der Berge, den verschiedenartigen Charakter der Buchstaben, die deutlich voneinander abweichende Wiedergabe der Meereswellen, der Schiffe usw. Vgl. hierzu A. LANG: Cornelis Anthonisz., der Begründer der Hydrographie Niedersachsens. In: Neues Archiv für Niedersachsen, 1953 H. 5/6, S.240[18].

[79] So mißt beispielsweise die Entfernung zwischen Köln/Rh. und Emden lediglich das Doppelte der Distanz zwischen Ems und Jade.

[80] *Cornelius Anthonii Lectori S.*
In laudem invictissimi Caroli V, divina gratia Romanorum imperatoris semper Augusti, Regis Hispaniae, Ducis Burgundiae etc., omniumque Principum, Nobilium, Mercatorum, nauclerorum, ac in summa omnium quos Cosmographia delectat, digessimus ac delineavimus Chartam hanc regionum Orientalium multis sudore, impensis ac tempore, quo quilibet veram locorum inter se distantiam inclinationemque a Meridiano doceatur, sive per gradum maximi circuli sive per miliaria, sive (quas nautae vocant), notiones. Eius rei gratia gradum unum maximi circuli posuimus distributum primo in notiones quinque, deinde quamlibet notionem in tres partes quae Miliaria appellantur Germanica. Proinde cum experiri lubet distantiam locorum a se invicem dispesce circinum ad amplitudinem gradus aut notionum aut miliariorum, eundemque sic transfer ad ea quorum distantiam quaeris, atque ibi vel prima fronte vel si amplius est spatium aliquoties revolutus circinus desideratum patefaciet. Praeterea vadosa loca et quae navigantibus plerumque magno periculo sunt, diligenter punctulis et coloribus designavimus. Deinde cruces quae in regionibus videntur, eo posuimus ut integram habeant nautae 16 (ut vocant) compassuum quae medium illum in Fionia circumstant circa Baltheum fretum completum numerum centra enim sunt huiusmodi compassuum per quos nauticae chartae inducantur. At vero civitates et insulas quae extra aream sunt operis in ipso limbo, non ita ut reliqua metiri potes. Sed quoniam hic prolixiores iusto essemus singula explicando, dabimus propediem libellum, in quo latissime omnia enucleabimus simulque figuris aliquot designabuntur regiones quemadmodum sese navigantibus offerant, multa denique alia ponemus quae multum utilitatis et voluptatis allatura sunt qui maria navigant.

Gelände an, wie es uns in Jütland oder Pommern begegnet. Ein wenig anders, in Art einer Hügelkette, sind die Dünen auf den Ostfriesischen Inseln Norderney und Baltrum gestaltet. Verschiedenartige – durchweg durch Schraffur besonders kenntlich gemachte – Gewässer durchziehen die Lande und streben auffällig gradlinig oder in steifen unbeholfenen Windungen den Meeren zu: große Kontinentalströme, kleinere Flüsse und tief einschneidende Fjorde. Letztere heben sich zusammen mit mehreren Binnenseen deutlich von ihrer Umgebung ab. Einzelne Laubbäume oder mehr oder weniger zum Teil gestaffelte Baumgruppen deuten verschiedene Waldungen bzw. bewaldete Höhen und Gebirge an. Die weitaus meisten Siedlungen kennzeichnete der Autor zwar durch gewisse Signaturen, hat diese aber durchweg als individuelle Vignetten zu gestalten versucht. Bischofssitze – etwa Bremen, Ribe, Lund oder Uppsala – zeigen doppeltürmige, oft mit Kreuzspitzen versehene Symbole. Befestigte Städte sind ähnlich London, Hamburg oder Braunschweig fast panoramaartig mit Mauern und Walltürmen wiedergegeben, Schlösser und Festungen wie Leerort, Tondern oder Hälsingborg durch zwei oder drei gedrungene Türme, Dörfer wie Tornesch oder Marne in Dithmarschen durch ein einfaches Kirchengebäude mit Turm. Die alte Überquerung der Jütischen Landenge zwischen Hamburg und Lübeck über Oldesloe, eine der wichtigsten Handels- und Verkehrsstraßen jener Zeit, kennzeichnete er durch eine Doppellinie.

Der Autor bemühte sich, wenn irgend möglich, aus Gründen der Übersichtlichkeit Namen der Länder, Einzelterritorien und Städte (»Coppenhauen«), kleinen Siedlungen (»Minsen«) und sonstigen Örtlichkeiten (»Vlambergherhooft«) parallel zum unteren Kartenrand verlaufen zu lassen. Nur dort, wo die Knappheit des hierzu erforderlichen Raumes nicht ausreichte, verstand er sich dazu, eine andere – vorgegebene – Stellung zu wählen. So sind die Namen »Enghelant«, »Juitlant« oder »Lieflant« senkrecht –, »Brabantia« oder »t'Lant van Gedderen« mehr oder weniger schräg, »over Yssel« und »Courlant« steil gestellt. Gewässernamen läßt er erklärlicherweise fast stets parallel zum jeweiligen Fluß oder Haff verlaufen, wie etwa »Oder«, »Leda« (»D. Lae«), »Hamersont«, »t'haf«. Zur Länderkennzeichnung verwendet Anthonisz. vorzugsweise die Antiqua, wie »Oude Marck van Brandenburgh« oder »Godtlant«, gelegentlich freilich auch die Fraktur, so bei »Loilant« oder »Skonen«. Für Ortsnamen zog er fast stets die Frakturschrift heran, wie »Brandenburch«, »Eemden« u.a.m. Die Lettergröße entspricht zumeist der Bedeutung des Namens. So steht »De Noort Zee« beherrschend im Vordergrund, »Sveden« tritt entschieden hiergegen zurück. Entsprechend wird mit der Wahl der Buchstabengröße für die Namen einzelner Orte – »Danswik«, »Berghen«, »elfenborch« verfahren. Seichte, für die Schiffahrt gefährliche Stellen – Riffe, Klippen, Watten und dergleichen – hebt der Autor durch Punktierung des Untergrundes hervor, wie in der Mündung des Firth of Forth oder im Bereich des Gjedser Riff, im Kattegat, bei Ösel oder im Raum der Friesischen Watten. Aus dem Wasser aufragende Klippen kennzeichnet Anthonisz. durch zahllose kleine bis kleinste Inselchen, besonders an den Küsten Norwegens und Schwedens.[81]

Charakteristische Schraffuren deuten sinnfällig bewegte Wasserflächen der Nord- und Ostsee und der mit ihnen in Verbindung stehenden Gewässer an. Große Dreimaster durchfurchen mit geblähten Segeln und schäumendem Bugwasser die Wellen. Schreckenerregende Seetiere, wie Wal und Walroß, aber auch solche, die in unseren Breiten nur höchst selten angetroffen werden, wie Seeschildkröte und Schwertfisch[82], kennzeichnen die geheimnisvollen Wunder der See.

[81] Einfache Kreuze (+⁺+) als Zeichen für Klippen und Felsenriffe waren Anthonisz. offenbar nicht geläufig, obwohl diese Signatur auf südeuropäischen Seekarten des 14. bis 16. Jahrhunderts allgemein üblich gewesen ist.

[82] Die Erwähnung von Schwertfisch und Seeschildkröte in der Nordsee durch Cornelis Anthonisz. beruht

Mit Ausnahme der in mattrosa flächig ausgelegten dänischen Inseln Fünen und Lolland zeigt die Karte ausschließlich Grenzkolorit. Die englische Ostküste ist dunkeloliv, die Ostfrieslands und Niedersachsens, dazu der Unterlauf der Elbe bis Hamburg und eine ostwärts über Oldesloe nach Lübeck verlaufende Straße sind allesamt rosa getönt, desgleichen die Mecklenburgische Küste nebst Rügen. Dieselbe Farbe verwandte der Illuminist zur Betonung der norwegischen Küsten und der Grenze zu Schweden. Dagegen bieten sich die dänische Grenze zu Schweden sowie die Ostseeküsten dieses Königreichs und die Pommerns bis Danzig in einem schmutzig dunklen Oliv dar. Die Meeresgrenzen Dänemarks sowie die Ostpreußens und Kurlands, dazu die Inseln Öland, Gotland und Ösel blieben unkoloriert. Livlands und Rußlands Küsten sind helloliv, die Finnlands rosa getönt. Baumgruppen tragen durchweg eine grüne Farbe, Ortsvignetten sind rötlich gefärbt.

Der durch hohes Alter hervorgerufene Farbumschlag vermittelt demnach heute kein sehr ansprechendes Bild der ursprünglichen Illuminierung der Seekarte. Das Oliv hat sich im Bereich der pommerschen und schwedischen Küsten stellenweise in ein häßliches Blaugrau verwandelt, der grüne Farbton schlug stellenweise in Olivbraun, Ziegelrot in mattes Ziegelgrau um. Nur an einigen wenigen Stellen läßt sich die ursprüngliche Kolorierung rekonstruieren: So bieten die Vignetten von London und Bischoffswerda ein leuchtendes Ziegelrot und Spuren der Farbgebung im Bereich der Namen Norrköping und St. Osyth/England lassen auf ein frisches helles Grün schließen, so daß um Mitte des 16. Jahrhunderts die »Caerte van oostlant« einen zweifelos harmonischen, farbprächtigen und lebhaften Eindruck gemacht haben dürfte.

Das genaue Erscheinungsjahr unserer bei Nicolai zu Antwerpen herausgekommenen Karte kennen wir nicht, da entsprechende konkrete Hinweise fehlen. Immerhin aber besteht die Möglichkeit, den Zeitraum der Edition unserer Ausgabe der »Caerte van oostlant« einzugrenzen. Ihr Herausgeber, der Antwerpener Künstler Arnold Nicolai, der durch zahlreiche Holzschnitte bekannt geworden ist, vertrieb seine Blätter, vor allem Landkarten, als selbständiger Verleger, pflegte aber auch im Auftrage anderer Antwerpener Verlage zu arbeiten.[83] 1550 als »Meester-Figuursnijder« bezeichnet, hat er, soweit wir wissen, keine seiner bisher aufgefundenen Karten selbst entworfen. Er kopierte sie vielmehr entweder nach älteren Vorlagen, nach Originalkarten, wobei er nicht selten den Namen des eigentlichen Autors verschwieg, oder aber er verwandte – wie in unserem Fall – die Druckstöcke eines anderen Künstlers weiter. Erstmalig ist er als »tailleur de figures« für fremde Rechnung 1553 nachweisbar. 1558 druckte er die ursprünglich 1536 von Jacob van Deventer herausgebrachte Provinzkarte »Brabantia« im Holzschnitt nach, hier unter Angabe des Namens des Autors. Den weltbekannten Antwerpener Verleger Plantijn belieferte Arnold Nicolai von 1558 an ebenfalls mit zahlreichen in seiner Offizin hergestellten Kartenkollektionen. Hier fand sich 1565 auch ein unkolo-

keineswegs auf künstlerischer Phantasie. So wird z.B. die Beobachtung eines Schwertfisches an der schleswig-holsteinischen Westküste durch den Geschichtsschreiber Neocorus zum Jahre 1618 ausdrücklich vermerkt. (Johann Adolf's Chronik des Landes Dithmarschen. Edit. F.C. DAHLMANN) II. Heide 1900. (Reprint), S. 373.

[83] Vgl. hierzu J. DENUCÉ: Geschiedenis van de vlaamsche Kaartsnijkunst. Antwerpen 1941. S. 27ff. und die dort angeführte Litertur. A. Nicolai arbeitete in seiner Offizin »In de Schildpad« auf der Lombardveste zu Antwerpen, im Viertel der Buch- und Kartenhändler (Abb. auf der Karte von Antwerpen des Virgilius de Bologna 1565). Seit 1550 zählte er zur Vereinigung der Antwerpener Künstler der Sint Lucasgilde. Er schuf u.a. (außer den bereits genannten) Landkarten von Polen, Frankreich, den Niederlanden und Palästina, ferner einen Stadtplan von Rom und eine Weltkarte. Von Ausnahmen abgesehen (Schelde, Kupferstich), arbeitete er im Holzschnittverfahren. Nicolai war einer der zuverlässigsten Zulieferer Plantins und arbeitete auch für den Antwerpener Verleger Jan Steelsius. 1584 als »alt und schwach« bezeichnet, wird er 1585 letztmalig in den Geschäftsbüchern Plantins erwähnt.

riertes Exemplar der »Septentrion«[84], worunter wir zweifellos unsere »Caerte van oostlant« zu verstehen haben, die man nicht nur in Antwerpen, sondern auch in Rom und Venedig mit gleichem Namen zu bezeichnen pflegte.[85]

In Anbetracht des Umstandes, daß Anthonisz. im Jahre 1553 verstarb, dürfte unter Berücksichtigung dieses terminus a quo die Antwerpener Ausgabe zwischen 1553 und 1565, dem terminus ad quem, erschienen sein. Nun ist aber kaum anzunehmen, daß Nicolai erst 1565, nach Ablauf von 12 Jahren, die Original-Druckstöcke des Anthonisz. aus dessen Nachlassenschaft erhielt. Eher dürfte er sie sich bereits einige Jahre zuvor beschafft haben. Wir gehen daher in der Annahme kaum fehl, wenn wir den Druck der Antwerpener Ausgabe der »Caerte van oostlant« in die Zeit »um 1560« legen. Eine genauere Fixierung des Erscheinungsjahres ist unter den zur Zeit gegebenen Umständen noch nicht möglich.

Spezielle Beschreibung des Antwerpener Drucks

Schottland – England

Die außerordentlich stark verzeichnete und in ihrem nördlichen Teil zu weit nach Ost vorgerückte schottisch-englische Ostküste verlegte Anthonisz. hart an den linken Kartenrand. Sie reicht von Fairlight im Süden bis Duncansby Head im Norden. Weiter nördlich erkennen wir die zerklüfteten Shetland-Inseln. Recht willkürlich hat der Autor die großen und kleineren Meereseinschnitte nachgezeichnet: Im schottischen Norden übergeht er zunächst den breiten Moray Firth. Der Firth of Tay und der Firth of Forth werden dagegen berücksichtigt, desgleichen die unscheinbare Tees-Mündung. Südlich der – mit einem Ort verwechselten – Robin Hoods Bay sowie der Flamborough Head

[84] J. DENUCÉ: Oud Nederlandsche Kaartmakers in betrekking met Plantin. 1912. I, S. 52 »1 Septentrion blanc St. 8.–« (1565 II 9).

[85] So die »Septentrionalium regionum descriptio« des M. Tramezzino zu Venedig 1558, die Kopie der Erstausgabe der »Caerte van oostlant« von 1543. Vgl. auch DENUCÉ (1912), S. 48[2].

genannten Landspitze dehnt sich die breit ausladende Humber-Mündung aus. Abermals weiter südlich schneidet der – diesmal betont enge – Wash in das Landesinnere, gefolgt von einer auffallend breiten Bucht im Raum von Yarmouth, der Orwell-Mündung.

Ein weit geöffneter Mündungstrichter der Themse, den im Norden the Naze, im Süden North Foreland flankieren, ein Kusteneinschnitt bei Sandwich und der – heute längst zugetriftete – Camberbusen schließen im Bereich des Kanals, der »Hoofden«, die Reihe der Buchten ab. Nur einige wenige recht willkürlich aus der Fülle der vielen heimtückischen Klippen, Inseln, Riffe und Sände herausgegriffene Örtlichkeiten warnen den Seemann vor den Gefahren der Küstenfahrt, darunter die Bell Rocks vor dem Firth of Tay, The Shelde bei Cromer und die Goodwin Sands nordöstlich von Dover. Merkwürdigerweise verläuft die Küste Norfolks und Suffolks nicht bogenförmig nach Osten ausladend, sondern in nördlicher, ein wenig nach Westen neigender Richtung. In Anbetracht der Raumenge bedecken nur wenige seenahe in Maulwurfshügelmanier gestaltete Erhebungen der Berge das teilweise waldige und von verschiedenen Gewässern durchzogene Land.

Die Karte erwähnt zahlreiche bekannte größere Hafenstädte der Ostküste, darunter Aberdeen, Edinburgh und Leith in Schottland, Newcastle, Yarmouth, Harwich, Dover und das besonders herausgestellte London in England. Aber auch eine Reihe weniger bekannter, ja heute teilweise fast in Vergessenheit geratener Hafenorte bzw. küstennaher Städte erwähnt der Autor, unter ihnen Filey, Barton, Blakeney, Fairlight und andere mehr.

Frankreich, Belgien, Niederlande

Im Gegensatz zu der sehr unsicheren kartographischen Gestaltung der Ostküste Englands und Schottlands verrät die Flanderns und der Niederlande von vornherein eine souveräne Beherrschung der großen Zusammenhänge bei gleichzeitiger erstaunlicher Detailkenntnis. Wie ein Vergleich unserer Karte mit zeitgenössischen Kopien der Erstausgabe (s.u.) erhellt, beruht diese Sicherheit hier allerdings nicht auf eigenen Erhebungen, sondern geht auf Arbeiten des kaiserlichen Kartographen Jacob Roelants van Deventer zurück, die von 1536 an nach und nach bis 1549, d.h. kurz nach der Veröffentlichung der Erstausgabe der »Caerte van oostlant« (1543) vollständig im Druck erschienen waren und – verkleinert und vereinfacht – in der dritten von Arnold Nicolai zu Antwerpen besorgten Auflage gegen die ursprüngliche Darstellung des Anthonisz. ausgetauscht wurde.[86] Die flämisch-niederländische Küste reicht vom Raum Dünkirchen bis in den Bereich der Westerems. Ein Gewirr von Wasserzügen, großen und kleinen Inseln – das breite Mündungsdelta der großen Kontinentalströme Rhein, Waal, Maas und Lek – bestimmen im Süden, der tiefe Einschnitt der Zuider Zee, zahlreiche Binnenseen, die friesische Inselkette nebst den friesischen Watten im Norden die Darstellung. Auf eine Wiedergabe von Hügeln und Wäldern hat der Formschneider dieses überarbeiteten Blattes im allgemeinen verzichtet. Dagegen ist dieser Sektor – abgesehen von »Flandria« – mit Flur- und Ortsnamen förmlich übersät, besonders im Süden, in Zeeland, Südholland, Brabant und Geldern. Fast alle größeren Hafenorte werden berücksichtigt: Calais und Antwerpen, Middelburg, Dordrecht, Amsterdam, Enkhuizen und viele andere nicht weniger bedeutende Seehandelsplätze. Aber auch zahlreiche kleinere

[86] Braband 1536, Holland 1542, Geldern 1543, Friesland 1545 und Zeeland etwa 1549. Vgl. hierzu: B. VAN 'T HOFF: Jacob van Deventer. Den Haag 1953.

Häfen und küstennahe Orte fand er wegen ihrer markanten, für den Seemann wichtigen Merkmale der Erwähnung wert, wie s'Gravesande, Huisduinen, Lemmer, Kollum oder Appingedam. Mit Rücksicht auf die hervorragenden Kartenvorlagen van Deventers ist es dem Bearbeiter des revidierten Neudrucks offenbar nicht schwer gefallen, kleine und kleinste Inseln im südlichen Strommündungsdelta oder auf den friesischen Watten zu registrieren und Meeresbuchten, Binnenseen sowie die friesische Inselkette bis einschließlich Borkum situationsgenähert im Bilde wiederzugeben.

Deutsch-dänische Nordseeküste

Der Küstenstrich Großfrieslands neigt sich in seinem Gesamtverlauf – abweichend von der Wirklichkeit – elbewärts stark in Richtung Ost/Nordost. Die auffällige Wirklichkeitsnähe der Darstellung und der Reichtum des Karteninhalts der niederländischen Gebiete bricht östlich der Ems plötzlich ab. Ostfriesland ist auffallend stark verzeichnet. Meereseinschnitte und der Verlauf der Flüsse und Wasserzüge beweisen die geringen geographischen Kenntnisse des Amsterdamer Künstlers. Vereinzelt angedeutete Wälder scheinen recht willkürlich situiert. Abgesehen von der Hafenstadt Emden beschränkt der Autor sich im wesentlichen auf die Erwähnung der festen Plätze des Landes, von denen er Leerort, Stickhausen, Aurich, Jever und Vrijade nennt. Umsomehr ist er bemüht, die ostfriesischen Inseln in ihrer individuellen Erscheinung wiederzugeben. Das betont winzige Oldeoog, die langgestreckte Insel Langeoog oder das Eiland mittlerer Größe Norderney verraten eine bis dahin nicht gekannte Sorgfalt der Aufnahme.

Im Bereich von Jade, Hunte und Weser verrät die Darstellung jedoch wiederum größere Unsicherheit. Der Jadebusen ist zu einer schmalen Rinne geworden, das Dorf Minsen liegt östlich statt westlich der Jade, Butjadingerland südlich der Stadt Oldenburg: Von diesen Territorien besaß Anthonisz. offensichtlich nur dürftige Kenntnisse, so daß er sich genötigt sah, hier mehr oder weniger aufgrund unzuverlässiger Angaben und nach Gutdünken den Küstenverlauf zu skizzieren. Auch die Gestaltung der Weser von der Mündung bis Bremen kann nicht als gelungen bezeichnet werden. Besser informiert zeigt sich der Autor dagegen im Raum Helgoland – Wurtfriesland und der Elbemündung mit Kehdingen, wo er die Lune, das Dorumer Tief, die Insel Neuwerk sowie Otterndorf erwähnt und das Land des Weser/Elbewinkels im großen und ganzen durchaus richtig skizziert.

Wenn auch einige Hauptpunkte der jütischen Halbinsel (Störmündung – Bovbjerg – Skagen – Fehmarn – Lübeck) verhältnismäßig situationsgerecht getroffen wurden, so beweist die in nähere Einzelheiten gehende Darstellung der West- und Ostküste Jütlands doch, daß unser Autor hier wiederum nur über sehr bescheidene Kenntnisse verfügte.

Der Verlauf der jütischen Westküste ist zwar generell richtig wiedergegeben, aber schon die durch vage Umrisse gekennzeichneten Inseln zusammen mit der Verlegung des Namens Utholm[87] in den Norden und die gänzliche Verzeichnung von Holmslandsklitt (»Munit«) stehen in auffälligem Gegensatz zu der prägnanten, individuellen und offensichtlich auf eigener Inaugenscheinnahme beruhenden Darstellung beispielsweise der gesamtfriesischen Inselkette von Texel bis Wangeroog. Breite Hügelreihen reichen

[87] Mit Utholm ist »das westliche Eiderstedt« mit den Kirchspielen St. Peter Ording und Westerhever gemeint, d. h. jener ehemalige Inseldistrikt, der 1613 in Eiderstedt aufging. An Utholm hatte man im 16. Jahrhundert heveraufwärts entlang zu segeln, wenn man Kurs auf den bedeutenden Hafenort – die spätere Stadt – Husum nahm. Vgl. R. Hansen und W. Jessen: Quellen zur Geschichte des Bistums Schleswig. Kiel 1904. S. 266, 253f. und 402, ferner: K. Boie: Schleswig-holsteinische Siegel des Mittelalters. III/2. Neumünster 1931.

besonders im Norden Jütlands bis unmittelbar an die See, hier und da durch Gewässer unterbrochen, die steif und ungelenk in das von weit gedehnten Waldungen bedeckte Landesinnere eindringen. Die im Norden fast die ganze Halbinsel in bizarren Formen durchquerenden Fjorde beweisen zusammen mit der Verwechslung von Eider und Hever, auffällig falscher Situierung verschiedener Orte (Marne) und Landschaften (nordfriesische Halligwelt: »Strantfriesen«) erneut hier sein geringes geographisches Wissen. Anthonisz. dürfte wegen ihrer weit in See vordringenden gefährlichen Sände die jütische Westküste allein im Vorbeifahren aus respektvoller Entfernung nur flüchtig kennengelernt haben.[88] Namen wie Vosborg, Lönborggard, Lemvig und Nikóbing, ferner die Erwähnung des Schlosses bei Ribe oder des Wittensees bei Rendsburg verraten uns allerdings, wie weit ins Landesinnere zu dieser Zeit der Weg niederländischer Schiffer und Seekaufleute führte.

Dänische Gewässer von Skagerrak bis Falster

Während die Landspitze von Blåvandshuk übergangen ist, stellt Anthonisz. Bovbjerg und das wegen seiner weit nach Westen vorstoßenden Riffe gefährliche Hanstholm um so kräftiger heraus.

Die Jammerbucht deutet Anthonisz. durch einen Einschnitt in die nordostwärts verlaufende Küste an. Er führt sie situationsgemäß über die markanten Punkte Rubjergknude und Hirtshals weiter nach Kap Skagen. Von hier verläuft sie in ungefähr südlicher Richtung über Sæby und die am Limfjord weiter einwärts gelegene alte Seehafenstadt Ålborg zu dem ostwärts sich ausdehnenden Landvorsprung Stavnshoved. Punktierter Untergrund deutet auf seichte und gefährliche Gewässer. Der außerordentlich generalisierte weitere – zunächst südwestlich, dann südöstlich sich erstreckende – Küstenverlauf über Århus – Kolding – Flensburg – Schleswig/Gottorf mit dem Middelfartsund, Alsen und dem Kleinen Belt wird von Anthonisz. zwar im allgemeinen richtig gekennzeichnet, doch sind seine Fehler hier beträchtlich: Die Kieler Bucht wird vernachlässigt und auch die Wiedergabe des Raumes um Fehmarn kann nicht befriedigen. Dagegen gelang die Skizzierung der Lübecker Bucht, die zweifelsohne von niederländischen Seeleuten ungleich häufiger durchkreuzt wurde als die nautisch unübersichtlichen engen Fahrwasser zwischen Fünen und Jütland, wesentlich besser.

Die durch Sund und Großen Belt voneinander geschiedenen großen dänischen Inseln sind durchweg stark verzeichnet. Aus naheliegenden Gründen behandelt der Autor Seeland besonders eingehend. Unter den zahlreichen hier genannten Städten hebt er neben dem alten Bischofssitz Roskilde sowie dem Hafen Næstved die Hauptstadt des Königreichs, Kopenhagen, mit den Inseln Amager und Saltholmen heraus. Nördlich davon, an der schmalsten Stelle des Sunds, liegen sich Hälsingborg und Helsingør gegenüber, damals eine der wichtigsten Zollstätten Europas.

Den beherrschenden Mittelpunkt auf Fünen bildet der Bischofssitz Odense. Im Süden erwähnt Anthonisz. außerdem Svendborg und Fåborg, weiter nördlich Assen, Middelfart und Bogense. Daß er von Langeland, Lolland, Møen und Falster mit dem Gjedserriff keine rechte Vorstellung besaß, scheint aus der starken Verzeichnung auch dieser Inseln hervorzugehen. Der Bedeutung verschiedener wesentlich kleinerer Inseln für die Nautik im Großen Belt und Kattegat war er sich allerdings wohl bewußt, führt er dort

[88] In seiner zur »Caerte van oostlant« entworfenen Segelanweisung (s. u.) hebt Anthonisz. ausdrücklich hervor, man könne nördlich von Ribe wegen der – der jütischen Küste vorgelagerten – flachen Sände selbst auf drei Faden Tiefe das Land von See her kaum ausmachen.

doch außer Anholt und Læsø mit dem gefährlichen Steingrund Trindelen u.a. auch Sejrø, Romsø und Sprogø mit auf. Auch gefährliche Riffe und markante Punkte versäumt er nicht anzugeben, wie bei Nakkehoved nordwestlich Helsingør oder bei Fakkebjerg auf Langeland, die Höhen bei Møensklint, Stevnsklint und bei Refnæs.

Wismar – Memel

Von Wismar verläuft die Küste zunächst in nordöstlicher Richtung, formiert sich bei Warnemünde seltsamerweise zu einer Landzunge und zieht von da fast direkt nach Süden. Hier bildet sie eine auffällig tiefe Bucht und führt dann in geschlängelter Linie weiter ostwärts bis Kolberg. Im Bereich einer sagenhaften Spreemündung begegnen wir drei einzelnen Inseln: Dornbusch, Wittow und Jasmund, die der Autor mit Rügen bzw. Hiddensee verwechselte. Erst im Raum der Oder- und Persantemündung begegnen wir einer mit »Rughen« bezeichneten verhältnismäßig kleinen Insel. Von Kolberg zieht die Küste bogenförmig nach NO bis Rixhöft und biegt dort in SO-Richtung um und führt weiter bis Hela. Das wellige Gelände deutet der Autor hier durch hügelartige Erhebungen an und streicht den Berg Revekol, einen der markantesten Punkte dieses Küstenstrichs, für die Seefahrt namentlich heraus. Verschiedene Wälder decken das Land. Neben den großen Seehandelsplätzen wie Rostock, Stralsund, Greifswald, Stettin und Kolberg werden auch kleinere Örtlichkeiten genannt, so Altfähr oder Fasserow. Von der Danziger Bucht, in der die Weichselmündung mit der weit bekannten und als Kornstapelplatz den Niederländern besonders wichtigen Hansestadt Danzig deutlich herausgestellt wird, nimmt die Küste einen bogenförmigen geschweiften Verlauf in nördlicher Richtung an. In das mit der Memel verbundene phantasievoll geschlängelte Haff münden mehrere Flüsse bzw. Ströme, von denen allerdings nur die Mottlau genannt wird.

Baltische Länder mit Finnland

Je weiter wir uns nordwärts wenden, um so hypothetischer wird die Küstenkonfiguration, ja nördlich von Domesnäs und Ösel macht es große Mühe, sich auf der Karte zurechtzufinden, zumal Ortsangaben immer spärlicher werden. An der kurländischen Küste heben sich die »Sevenbergen« als markante Peilobjekte heraus. Der Rigaische Meerbusen ist ebenso verzeichnet wie die fast willkürlich skizzierte Insel Ösel. Allenthalben gibt hügeliges bewaldetes Gelände der Landschaft das Gepräge.

Im allgemeinen berücksichtigt Anthonisz. hier nur die wichtigsten Orte: Memel, Windau, Riga, Pernau und Reval mit seinem auffälligen Ansteuerungspunkt, dem Kloster St. Brigitta, nebst Narva. Ferner werden einige wenige sonstige markante Örtlichkeiten hervorgehoben, wie die kleinen Inseln Abro (südlich von Ösel), Odensholm und Nargö.

Die Linienführung der südfinnischen Küste mit ihren wenigen tief in das Landesinnere eindringenden fjordähnlichen Wasserzügen wirkt ebenfalls stark hypothetisch. Ihre zahllosen Schären, Inseln und Klippen deutet der Autor in Form einer Anzahl großer und kleiner Eilande mit bizarren vagen Umrissen an. Nur wenige Orte zwischen Helsinge, Åbo und Töfsala hält Anthonisz. hier für erwähnenswert. Das Schwergewicht der Ortsnamen liegt vorwiegend im Bereich von Hangö mit Karis, Rasaborg und Lojo. Etwas besser zeigt er sich über die Ålandinseln orientiert, von denen er drei, Lumparland, Lemland und Åland mit Eckerö und Karpa heraushebt.

Schweden

Die durch ihren schwungvollen Bogen viel zu weit nach Osten vorragende Küste Schwedens mit ihrer breiten Bucht bei Stockholm gleicht in der kartographischen Behandlung im wesentlichen der Südfinnlands: Vom Bottnischen Meerbusen bis Simrishamn im Süden begegnen wir hier durchaus ähnlich gestalteten Schären und Inseln. Südlich Gävle dringt der Dal Älv weit nach Westen vor. Im Raum des rings von Gewässern umschlossenen Stockholm begegnen wir dem Mälar- mit dem Hjelmar-See, in den sich zwei aus Richtung Uppsala nach Süden erstreckende Wasserzüge ergießen. Söderköping und Växjö liegen ebenfalls an Gewässern, die zum Teil tief das Land zerklüften. Hohe Berge und weite Wälder bedecken das Land.

Im Südwesten dringt eine breite Bucht tief bis in den Raum Tunalän vor, so daß Schonen einen betont halbinselartigen Charakter erhält. Auf der viel zu weit nach Südosten verlegten breiten Insel Gotland mit ihrer gefährlichen Klippe Koppar Stenarne und der Insel Gotska Sandön erwähnt Anthonisz. zahlreiche Städte und Handelsplätze, unter ihnen das alte Visby, Östergarn, Farö, Slite und andere mehr. Im Südwesten liegt die namentlich genannte Insel Karlsö. Diese verhältnismäßig eingehende Behandlung macht deutlich, daß wegen seiner grundsätzlichen Wichtigkeit für die Schiffahrt ihm dieser Bereich der Ostsee verhältnismäßig gut bekannt gewesen ist. Um so merkwürdiger wirkt die Tatsache, daß auf der langgestreckten, durch den Kalmarsund vom Festland geschiedenen und von Untiefen umgebenen Insel Öland zwar nicht weniger als acht Ortssignaturen zu erkennen, jedoch keinerlei Namen zu lesen sind. Zweifellos haben wir unter den Orten unter anderem Köping, Borgholm, Möckleby mit ihren charakteristischen Kirchtürmen und sonstigen hohen Bauten zu verstehen, die seit je als Landmarken dem Seemann geläufig waren.

Über die Inseln Utklipporna, Hanö und Erteholmene gelangt man zu der gleichfalls zu weit nach SO verlegten größeren Insel Bornholm. Hier soll eine einzige Signatur ohne Namen vermutlich Hammershus andeuten.

Das viel zu weit nach Süden vorstoßende Schonen ist von Wäldern bedeckt. Es endet in einer merkwürdig spitz zulaufenden Landzunge mit Falsterbo. Punktierter Untergrund warnt in diesem Bereich den Seefahrer vor gefährlichen Untiefen. Von hier zieht die hügelige Küste unter leichter Ausbiegung nach Osten über Hälsingborg auf Kullen zu. Malmö und das doppeltürmige Lund sind durch kleinere Wasserzüge mit dem Sund verbunden. Von dem weit nach Westen vorspringenden felsigen Kullen führt der Autor die buchtenreiche Küste über Hallands Väderö in nordwestlicher Richtung fast gradlinig bis zum Oslofjord. Mehrere Flüsse und Wasserläufe – Niss-Å des Vättern-Sees, Göta Älv des weit ausladenden Vänern-Sees, dazu die Ätra-Å bei Falkenberg und der Hakafjord bei Marstrand – ergießen sich in das Kattegat. Eine Vielzahl großer und kleiner Inseln und Klippen kennzeichnen die Unübersichtlichkeit der küstennahen Gewässer. Als Zeichen zunehmender Ortskenntnis nimmt von etwa Varberg an bis Marstrand die Zahl der Orts- und Flurnamen stark zu.

Norwegen

Keine Küstenstrecke zeigt eine so dichte Aufeinanderfolge an Namen wie die von Varberg zum Oslofjord und von dort westwärts über Larvik–Kobbernaglen nach Kap Lindesnes: ein deutliches Zeichen einerseits für den im 16. Jahrhundert im Großen einsetzenden norwegischen Holzexport in die Niederlande[89] und nach Norddeutschland, andererseits für die Befahrenheit der Gewährsmänner unseres Autors bzw. für seine eigene Ortskenntnis. Das mit steil aufragenden Bergen und weiten Waldflächen bedeckte

Land lädt viel zu stark nach Süden aus. Außer dem Oslofjord dringen Lag, Nid Elv und das Setesdal tief in das Landesinnere vor. Die Aufzählung der vielen Inseln, Klippen, Fahrwasser, Fjorde, kleinen und kleinsten Häfen und natürlichen Anlegeplätze muß unsere Bewunderung erregen.

Nicht weniger eindrucksvoll wirkt nordwestlich bzw. nördlich Kap Lindesnes die Fülle der Namen der Schären, Fjorde, Hafenstädte, Inseln und Einzellandschaften. Die Westküste lädt hier etwa 70 bis 80 km zu weit nach Westen aus.

Nördlich des Boknfjords bei Stavanger wirkt die Schären- und Inselkette in der steifen Art ihrer Darstellung fast wie an das Festlandmassiv in genau nordsüdlicher Richtung angeklebt, als ob Anthonisz. anstrebte, keinesfalls über eine direkt von Süden heraufgeführte und direkt nach Norden ziehende Peilungslinie westlich hinaus zu gehen. Eindrucksvoll wirkt nordwestlich von Kap Lindesnes bis Bergen die Fülle der Namen und Abbildungen verschiedener Schären, Fjorde, Inseln, Einzellandschaften und Hafenorte. Sie lassen auf einen regen niederländischen Schiffsverkehr bis Bergen schließen. Unter ihnen spielt die größere Insel Karmøy mit Skudesnes, der Beginn der Fahrt nordwärts im Schutze der Schären in den Bømlafjord, eine besondere Rolle. Trotz der hier abermals bewiesenen Aussagekraft der Darstellung beeinträchtigt freilich die in diesem Bereich um 70 bis 80 km zu weit nach Westen ausladende Küste den Wert der Karte. Hinzu kommt, daß die stark verzeichneten, in einer Nordsüdrichtung angeordneten und förmlich an diese gepreßt erscheinenden Inseln und Fahrwasser nördlich des Boknfjords den Wert der Karte abermals beeinträchtigen, zumal einer der wichtigsten nautischen Peilpunkte, die Insel Utsire[90], übersehen wurde.

Nördlich von Bergen verliert sich rasch die Detailkenntnis des Autors. Auf dem Wege zu Kap Stadlandet und nördlich davon erwähnt er zwar noch die – nautisch ebenfalls bedeutsamen – Inseln Skorpa am Eingang des Fikefjords und die Klippengruppe Oddene (»Stoppels«) nördlich des Kaps, bringt aber – offenbar ohne Lage und Bedeutung der ihm vermutlich aus Schifferkreisen zugänglich gewordenen Namen einzelner Örtlichkeiten zu kennen – diese willkürlich auf seiner Karte unter. Es dürfte ziemlich sicher sein, daß mit seinen fast bis zur Unkenntlichkeit entstellten Namen der Mifjord, die südliche Einfahrt in den Romsdalfjord auf dem Wege nach Molde zwischen Kap Stadlandet und Kristianssund sowie Gauldalen gemeint waren. Beachtenswert ist, daß Anthonisz. den wichtigsten Ort in dieser Gegend, die alte nordische Bischofsstadt Trondheim/Nidaros, übergeht, ein Beweis mehr für das zufallsbedingte Zustandekommen der Namen und die geographische Unkenntnis des Autors in diesem Bereich.

[89] Die Niederländer waren wegen ihres hohen Bedarfs an Schiffbaumaterial im Holzhandel und -transport von der 1. Hälfte des 16. Jahrhunderts an in Norwegen führend. Vgl. hierzu O. A. JOHNSEN: Norwegische Wirtschaftsgeschichte. Jena 1939. S. 225ff; O. RÖHLK: Hansisch-norwegische Handelspolitik im 16. Jahrhundert. Neumünster 1935. S. 30; ferner J. SCHREINER: Nederland og Norge, Trelastutförsel og Handelspolitik. Oslo 1933.

[90] Die Insel Utsire wird im Segelhandbuch von 1558 ausdrücklich erwähnt: »Ungefähr drei Meilen W Skudesnes liegt ... eine Außenklippe in See und heißt Utsire«.

Drei Auflagen der »Caerte van oostlant«

Die 1543 erschienene und seitens der fachkundigen Mitwelt von Anfang an als entscheidend wichtiger Fortschritt empfundene »Caerte van oostlant« ist von zeitgenössischen italienischen Verlagen und Kartenstechern mehrfach kopiert worden. Bei näherer Überprüfung dieser – verkleinerten – Ausgaben stellt sich heraus, daß sie auf die 1558 zu Venedig erschienene »Septentrionalium regionum ... descriptio« des M. Tramezzino (Abb. 16) zurückgehen.[91]

Vergleichen wir diesen venezianischen Druck mit unserer von Nicolai zu Antwerpen um 1560 neu herausgebrachten »Caerte van oostlant«, so ergibt sich aufgrund auffälliger Unterschiede von vornherein, daß zumindest drei Druckstöcke der Antwerpener Ausgabe ganz oder teilweise neu geschnitten worden sind: der linke und Teile des nächstfolgenden der obersten – und der linke und rechte der untersten Reihe. Hier fallen – neben anderen – folgende wichtige Unterschiede auf: Die Zahl der Namen im Bereich der britischen Ostküste ist in der Ausgabe des Nicolai erheblich vermehrt, auch wurde der niederländische Raum in seinen Umrißlinien und Gewässerzügen neu bearbeitet, vor allem aber erfuhren die Küsten West- und Südnorwegens eine grundlegende Umgestaltung. Während offensichtlich die »Modernisierung« der Konfiguration der Niederlande durch Dritte geschah (s.u.), läßt der Duktus der Änderungen im Bereich der britischen Ost- und der norwegischen Küsten auf unserer »Caerte« keinen Zweifel an der Autorschaft aufkommen. Ein Vergleich des Stils einzelner Details dieser Partien der »Caerte«, die Wiedergabe der Berge, Baumgruppen, Landschafts- und Ortsnamen, die Skizzierung der Fjorde, Schären, Inseln und Binnengewässer, die Verwendung ganz charakteristischer Buchstaben[92] in dem neu geschnittenen oberen linken Block und der die englische Ostküste betreffenden Teile in dem unteren linken Block unserer Antwerpener Ausgabe mit den unverändert gebliebenen Druckstöcken der gleichen Edition kommt zu dem eindeutigen und überraschenden Ergebnis, daß hier alle Änderungen von ein und derselben Hand herrühren: Anthonisz. selbst ist es gewesen, der sie vorgenommen hat.

Es unterliegt keinem Zweifel, daß diese Veränderungen der Ausdehnung und Untergliederung der Küsten von Anthonisz. nachträglich, d.h. zu einem Zeitpunkt *nach* Erscheinen seiner »Caerte« im Jahre 1543, in diese eingefügt wurden (s.u.). Der Druck des Tramezzino vermittelt uns daher eine genaue Kopie der älteren Version der »Caerte«, ihrer Erstausgabe.

Hieraus folgt, daß unsere »Caerte van oostlant« zumindest drei verschiedene Editionen erlebte. Die (durch die Kopie von 1557 und 1558 des Tramezzino überlieferte)

[91] Wie z. B. die »Descriptio ... septentrionalium regionum« des GIOVANNI FRANCESCO CAMOCIO, Venedig 1562.

[92] Man vergleiche die für Anthonisz. typischen Buchstabenformen, wie die des »g« in Bergen, des »f« in Staffanderen usw.

Erstausgabe erschien 1543 zu Amsterdam.[93] Die zweite auf Anthonisz. selbst zurückgehende Auflage dürfte vor 1553, vermutlich ebenfalls zu Amsterdam herausgekommen sein (s.u.). Die dritte Ausgabe besorgte um 1560 Nicolai zu Antwerpen.

Erste Ausgabe (1543)

Anhand der zeitgenössischen Kopie der »Caerte van oostlant« durch Tramezzino läßt sich die Konfiguration der auf die genannten Blöcke entfallenden Küsten der Erstausgabe (1543) verhältnismäßig sicher nachzeichnen (Abb. 16). Im norwegischen Bereich tritt die Küste gegenüber der dritten Ausgabe, der des Nicolai (um 1560), generell um etwa 70 km weit nach Osten zurück. Schon in dieser Beziehung kommt die Erstausgabe der »Caerte« der Wirklichkeit näher als die beiden jüngeren Editionen. Das gleiche gilt für die Hauptverlaufsrichtung der Küste. Sie streicht von Kap Lindesnes zunächst bis »Kilström« ungefähr in Richtung NW z W und zieht danach etwa N z O weiter bis hart an den oberen Kartenrand nach Oddene. Im Bereich einer auffallend stark zerklüfteten Küstenstrecke beginnt in Nähe einer als »Liet« bezeichneten Örtlichkeit das sogenannte Innenschären-Fahrwasser[94], das innerhalb breitgelagerter Inseln und Schären nordwestwärts auf die Stadt Bergen zuführt. Es beginnt mit dem Karmsund (Abb. 17 und 18).

Nördlich von Bergen begegnen wir nur vereinzelten Namen, die Küste wirkt unprofiliert, einförmig und die Darstellung nimmt zunehmend hypothetischen Charakter an. Eine Orientierung ist kaum mehr möglich. Der bei den Seeleuten jener Zeit so berüchtigte und gefährliche Malstrom[95] wird hier vom 68. auf den 63. Breitengrad südwärts verlegt und im Raum von Oddene abgebildet. An seenahen Örtlichkeiten führt Anthonisz. 1543 – von Nord nach Süd – folgende Namen auf: das eben erwähnte Oddene (»Stoppel«), Gauldalen (»Goldael«), Kap Stadlandet (»Stat«), Alde Oen (»Ouden«), eine kleine Siedlung am Romsdalfjord (»Romsior«), den Fjord selbst (»Romsdal«), Bergen (»Berge«), Stolmasund (»Steensond«), Kilströmmen (»Kilström«) (fälschlich südwestlich von Bergen statt nordwestlich vermerkt), und die Einfahrt in den Mögsterfjord (»Papenvoers«). In einigem Abstand folgt der Nötsund, auch Nautsund genannt (»Notue«), der sich zwischen Bømmeløy und Bærøy erstreckt und als Einfahrt in den Bømlafjord, den nördlichen Beginn des sogenannten Innenschärenfahrwassers nach Bergen, bildet. Südöstlich davon findet sich Indre Leden (»Liet«), das südliche bei Skudesnes beginnende Innenschärenfahrwasser nach Bergen. Weiter südöstlich stoßen wir in Richtung auf Kap Lindesnes (»Dernues«) auf den gesuchten Ankerplatz Sirevåg (»Sighe«) und den wichtigen Egersund (»Ekesont«), gefolgt von dem zwischen Farsund und dem Listerfjord gelegenen niedrigen, ebenen und sandigen Listerland (»T'lant vallest«), durch einen breiten ungenannten Meereseinschnitt (Lyngdalsfjord?) von Lindesnes getrennt.

Überblicken wir diese wenigen namentlich aufgeführten Örtlichkeiten der Erstausgabe (1543) im Verein mit der kartographischen Gestaltung dieses Küstenstrichs, müssen wir feststellen, daß im Gegensatz zur norwegischen Südküste mit ihrer überraschenden Vielzahl an Orts- und Flurnamen, auch in der Erstausgabe, die Westküste spätestens von Egersund an starke hypothetische Züge trägt und zunehmend tiefe Unkenntnis des

[93] Catalogus auctorum des A. Ortelius. In: L. BAGROW (1928) S. 23. Die Karte war »excusa Amsterodami«.

[94] Auf weiten Strecken der Westküste Norwegens wurden von jeher aus Gründen der Sicherheit, besonders wegen des Schutzes vor Stürmen und der Möglichkeit des Anlaufens zahlreicher Not-Ankerplätze, die zwischen einem Gürtel größerer und kleinerer Inseln und dem norwegischen Festland verlaufenden sog. Innenschärenfahrwasser einer Fahrt über die offene See vorgezogen.

[95] Beim Lofot.

Autors verrät. Der Verlauf einzelner Fahrtrouten und gewisse Örtlichkeiten waren Anthonisz. offensichtlich allein vom Hörensagen bekannt. Nur so ist seine verhängnisvolle Auffassung erklärlich, daß Stavanger (»Staffanderen«) nicht von See her, sondern lediglich über einen weitverzweigten und bei Kap Lindesnes tief in das Landesinnere eindringenden Fjord, den Otterelf, erreichbar ist, nur so wird verständlich, daß der Betrachter darüber im unklaren blieb, auf welcher der zahlreichen großen und kleinen Inseln er das wichtige und wiederholt in zeitgenössischen Segelanweisungen genannte Skudesnes zu suchen hat. Ähnlich willkürlich wie die Route nach Stavanger skizzierte Anthonisz. die Fahrt nach Bergen. Den phantasievoll abgebildeten Inseln, Klippen und Fjorden läßt sich nur soviel entnehmen, daß man zu dieser bedeutendsten Stadt Westnorwegens einem Innenschärenfahrwasser zu folgen hatte. Nördlich Bergen hört fast jede Kenntnis auf. Nach Gutdünken werden die Küsten untergliedert und willkürlich Namen von Örtlichkeiten verteilt.

All dies läßt den Rückschluß zu, daß Anthonisz. auf seiner ersten Reise zum Baltikum nordwärts über Kap Lindesnes nicht hinausgekommen ist. Auch das mehrfach angezogene Segelhandbuch von 1541, seine Hauptquelle, vermittelt über diese Gewässer mit Ausnahme der – praktisch zusammenhanglosen – Erwähnung von Skudesnes[96] keinerlei Angaben über diese Gewässer. Er war somit 1543 genötigt, die Westküste Norwegens lediglich aufgrund vager Hinweise von Seeleuten zu entwickeln. Daß es ihm trotzdem gelungen ist, den Gesamtkomplex Westnorwegens im Prinzip ungefähr richtig zu umreißen, zeugt von einem ungewöhnlichen kartographischen Vorstellungsvermögen.

Östlich von Kap Lindesnes lassen sich zunächst – etwa bis Oxefjord (»Osseniurt«) – zwischen der ersten (1543) und dritten (um 1560) Ausgabe ebenfalls einige Unterschiede nachweisen. Die Frage, ob diese auf Unachtsamkeit des Kopisten zurückzuführen sind oder als Varianten tatsächlich bestanden haben, läßt sich heute wohl kaum mehr eindeutig klären. Von Oxefjord an decken sich dann weiter ostwärts im allgemeinen Bild und Namen aller drei Ausgaben.

Auch im Bereich der britischen Ostküste lassen sich einige Unterschiede zwischen dem auf der Erstausgabe (1543) der Seekarte beruhenden Blatt des Tramezzino (Abb. 16) und der dritten Ausgabe der »Caerte« feststellen. Wenn wir hier Tramezzino folgen dürfen, übergeht die Erstausgabe von 1543 verschiedene Namen küstennaher Örtlichkeiten. Es sind dies: der Firth of Forth, der Tees, Flamborough Head, The Shelde[97], Lowestoft, der Orwell, The Naze, Goodwin Sands, die »Enge von Calais« und North Foreland.

Mit Ausnahme des letzterwähnten Namens handelt es sich stets um solche, die in der dritten, um 1560 zu Antwerpen erschienenen Ausgabe der »Caerte« außerhalb des Landes auf der Wasserfläche untergebracht sind. Aufgrund des »Stils« der Beschriftung besteht kein Zweifel daran, daß sie von der Hand des Anthonisz. herrühren.[98] Es ist schwer, anzunehmen, daß er diese für die Schiffahrt so wichtigen Namen, die zudem fast alle im Segelhandbuch von 1541 erwähnt werden, in seiner Erstausgabe der »Caerte« übersehen haben könnte. Andererseits muß man aufgrund der allenthalben bewiesenen äußersten Sorgfalt, mit der Tramezzino das ihm vorliegende Original von 1543 kopierte, bezweifeln, der Italiener habe hier nachlässig gearbeitet oder habe nicht genügend Platz auf seiner verkleinerten Kopie gefunden, diese Namen unterzubringen.[99]

[96] Das Segelhandbuch von 1541 erwähnt (Kap. 38,1) lediglich, Skudesnes liege nördlich der Insel Walcheren. Nach J. KNUDSEN: Søkartet. In: Tijdschrift for Søvæsen 86, (Kopenhagen) 1915, S. 221.

[97] Cromer. Vgl. hierzu D. W. WATERS: The rutters of the Sea. The sailing Directions of Pierre Garcie. New Haven and London 1967. S. 187 (Circumnavigation of England, 15. Jahrhundert).

[98] Man beachte beispielsweise den Namen »Vlamborgherhofd« mit den für Anthonisz. charakteristischen Schleifen (S. auch »Helgoland«, »Middelburch« in der Segelanweisung von 1566), hier: Abb. 89 u. 69.

[99] Tatsächlich ist das Gegenteil der Fall.

Dagegen liegt der Grund für die etwas archaisch wirkende Konfiguration der Niederlande (Abb. 19 und 20) klar zutage: Zum Aufbau der Erstausgabe seiner See-»Caerte« standen Anthonisz. die seit 1536 im Erscheinen begriffenen hervorragenden niederländischen Provinzkarten noch nicht sämtlich zur Verfügung.[100] Er hatte sich daher mit älterem vorhandenem Kartenmaterial zu begnügen. Dieses gab Ems, Lauwers, Zuiderzee und das südliche Strommündungs-Delta in teilweise stark verzeichneter Manier wieder, desgleichen das übrige niederländische Gewässersystem. Die friesische Inselkette klebt förmlich am Festland, dessen holländischer Küstenstrich durch einen markanten langgestreckten Dünenzug charakterisiert ist.

Trotz dieser und anderer großer Mängel sind im Vergleich zu weiten Teilen des übrigen Europa die Niederlande bereits auffallend wirklichkeitsnah wiedergegeben, was ohne Frage für die Konstruktion der »Caerte van oostlant« von ausschlaggebender Bedeutung gewesen ist.

Abgesehen vom Außenrahmen ist der rechte Druckstock der dritten – von Nicolai besorgten – Ausgabe gänzlich neu geschnitten worden. Dies geht eindeutig unter anderem auch aus dem Stil der Kartenelemente hervor.[101] Da keinerlei Küsten in der Darstellung betroffen sind, verweisen wir hier auf die Beschreibung oben Seite 25 ff.

In welcher Weise Anthonisz. 1543 ursprünglich diesen Druckstock im einzelnen gestaltete, läßt sich nicht mehr feststellen, da in diesem Bereich die italienischen Kopisten sich nicht an ihre Vorlage halten.

Zweite Ausgabe der »Caerte van oostlant« (um 1550?)

Wann Anthonisz. die zweite Rezension seiner »Caerte« herausbrachte, ist nicht bekannt und läßt sich aus Mangel an entsprechenden Hinweisen nicht genauer bestimmen. Als Terminus ad quem ist das Todesjahr des Autor (1553) anzusehen. Ob es erlaubt ist, die Zweitauflage des zugehörigen Segelhandbuchs »Caerte van die Oosterse See«, die möglicherweise um 1551 erschienen sein könnte (s.u.), zeitlich mit der Herausgabe der zweiten Auflage der »Caerte van oostlant« in Beziehung zu setzen, muß dahingestellt bleiben. Somit bleibt wohl zunächst keine andere Wahl, als das Erscheinen der zweiten Auflage »um 1550« zu vermuten.

Von den neugestalteten Druckstöcken sind hier vor allem jene zu betrachten, die die meisten Veränderungen aufweisen: der untere und obere linke. Eine Überprüfung der übrigen ergibt, daß freilich auch der mittlere linke (Ostküste Englands) und der obere zweite (SW-Norwegen) gegenüber der Erstausgabe, der »Urfassung« der »Caerte van oostlant«, einige Unterschiede aufweisen. Die Frage, ob der untere rechte Druckstock oder Teile von diesem schon für die zweite Auflage ebenfalls neu geschnitten wurden, läßt sich nicht mit Sicherheit beantworten. In Anbetracht dessen, daß hierzu kaum Veranlassung vorlag, ist dies wenig wahrscheinlich, es sei denn, daß Anthonisz. hier das (uns unbekannte) Jahr des Erscheinens dieser zweiten Auflage der »Caerte« angegeben hätte.

Von diesen Ausnahmen abgesehen, sind somit alle übrigen Druckstöcke der Erstausgabe des Jahres 1543 für die zweite Ausgabe unverändert wiederverwandt worden.

Da die kartographische Neugestaltung der Niederlande nicht mehr durch Anthonisz., sondern vermutlich durch Nicolai um 1560 vorgenommen wurde, ist anzunehmen, daß

100 S. Anmerkung 86.

101 S. Anm. 92 und 98. Vgl. ferner die Schriftzeichen der Ortsnamen »Koenigsberghen« in Ostpreußen mit »Coningperg« in Brandenburg, »Neugard« mit »Kolberghen«, beide in Pommern.

der untere linke Druckstock in dieser Hinsicht bis zum Tode des Amsterdamer Künstlers zunächst unverändert blieb, d.h. auch in der zweiten Ausgabe das gleiche Bild geboten hat, das uns Tramezzino von der Erstausgabe des Jahres 1543 überliefert.

Dagegen zeigte die auf den gleichen und den nächsthöheren Block entfallende britische Ostküste insofern gegenüber der Erstausgabe einige Veränderungen, als sie die bis dahin wahrscheinlich fehlenden, im vorhergehenden Abschnitt im einzelnen aufgeführten, von Anthonisz. ganz offensichtlich selbst geschnittenen zehn Namen küstennaher Örtlichkeiten zusätzlich aufwies.[102]

An der Autorenschaft des Anthonisz. kann kein Zweifel bestehen. Allein die Schreibweise »Vlambergherhooft«, »Leistaf« u.a. verraten nur zu deutlich seine »Handschrift«.

Zwei Namen, der des Firth of Forth und des Tees, entfallen auf den linken mittleren Druckstock. Die Konfiguration des eigentlichen Küstensaums Großbritanniens blieb trotz krasser Fehler in der Linienführung im Südosten merkwürdigerweise von diesen Korrekturen unberührt, d.h. die Küste bot hier das gleiche Bild wie die Erstausgabe von 1543.

Die von vornherein am stärksten ins Auge fallenden Veränderungen bietet das Bild der norwegischen, jetzt fälschlicherweise ca. 70 km weit nach Westen vorgezogenen Westküste (Abb. 17 und 18). Die Hauptverlaufsrichtungen der zweiten Auflage sind zwar ungefähr die gleichen der Erstausgabe geblieben, doch die starr und schematisch geformten Küstenstriche wirken hier gegenüber der in der Erstausgabe zu beobachtenden, natürlich erscheinenden starken Untergliederung durch Fjorde, Inseln und Schären weniger überzeugend.

Eine Reihe namentlich aufgeführter Örtlichkeiten wie Jaederen (Jæren), Bömmelen, Bukken, Molde u.a., einige oben bereits näher beschriebene, teilweise recht individuell gestaltete Inseln, die Wiedergabe der westwärts gerichteten Seeverbindung Stavangers, dazu der Verzicht auf die Erwähnung des im Bereich des Lofot gelegenen Malstroms lassen allerdings nicht unerhebliche Fortschritte in der geographisch-hydrographischen Kenntnis unseres Autors erkennen. Hierzu hat Anthonisz. sich offensichtlich nicht nur in Seemannskreisen um neue Informationen bemüht, sondern unter anderem auch die 1539 zu Venedig erschienene »Carta marina« des Gelehrten Olaus Magnus[103] ausgewertet (Abb. 10). Dies beweisen einmal die nördlich von Bergen eingefügten Worte, hier stoße man in nächster Nähe der Klippen auf derartige Tiefen, daß sie mit dem Lot nicht zu ermitteln seien, zum anderen eine Bemerkung bei Mandal »Hier fängt man den Luchs und den Salm, den man trocknet«, beides Hinweise, die eindeutig auf die genannte »Carta marina« und ihren gleichzeitig erschienenen Erläuterungstext zurückgehen.[104] Daß Anthonisz. außerdem auch durch eigene Inaugenscheinnahme, etwa auf seiner zweiten Reise zum Baltikum, die Küsten nördlich Kap Lindesnes näher kennenlernte, ist nicht anzunehmen. Wie seine Vertonungen (Abb. 48 und 61) beweisen, gelangte er hierbei zwar nach Kap Lindesnes[105] und über Arendal weiter ostwärts, er hat aber offenbar Westnorwegen nicht gesehen. Das Fehlen jeder Vertonung dieser Gegenden und die sehr willkürliche schematische Gestaltung der Küste bis Kap Stadlandet lassen ebenfalls keine gegenteiligen Vermutungen zu.

Die leichtfertige Art und Weise, wie er der fehlerhaften Vorschrift einer durch Vorverlegung der Küste um 70 Kilometer längst veralteten Segelanweisung (s.u.) kartogra-

[102] S. die vorhergehende Seite.

[103] Vgl. hierzu H. RICHTER: Olaus Magnus, Carta marina 1539. Lund 1967, und die dort angeführte Literatur. Abgebildet u. a. in: E. BRATT: En Krönika om Kartor över Sverige. Stockholm 1958. S. 32.

[104] RICHTER: a.a.O. (Faksimile) »Ain kurze Auslegung ... der neuen Mappen von den alten Goettenreich ...«, Venedig 1539, unter C. und E.

[105] Dies beweist seine Vertonung des Kaps (Abb. 61).

phisch gerecht zu werden versuchte, indem er unter Beibehaltung des größten Teils des bisherigen Karteninhalts phantasievoll den neuen Raum mit Berg- und Waldsignaturen, durch Fjorde und Inseln auffüllte, kann nur unser Erstaunen erregen (Abb. 18). Dadurch, daß wir durch die Karte des Tramezzino über das Aussehen der Erstausgabe gut unterrichtet sind, gelingt es endlich, etliche Ungereimtheiten in der zweiten (und dritten) Auflage zu klären. Von dem Namen der weit nach Westen verlegten Stadt Stavanger (»Staffanderen«) blieben die – bisher nicht zu identifizierenden – Buchstaben »nderen« versehentlich an alter Stelle stehen, vom Namen »Goldal« (Gauldalen) fehlt das G, von »Ouden« (Alde Oen) das O, manche Kompaßlinien sind gebrochen oder nicht ausgezogen, wie im Raum von Jäderen (»Gedderen«) oder Mærdø (»Mardou«) u.a.m. Daß diese Überarbeitung nicht auf den linken oberen Block beschränkt blieb, sondern teilweise auch die küstennahen Bezirke des nächsten rechts anschließenden Druckstocks derselben Reihe mit umfaßte, wird bei einem Vergleich der Konfiguration der Schären und Inseln zwischen dem Schersund (»Scersont«) und Tromlingerne (»Drommels«) auf beiden Blättern deutlich (Abb. 17 und 18) (s.o.).

Wir vermögen heute nicht mehr eindeutig festzustellen, welche Gründe Anthonisz. bewogen haben könnten, seine ursprüngliche und im Prinzip richtig gesehene Abbildung Westnorwegens von 1543 einige Zeit später so fehlerhaft umzugestalten, wie dies unser Kartenvergleich deutlich macht. Hierzu lassen sich nur Vermutungen äußern. Es ist so gut wie sicher, daß Anthonisz. die Begrenzung Westnorwegens zur Nordsee nicht willkürlich, sondern mit voller Absicht so auffallend stark nach Westen vorgeschoben hat. Dies beweist die fast pedantische Beachtung einer Nordsüdrichtung in der Aneinanderreihung von Örtlichkeiten dieser Küstenregion. Er hielt sich hier offenbar strikt an eine Segelvorschrift, die bestimmte, daß Skudesnes direkt N von Walcheren liege. Diese falsche – wohl auf einer frühen östlichen Kompaßmißweisung beruhende – Richtungsangabe findet sich in den ersten gedruckten Segelanweisungen von 1532 und 1541 (Abb. 22), ist aber wesentlich älter (Abb. 21).[106] Es ist anzunehmen, daß sie Anthonisz., als er um 1543 an seiner »Caerte van oostlant« arbeitete, längst bekannt gewesen war. Er hat sich kritischerweise jedoch zunächst bei Konstruktionen der Erstausgabe nicht daran gehalten, sondern 1543 eine Abbildung der norwegischen Westküste veröffentlicht, deren westlichste Punkte ungefähr N von Texel liegen. Hiermit kam er der Wirklichkeit auffallend nahe. Möglicherweise hat er sich hierzu auf Angaben zeitgenössischer Norwegenfahrer[107] gestützt, die aufgrund erheblicher inzwischen eingetretener Änderungen der Mißweisung ihm aus ihrem Erfahrungswissen heraus mündlich mitgeteilt, in Segelanweisungen jener Zeit jedoch nicht veröffentlicht worden sind, so daß wir keine Kenntnis davon haben.

Vermutlich werden andere zeitgenössische Seeleute es gewesen sein, die nach Erscheinen der »Caerte van oostlant« von 1543 an der Konfiguration der norwegischen Küste Anstoß nahmen. Sie könnten Anthonisz. unter Hinweis auf die eben genannte, längst veraltete, aber kritiklos immer wieder abgedruckte und wahrscheinlich von gewissen Kreisen für wahr gehaltene Segelvorschrift bestimmt haben, auf seiner »Caerte« der Ausgabe von 1543 einige Jahre später Westnorwegen in der beschriebenen Form zu überarbeiten.

Während der Abschnitt Oslofjord–Oksefjord der südnorwegischen Küste in allen drei Editionen übereinstimmt, zeigt die Darstellung der Küste der Erstausgabe der

106 Vgl. Anm. 96. »Walcheren und Skudesnes liegen in Richtung Nord und Süd voneinander in einer Entfernung von 104 Meilen«. (»De caert vander zee« 1532 (Edit. J. KNUDSEN. Kopenhagen/Den Haag 1914. S. 51, XXXVII/1). Ähnlich das »Seebuch« (um 1450) »Walcheren unde Schutenessen liggen suden unde norden«. In: KOPPMANN: Das Seebuch. a.a.O. S. 51 (XII/2).

107 Vgl. Anm. 89.

»Caerte van oostlant« gegenüber der zweiten und dritten Auflage weiter westlich bis Kap Lindesnes erhebliche Unterschiede. Generell verläuft dieser Küstenabschnitt 1543 in gerade gestreckter Linienführung etwa in Richtung SW z W und zeigt eine charakteristische Untergliederung der Schären. Demgegenüber buchtet die Küste in der zweiten und dritten Auflage in sanftem Bogen etwas südwärts aus, auch haben Klippen und Schären teilweise eine von der Erstausgabe abweichende Gestaltung erfahren. Hinzu kommt, daß beide jüngeren Auflagen einige bisher nicht berücksichtigte Namen verschiedener Örtlichkeiten zeigen: »Koe«, »Kalf«, »Rypevik« und »Graueholm«.

Theoretisch wäre nicht auszuschließen, daß Tramezzino die Toponyme von der Ausgabe 1543 zu übernehmen vergessen haben könnte, denkbar wäre es auch, daß die drangvolle Enge der vielen Namen der Örtlichkeiten den Italiener genötigt hätte, einige unberücksichtigt zu lassen. Wahrscheinlich ist dies alles jedoch nicht. Wir müssen vielmehr annehmen, daß im Zuge einer generellen Neugestaltung der Küstenstrecke Kap Lindesnes–Oksefjord die genannten Örtlichkeiten neu hinzugekommen sind. Daß keinem anderen als Cornelis Anthonisz. diese Überarbeitung zuzuschreiben ist, leidet kaum einen Zweifel: Der Stil der kartographischen Darstellung und der Namenszüge tragen auch hier nur zu deutlich seine »Handschrift«.

Von Kap Lindesnes in Richtung auf Bergen zu nehmen die Kenntnisse unseres Autors allerdings rasch erheblich ab. Wohl teilt er verschiedene Namen einzelner Örtlichkeiten mit, so Egersund, Stavanger, »Liet«, »Papenvoers«, »Kilstroem« u.a., aber das völlig willkürlich gestaltete Aussehen der Küste, vor allem auch die gänzlich verzeichnete Verbindung Stavangers zur See machen nur allzu deutlich, daß Anthonisz. Westnorwegen mit Ausnahme einiger Namen unbekannt geblieben war.

Dritte Ausgabe (um 1560)

In der Officin des Antwerpener Künstlers und Kartenverlegers Arnold Nicolai kam die »Caerte van oostlant« zum dritten Male heraus. Er besaß wahrscheinlich eine eigene Werkstätte für Kartenanfertigung und ist vor allem durch den Druck von Blättern des niederländischen Raumes bekannt geworden. Man nimmt an, daß er die Karten seines Verlages kaum selbständig entworfen hat, sondern diese nach älteren Vorlagen kopierte oder nach Erwerb der Original-Druckstöcke weiter abdruckte[108], wie dies damals und später recht häufig geschah.[109] Letzteres trifft jedenfalls für die »Caerte van oostlant« des Cornelis Anthonisz. zu. Es ist nicht bekannt, wann und wie sich Nicolai die neuen Druckstöcke aus Amsterdam beschaffte, nur soviel ist sicher, daß er zwei von ihnen ganz oder teilweise umgestaltete: Mit Ausnahme der unverändert übernommenen Darstellung Englands ist der untere linke Block neu geschnitten worden, desgleichen der ganze rechte Druckstock. Dieser zeigt zwei im Stil der Zeit entworfene Kartuschen. Sie umrahmen das notwendig gewordene neue Impressum des neuen Verlegers und Verlagsortes sowie eine von Anthonisz. verfaßte Widmung in lateinischer Sprache (s.o.). Die sonstigen Änderungen betreffen hier ausschließlich das Landesinnere und sind deshalb an dieser Stelle für unsere Untersuchung – da oben ausführlich abgehandelt – ohne Belang.

108 J. Denucé: De geschiedenis van de Vlaamsche kaartsnijkunst. Antwerpen 1941. S. 27f.

109 So beispielsweise sein Antwerpener Zeitgenosse Bernard van den Putte, der die Frieslandkarte des Jacob van Deventer (1545) weiterdruckte (Denucé [1941], S. 32ff.), Hieronymus Cock (Denucé [1941], S. 46ff.) oder die verschiedenen Herausgeber der Schlesien-Karte des Martin Helwig (1561), die dessen Druckstöcke bis in das 18. Jahrhundert weiter verwandten.

Die Neugestaltung des niederländischen Raumes beruhte auf dem für einen Kartenverleger selbstverständlichen Bestreben, seine Karten nicht veralten zu lassen. Diesem Umstand ist es wohl in erster Linie zu danken, daß Arnold Nicolai hier die hervorragenden und epochemachenden Karten der niederländischen Provinzen des Jacob van Deventer, die von 1536 an[110] im Druck zu erscheinen begannen, in stark generalisierter Form in die »Caerte van oostlant« einkopierte, um letztere so auf den neuesten Stand zu bringen (Abb. 19 und 20).

Der Charakter der Buchstaben und manche Änderungen in der kartographischen Darstellungsweise (s.o.) schließen von vornherein die Möglichkeit aus, Anthonisz. selbst könnte die beiden Druckstöcke neu geschnitten haben; sie beweisen aufgrund ihres völlig veränderten Stils im Gegenteil, daß ein anderer Künstler oder Formenschneider – am ehesten einer aus der Offizin des Nicolai oder gar er selbst – hier die Modernisierung besorgte.

Alle übrigen Druckstöcke der zweiten – von Anthonisz. entwickelten – Auflage verwandte Nicolai trotz fehlerhafter Gestaltung der Küstenlinie West-Norwegens und Ost-Englands offensichtlich unverändert weiter.

Über das Jahr des Erscheinens der dritten Auflage können aus Mangel an eindeutigen Unterlagen nur Vermutungen angestellt werden. Da keinesfalls anzunehmen ist, daß Nicolai die neun Druckstöcke der »Caerte van oostlant« schon zu Lebzeiten des Cornelis Anthonisz. in seinen Besitz gebracht haben könnte, wäre als terminus a quo frühestens das Jahr seines Todes (1553) anzunehmen. In Rechnungen des Antwerpener Verlagshauses Plantin begegnet der Ankauf eines Exemplares unserer Karte[111] vom Verleger Arnold Nicolai erstmals im Februar 1565. Zwischen diesem terminus ad quem und 1553 dürfte somit das Erscheinen der dritten Auflage der »Caerte van oostlant« zu suchen sein. Da die Herausgabe von Landkarten des Verlags Nicolai erst gegen 1558 einsetzt[112], kann somit das Erscheinen der dritten Auflage der »Caerte van oostlant« zu Antwerpen »um 1560« angenommen werden. Eine nähere Eingrenzung des Editionsjahres ist zur Zeit nicht möglich.

Die nähere Gestaltung der dritten Auflage einschließlich der Veränderungen gegenüber der ersten und zweiten Auflage sind oben Seite 25 ff. ausführlich erörtert worden, so daß ein weiteres Eingehen auf die Neufassung beider Druckstöcke sich hier erübrigt.

[110] S. Anm. 86.

[111] Mit der Bezeichnung »Septentrion blanc« ist ohne Zweifel die »Caerte van oostlant« gemeint, die von Zeitgenossen wiederholt als solche benannt wurde. Vgl. hierzu: J. DENUCÉ: Oude nederlandsche kaartmakers in betrekking met Plantin. Antwerpen 1912. I, S. 48[2]. Die italienischen Verlage des 16. Jahrhunderts bezeichneten die »Caerte van oostlant« des Cornelius Anthonisz. ebenfalls als »Descriptio septentrionalium regionum«.

[112] DENUCÉ (1912), S. 49.

Quellen der ersten, zweiten und dritten Auflage der »Caerte van oostlant«

Erste Ausgabe (1543)

Die Frage nach den Quellen, die Cornelis Anthonisz. zur Ausarbeitung seiner Seekarte möglicherweise gedient haben könnten, muß sich aus naheliegenden Gründen zunächst auf die Erstausgabe der »Caerte« des Jahres 1543 beschränken. Sie ist uns – wie oben näher dargelegt – über die Kopie des Tramezzino von 1558 überliefert (Abb. 16). Im Anschluß an die Erörterung dieser Unterlagen sollen dann jene wenigen zusätzlichen Karten besprochen werden, die von unserem Autor zur Ausarbeitung der zweiten Auflage und von dem Verleger Nicolai zur dritten Ausgabe wahrscheinlich herangezogen wurden.

Als die weitaus wichtigsten Grundlagen für den Aufbau der »Caerte«, ohne welche es Anthonisz. nicht möglich gewesen wäre, seine Darstellung der Küsten der Nord- und Ostsee in vorliegender Form zu verwirklichen, sind zeitgenössische Segelanweisungen anzusehen, vor allem jene, die 1541 (Abb. 22) – zu einem kleinen Segelhandbuch zusammengefaßt – in Amsterdam erschienen waren.[113] Wie unten näher ausgeführt, ist die fehlerhafte Westverschiebung der Küsten Norfolks und Suffolks im Südosten Englands auf die wörtliche Auslegung der falschen Angaben von 1541 (Abb. 23) zurückzuführen.[114] Dies ist ein schlagender Beweis für die Verwendung der Texte der Segelanweisung (Abb. 24 und 25). Auch die stark nach Nordosten geschwenkte Hauptverlaufsrichtung der gesamtfriesischen Inselkette[115], die Linienführung des Küstenstrichs der jütischen Westküste[116] sowohl als auch der pommerschen Küste (s.u.) sind sichtbare Zeichen wortwörtlicher Anlehnung an zeitgenössische Segelanweisungen. Hinzu kommen zahlreiche weitere Abhängigkeiten.[117]

Die überragende Bedeutung der Segelanweisungen für die Konstruktion der »Caerte« wird im nächsten Abschnitt eingehend gewürdigt. Sie werden daher hier nur insoweit herangezogen, als dies zum Verständnis der übrigen Unterlagen erforderlich erscheint.

[113] »Dit is die Caerte vander zee: om Oost ende West te zeylen«. Amsterdam 1541. Reimpression H. C. Rogge. Leiden 1885.

[114] Ebendort, C. XXXV, 2–4 (nach KNUDSEN: Søkartet. a.a.O.). Hier behauptet die Segelanweisung fälschlich, die englische Ostküste verlaufe von The Naze (nördlich der Themsemündung) bis Yarmouth in nordwestlicher (statt nordöstlicher) und anschließend in nördlicher (statt nordöstlicher) Richtung. »Von The Naze nach Orfordness NNW, von Orfordness nach Lowestoft N, von Lowestoft nach Yarmouth NNW«.

[115] »Die Küste von Friesland erstreckt sich ONO oder WSW bis nach Bornriff« (bei Ameland) – (1541, III/1).

[116] »Von Bovbjerg bis zur Elbe erstreckt sich die Küste in Richtung NNW oder SSO« (1541, II/1).

[117] Hierzu zählt u. a. auch die graphische Übertragung des in der Segelanweisung von 1541 unrichtig situierten und von Anthonisz. falsch interpretierten »Meitlant« an der schwedischen West-Küste. Vgl. hierzu Anhang Anm. 37.

Außer derartigen gedruckten Texten hat Anthonisz. eine Anzahl weiterer Unterlagen und nautischer Angaben zur Ausarbeitung seiner Seekarte verwandt. Im Vorwort seiner »Onderwijsinge« von 1558 spricht er selbst davon, er habe Hinweise von einem alten Seemann erhalten, der 50 Jahre seines Lebens zur See gefahren war; außerdem habe er bekannte Steuerleute befragt und Fachliteratur eingesehen.[118] Hieraus geht hervor, daß unser Autor danach strebte, durch zuverlässige Seeleute über alles Wissenswerte in Bezug auf nautische und hydrographische Fragen der Küsten der Nord- und Ostsee sich mündlich zu informieren.

Außerdem zog Anthonisz. hierzu sonstige nautische Schriften mit heran. Welcher Art letztere gewesen sind, ob sie gedruckt oder handschriftlich vervielfältigt waren, teilt er nicht mit. Wir werden freilich kaum fehlgehen, wenn wir hierunter in erster Linie zeitgenössische moderne Segelanweisungen, Kurztexte, verstehen, die bis 1543 die seither erschienenen Drucke an manchen Stellen verbesserten und ergänzten.

Eigene selbständige Beobachtungen kamen hinzu. Auf seiner ersten Seereise, die ihn offenbar von den südlichen Niederlanden über die englische Ostküste bis ins Baltikum führte, konnte er sich umfassende Kenntnisse von den verschiedensten Küstenstrichen, vom Aussehen markanter Punkte, von Sänden, Riffen, Strömungen, Fahrwassern und Seezeichen verschaffen, von Landzungen, Inseln und Meereseinschnitten. Diese Erkundung, die persönliche Inaugenscheinnahme, dürfte für sein Vorhaben von nicht zu unterschätzender Bedeutung gewesen sein. Schon die auf seiner ersten Seereise entworfenen Vertonungen – gleich ob es sich um eine Seitenansicht von Schouwen (Abb. 26), Ameland (Abb. 27), Minsen (Abb. 28), Kap Skagen (Abb. 29) oder Lyserort (Abb. 30) handelt – beweisen, mit welcher Schärfe der Amsterdamer Künstler geographische Gegebenheiten einzelner Küstenabschnitte zu beobachten verstand und in welch überzeugender Weise er das Geschaute verarbeitete.[119]

Weiter hat Anthonisz. ältere – vornehmlich gedruckte – Land- und Seekarten benutzt. Angesichts der wenigen aus den ersten Jahrzehnten des 16. Jahrhunderts erhalten gebliebenen kartographischen Darstellungen und geographischen Unterlagen ist es freilich recht schwierig, ja zum großen Teil unmöglich, jene Karten, Skizzen, Pläne oder orts- und landkundigen Beschreibungen im einzelnen zu benennen, nach denen unser Autor möglicherweise die Linienführung einzelner Küstenstrecken und ihrer Details entworfen haben könnte.[120] Immerhin lassen sich einige wenige als seine Quellen nachweisen.

Die bei näherer Betrachtung sofort ins Auge springende innere Richtigkeit der Wiedergabe der Niederlande in der ersten, 1543 erschienenen Auflage seiner Seekarte zeigt, daß ihm ungewöhnlich zuverlässiges kartographisches Material zur Verfügung gestanden haben muß. Es wäre naheliegend, anzunehmen, daß Anthonisz. die damals bereits erschienenen Provinzkarten von Holland (1542) des Jacob van Deventer verwandt haben könnte. Dies ist jedoch nicht der Fall.[121] Welchen niederländischen Landkarten unser Autor seine Konfiguration der Niederlande entnahm, ist zur Zeit nicht auszumachen.[122] Daß er selbst zusätzlich zum Entwurf seiner »Caerte van oostlant« auch noch die Niederlande vermessen haben könnte, dürfte mit Sicherheit auszuschließen sein.

118 KEUNING (1950), S. 696.

119 Näheres unten S. 72 ff. (Segelanweisungen und Vertonungen).

120 Daß solche existiert haben, ist hinlänglich bewiesen. Vgl. hierzu: B. VAN 'T HOFF: The oldest maps of the Netherlands (1524). In: Imago Mundi XVI, (Amsterdam) 1962, und KEUNING (1952) sowie VAN 'T HOFF (1954) und LANG (1955).

121 Vgl. Anm. 119.

122 Möglicherweise waren Anthonisz. durch Vermittlung seiner Auftraggeber ältere Karten einzelner niederländischer Territorien oder Abschriften von diesen zugänglich, die von Pieter Gerritsz., Pieter Jansz. Tyebaut, Jan de Pape und Corneliz. geschaffen worden waren, wie die von Noordholland (1508), Friesland (1515 und 1523), Walcheren (1526/27), Amstelland und Stift Utrecht (1525), Zuidholland (1531),

Die auffällige Betonung fester Plätze im ostfriesisch-oldenburgischen Raum, nämlich außer den umwallten Städten Emden, Aurich, Esens und Jever vor allem die Berücksichtigung von Leerort, Stickhausen, Apen und Vrijade, legt die Vermutung nahe, daß Anthonisz. hier eine heute nicht mehr bekannte militär-strategische Karte vorgelegen haben könnte. Weiter dürfte er die »Caerte van die Oosterscher zee« des Jan van Hoirne von 1526 (Abb. 9) verwendet haben.[123] Dies scheint daraus hervorzugehen, daß beide Autoren übereinstimmend die Kette der nordfriesischen und dänischen Inseln der jütischen Westküste statt bei Husum fälschlich etwa 50 km weiter nördlich erst bei Tondern beginnen lassen.

Die merkwürdige Tatsache, daß bei Anthonisz. die Spree unweit Stralsund in die Ostsee mündet und er die Insel Rügen (»Ruighen«) östlich der Oder im Mündungsbereich der Persante erwähnt, weist mit Sicherheit auf klassische Einflüsse hin. Hat doch Ptolemäus die Bezeichnung Rugium in den gleichen Raum gelegt und den Fluß »Chalusus« westlich davon in die Ostsee münden lassen.[124] Es ist wahrscheinlich, daß unser Autor eine der zu seiner Zeit bereits verhältnismäßig zahlreichen Ptolemäus-Ausgaben zu Rate gezogen hat.[125] Auch ist anzunehmen, daß er eine Karte Mitteleuropas verwandte, die ihrerseits den mecklenburgisch-pommerschen Raum noch in ptolemäischer Manier abbildete. Eine solche Karte dürfte am ehesten wohl unter zeitgenössischen Itinerar-Blättern zu suchen sein[126], da verschiedentlich von Anthonisz. Ortsketten aufgeführt werden, die eindeutig als Verkehrsrouten und Pilgerstraßen zu identifizieren sind. So bildet er unter anderem durch Aufzählung der Orte Lingen – Haselünne – Löningen – Cloppenburg – Wildeshausen – Delmenhorst – Bremen – Basdahl – Bremervörde – Stade eine Handelsstraße aus den Niederlanden nach Hamburg und Lübeck ab.[127] Auch erwähnt er in seinem 1558 herausgebrachten Segelhandbuch im Rahmen einer Schilderung der Seeroute vom Gjedser Riff nach Lübeck – etwas unmotiviert – einen von Stralsund nach Wismar führenden Landweg.[128] Welche Straßenkarte unserem Autor vorgelegen haben könnte, ist zur Zeit noch unklar und bedarf einer eigenen Untersuchung.

Dies gilt ebenfalls für jene kartographisch-geographischen Unterlagen, die Anthonisz. zur Ausgestaltung des Erstdrucks seiner »Caerte van oostlant« im Innern des skandinavischen Nordens verwandte, wo wir Namen wie »Eckerbui«, »Vernoe«, »Henemoe« und anderen begegnen, die auf keiner früheren bis jetzt bekannten Karte zu finden sind.[129] Desgleichen wissen wir nicht, ob Anthonisz. außer der »Oosterscher zee«

Overijssel (1529) sowie zweier Übersichtskarten von Brabant, Holland, Friesland und Gelderland (1531) und der Seekarte der Küsten von der Bretagne bis Danzig (1539). Vgl. KEUNING (1952), S. 42[4]. Vielleicht war ihm die – ebenfalls in gleicher Sache geschaffene – »Kaart van de gaten« des Jacob van Deventer von 1541 (?) zugänglich. Vgl. Anm. 70.

123 Vgl. Anm. 119

124 Vgl. hierzu: TH. STECHE: Altgermanien im Erdkundebuch des Claudius Ptolemaeus. Leipzig 1937, und CH. OBERMÜLLER: Die deutschen Stämme. Bielefeld/Leipzig 1941. S. 484; ferner G. SCHÜTTE (1917).

125 So zeigt die »Tabula moderna Germaniae« der Straßburger Ptolemaeusausgabe von 1520, daß die Spree westlich von Greifswald in die Ostsee mündet. Abb. 29 in: »Das Kartenbild der Renaissance« (Ausstellungskatalog Herzog-August-Bibliothek, Wolfenbüttel, Wolfenbüttel 1977, Nr. 20. Vgl. auch ebd. Abb. 28 »Quarta Europae Tabula«, Ulm 1482 »Calusus«.

126 Hierzu kämen vornehmlich wohl die Romweg-Karte des E. Etzlaub (1500) und ihre zeitgenössischen Kopien in Betracht. Vgl. hierzu H. KRÜGER: Des Nürnberger Meisters Erhard Etzlaub älteste Straßenkarte von Deutschland. In: Jahrbuch für fränkische Landesforschung 18, (Kallmünz) 1958, ferner F. SCHNELBÖGL: Life and work of the Nuremberg Cartographer Erhard Etzlaub. In: Imago Mundi XX, (Amsterdam) 1966, S. 11ff.

127 KRÜGER (1958), S. 148f. und S. 266.

128 »Die Entfernung zwischen Stralsund und Rostock beträgt zu Lande 7 Meilen, die von Rostock nach Wismar zu Lande (ebenfalls) 7 Meilen«. Vgl. hierzu KRÜGER (1958), S. 265.

129 Es ist nicht ausgeschlossen, daß Anthonisz. hier Unterlagen zur Verfügung standen, die dem Kreis um Jacob Ziegler, dem Autor der »Schondia« (1532), möglicherweise zugänglich gewesen sein könnten. Vgl. hierzu H. RICHTER: Geografiens historia i Sverige intill år 1800. Uppsala 1959. S. 32ff. Auch Olaus Magnus scheint sich hier ähnlicher Quellen bedient zu haben. Vgl. H. RICHTER (1967).

(Abb. 9) des Jan van Hoirne (Antwerpen 1526) noch weitere Seekarten für seine Darstellung auszuwerten vermochte. Denkbar wäre es, daß er unter anderem auf die »Diverschen caerten van de wateren, stroomen, steden ende landen daerup strekkende van Bretaengen aff tot Danswyk« des »Jan Jansz. alias de Paep« (1532) oder Abschriften dieser Blätter mit herangezogen haben könnte. Die Fragen dürften sich wohl niemals ausreichend klären lassen, da diese Blätter sämtlich als verloren gelten müssen.[130]

Eine theoretisch durchaus mögliche Verwendung der 1539 zu Venedig herausgekommenen groß angelegten »Carta marina« des Olaus Magnus (Abb. 10) für den Aufbau der 1543 erschienenen Erstauflage unserer »Caerte van oostlant« ist jedoch mit Sicherheit auszuschließen.[131] Alle gegenteiligen Ansichten sind wenig überzeugend.[132]

So nennt Anthonisz. unter anderem »elkerbui« (nach Bjørnbo/Petersen S. 23 Älfkarleby), »Walcopen« (Falköping) und »Copin« (Köpen, am Westende des Mälarsee) und »verno« (Værne im Raum von Oslo), vier Örtlichkeiten, die Olaus Magnus in seiner »Carta marina« von 1539 nicht erwähnt, von denen aber Älfkarleby und Falköping sowie Værne in der »Schondia« des Ziegler, und zwar im Erläuterungstext, nicht in der Karte selbst, namentlich genannt werden.

Insgesamt ergibt sich aus dieser Übersicht, daß allem Anschein nach unserem Amsterdamer Künstler und Hydrographen für den Entwurf der Erstausgabe seiner »Caerte van oostlant« (1543) nur wenige, dazu noch dürftige und fehlerhafte Vorlagen zur Verfügung standen. Um so mehr ist sein Realismus und sein Verständnis für die Belange der Nautik zu bewundern, die ihn bewogen, von allen bildlichen Darstellungen seiner Zeitgenossen nur notgedrungen und sparsam Gebrauch zu machen, dagegen sich fast ausschließlich auf Segelanweisungen, Mitteilungen erfahrender Seeleute, vor allem aber auch auf eigene Befunde zu verlassen.

Zweite Auflage (± 1550?)

Für die zweite Auflage seiner »Caerte van oostlant« ist die teilweise Auswertung der »Carta marina« durch Anthonisz. so gut wie sicher: Im Raum von Kap Stadlandet bildet Olaus einen am Ufer stehenden Seemann mit einem Lot ab und hier lautet ein kurzer Erläuterungstext: »Von diesem Felsen aus lotet man eine unerforschliche Meerestiefe«. An ungefähr der gleichen Stelle, die – nach Tramezzino's Kopie – in der Erstausgabe der »Caerte van oostlant« freiblieb, heißt es in der in diesem Bereich besonders deutlich durch Anthonisz. überarbeiteten zweiten Auflage in auffälliger Übereinstimmung mit Olaus Magnus: »Hier ist es dicht an den Klippen so unergründlich, daß man (die Tiefe) selbst nicht bei (folgt unleserliche Ziffer) Faden zu ergründen noch zu loten vermag« (Abb. 17 und 18).

Auch die anscheinend nur in der zweiten und dritten Auflage im mittleren Norwegen eingerückte Bemerkung »hier fängt man den Luchs und trocknet den Lachs« findet im Begleittext zur »Carta marina« ein Vorbild.[133] Bezüglich der Gründe, die Anthonisz.

130 Vgl. hierzu LANG (1953), S. 227, und vor allem KEUNING (1952), S. 42⁴. Die Möglichkeit ist nicht auszuschließen, daß bereits die von der Bretagne bis Danzig reichenden Seekarten oder seekartenähnlichen Darstellungen des Jan de Paep (1532) – ähnlich der »Caerte van oostlant« des Anthonisz. – als Beweismittel im gleichen Verfahren gegen die Einführung des sog. Congégeldes in Auftrag gegeben wurden.

131 Für die zweite Auflage kann dagegen die Verwendung der »Carta marina« bzw. ihres Erläuterungstextes nachgewiesen werden (s. u.).

132 A. A. BJØRNBO und C. S. PETERSEN: Anecdota Cartographica Septentrionalia. Kopenhagen 1908, vertreten u. a. die Ansicht, die Gestaltung der Ålands-Inseln und die gelegentlich gleiche Namensauswahl bestimmter Örtlichkeiten (z. B. im finnischen Bereich) zeige die Abhängigkeit des Anthonisz. von der Carta marina (1539) des Olaus Magnus. Sie bleiben jedoch schlüssige Beweise schuldig.

133 Vgl. Anm. 104 »Ain kurze Auslegung ...« (1539) unter Cl und m.

bewogen haben, SW-Norwegen etwa 70 km weit nach Westen vorzuziehen, können wir nur Vermutungen anstellen, da sich nach dem heutigen Stande unseres Wissens Exaktes hierüber nicht beibringen läßt. Es ist nicht ausgeschlossen, daß unserem Autor eine oder mehrere heute unbekannte zeitgenössische, von Schiffern stammende Kartenskizzen vorgelegen haben, die Norwegen in dieser Weise abbildeten und ihn zu der irreführenden »Verschlimmbesserung« der Erstauflage seiner »Caerte« (1543) veranlaßten. Wahrscheinlicher jedoch ist, daß seemännische Kreise aufgrund einer längst veralteten Angabe über eine Kompaß-Richtung oder falscher Auslegung der ständig sich ändernden Kompaß-Mißweisung[134], deren Kenntnis damals noch in den Anfängen steckte, Anthonisz. überredeten, seine ursprünglich im wesentlichen durchaus richtige Darstellung in der angegebenen Weise neu zu gestalten. Diese Vermutung gewinnt unter anderem auch dadurch an Wahrscheinlichkeit, daß Anthonisz. gleichzeitig mit der starken Westausdehnung auch eine neue Konfiguration der Südwestküste Norwegens verband, die zweifelsohne auf neu erworbenen Kenntnissen beruhte, sei es von ihm selbst oder von Dritten.

Auf die gleichen Verbindungen dürften etwa zehn zusätzliche, bei Tramezzino nicht aufgeführte Namen seenaher Siedlungen, sowie Inseln, Landvorsprünge und Gewässermündungen der englischen Ostküste zurückzuführen sein. Wie wir oben gesehen haben, sind sie vielleicht nicht alle, aber doch zum großen Teil von unserem Autor nachträglich eingeschnitten worden, wie Lowestoft, North Foreland, Going u.a.m. Da es sich größtenteils um nautisch besonders wichtige Örtlichkeiten handelt, die unverständlicherweise von Anthonisz. in seiner Erstausgabe offenbar nicht berücksichtigt wurden, hat demnach hier die zweite Ausgabe – trotz gleichbleibender sehr fehlerhafter Linienführung der Küste – für die seemännische Praxis erheblich gewonnen.

Jedenfalls dürfte es so gut wie sicher sein, daß abermals seine direkten oder indirekten Kontakte mit der Seefahrt für die im Raum Westnorwegen so gefährliche Überarbeitung der Erstausgabe der »Caerte« (1543) in der zweiten Auflage (um 1550) verantwortlich zu machen sind, desgleichen die neuen Eintragungen verschiedener Örtlichkeiten an der englischen Ostküste.

Dritte Auflage (um 1560)

Für die dritte Auflage der »Caerte van oostlant«, die Anthonisz. nicht mehr selbst besorgte, sondern die offensichtlich nach seinem Tode in Antwerpen redigiert wurde, liegt die Ausschöpfung der modernsten Provinzkarten der Niederlande offen zutage: Um die inzwischen veraltete Konfiguration der Küsten von Calais bis zur Ems auf den neuesten Stand zu bringen (Abb. 19 und 20), wertete der Verleger A. Nicolai die bis 1545 erschienenen hervorragenden Provinzkarten der Niederlande des kaiserlichen Kartographen Jacob van Deventer aus, wie sich am überzeugendsten anhand der Wiedergabe des komplizierten Rinnensystems im Bereich von Maas, Lek, Rhein und Schelde, aber auch an der minutiösen Kopie der friesischen Inseln sowie an vielen anderen Stellen mühelos beweisen läßt.[135] Nicolai brachte die Provinzkarte »Brabant« van Deventers 1558 im eigenen Verlag heraus.

Die übrigen, vor allem den unteren rechten Druckstock betreffenden Veränderungen gegenüber den beiden älteren Auflagen fallen in diesem Zusammenhang nicht besonders ins Gewicht. Sie sind oben eingehend erörtert worden.

[134] Oben ist wahrscheinlich gemacht worden (Anm. 106), daß Anthonisz. in seiner neuen Darstellung (2. Auflage) sich offensichtlich auf eine etwa 100 Jahre zurückliegende und kritiklos von zeitgenössischen Seeleuten übernommene Angabe über die Lage des Kap Lindesnes in Bezug auf Walcheren stützte.

[135] Vgl. Anm. 86.

Konstruktionsmethode der »Caerte van oostlant«

Die Frage, ob Anthonisz. zum Aufbau seiner Seekarte sich mathematischer Grundlagen, vor allem eines Gradnetzes, hat bedienen können, ist verhältnismäßig einfach zu beantworten. Von vornherein fällt auf, daß er an keiner Stelle Längengrade mitteilt. Breiten von 53° bis 62° dagegen werden rechts und links randständig vermerkt. Sie verlegen jedoch mit einer Schwankungsbreite von 0° 50' bis 1° 50' die meisten Örtlichkeiten zu weit polwärts. Hieraus ergibt sich, daß – wenn überhaupt – die Breiten von vornherein nur in sehr loser Beziehung mit dem Kartenbild gestanden haben können. Dies ist für jene Zeit keineswegs ungewöhnlich. Die frühesten Breiten auf Seekarten kamen vermutlich erst um 1500 auf[136], und die Längenbestimmung auf See zählte noch jahrhundertelang nach Anthonisz. zu einem sehr schwierigen Problem.[137] Selbst sein niederländischer Zeitgenosse Jacob van Deventer brachte – als wissenschaftlich gebildeter Kartograph – seine hervorragenden Provinzkarten der Niederlande von 1536 an noch ohne Gradeinteilung heraus. Auch die Verlegung der Breiten nach Norden entsprach durchaus der Auffassung der damaligen Gelehrtenwelt. Man war – offensichtlich aufgrund ptolemäischer Einflüsse – seit der ersten Hälfte des 15. Jahrhunderts überzeugt, daß beispielsweise Hamburg auf dem 55.[138], Viborg auf dem 58.[139] und Kap Skagen auf dem 59. oder 60. Breitengrad liege.[140] Wenn selbst die größten Mathematiker und Kosmographen ihrer Zeit solche »Breitenfehler« machten, wie Oronce Finé, der auf seiner mit randständiger Breiteneinteilung versehenen »Nova totius Galliae descriptio« von 1538 zahlreiche Örtlichkeiten um etwa 1° zu weit nördlich oder südlich verlegte, oder der nicht weniger bekannte deutsche Gelehrte Sebastian Münster, der ihm in dieser Auffassung in seiner Ptolemäus-Ausgabe von 1540 folgte[141], wäre es wohl ein nur allzu unbilliges Verlangen, von dem gewiß in derartigen mathematischen und geodätischen Fragen nicht besonders bewanderten Künstler Anthonisz. hier eine Richtigstellung zu erwarten. Unserer Seekarte liegt somit keinerlei Projektion zugrunde, sie ist daher durchaus noch der vorwissenschaftlichen Epoche zuzurechnen.

Insgesamt ergibt sich, daß Anthonisz. sich nicht auf eine Gradeinteilung oder gar ein Gradnetz bei der Konstruktion seiner Seekarte hat stützen können und er hierzu andere Hilfsmittel heranziehen mußte.

136 N. ECKERT: Die Kartenwissenschaft. Bd. II. Berlin 1925. S. 11.

137 L. A. BROWN: The story of maps. New York 1949. S. 180ff und S. 349ff.

138 Vgl. D. B. DURAND: The Vienna-Kloster Neuburg Map Corpus. Leiden 1952. S. 349, spez. Plate IV (1435).

139 H. KRÜGER (1958), Etzlaub II (1501). Olaus Magnus dagegen verlegt auf seiner Carta marina (1539) – der Wirklichkeit wesentlich genähert – Viborg auf den 56. Breitengrad.

140 Die Karte »Schondia« des Ziegler (BRATT [1958], Fig. 12) von 1532 und die Darstellung (Nachzeichnung) in: A. A. BJØRNBO und C. F. PETERSEN: Der Däne Claudius Claussøn Swart. Innsbruck 1909. Tafel 3.

141 Erstausgabe, Basel 1540. Vgl. H. ROHR: Die Entwicklung des Kartenbildes Westeuropas. (Diss. phil.). Leipzig 1939. S. 162ff., 184ff. und 213ff.

Diese fand er in den Distanz- und Richtungsangaben zeitgenössischer Segelanweisungen. Alle anderen Hilfsmittel spielen ihnen gegenüber eine völlig untergeordnete Rolle, vielleicht mit der einen Ausnahme, daß er bereits vorhandene, verhältnismäßig sorgfältig vermessene Landkarten der Niederlande mit hoher innerer Richtigkeit als Ausgangsbasis mit verwandte.

Anhand einer Beschreibung der Lage der Insel Færder (am Ausgang des Oslofjords) zu Kap Skagen und Marstrand (Abb. 31) legt Anthonisz. selbst in Wort und Bild – indirekt – das Prinzip der Konstruktion seiner »Caerte van oostlant« dar: Die jeweilige unter Verwendung des Kompasses eingepeilte Richtung im Verein mit der entsprechenden Entfernung in Meilen fixiert die Lage der betreffenden Örtlichkeiten zueinander.[142] Wenn Anthonisz. hier auch nicht in entsprechenden Worten den nächsten notwendigen Schritt darlegt, so beweist er auf seiner Seekarte durch die Linienführung der Küstenstriche nach Angaben der jeweiligen Segelanweisung schlagend, daß er in Anlehnung an die auf solche Weise ermittelten Fixpunkte die Hauptverlaufsrichtung des an die See grenzenden Festlandes skizzierte und in diese dann weitere Einzelheiten einzeichnete, um so ein einigermaßen der Wirklichkeit nahes Bild der Konfiguration der Küsten zu erhalten.

Wenn ihm dann – wie unten näher dargelegt – zeitgenössische, verhältnismäßig richtig entworfene Landkarten einzelner niederländischer Küstenabschnitte als Ausgangsbasis zur Verfügung standen, war es in der Tat möglich, unter hauptsächlicher Verwendung des in Segelanweisungen jener Jahre niedergelegten Erfahrungswissens ungezählter Generationen von Seeleuten eine in groben Zügen der Wirklichkeit sich annähernde Vorstellung von Nord- und Ostsee oder Teilen davon zu gewinnen und ins Bild zu bringen. Eine wertvolle Hilfe bot Anthonisz. die Tatsache, daß die ihm zur Verfügung stehenden Segelanweisungen an etlichen Stellen im Bereich von Nord- und Ostsee von jeweils ein und demselben exponierten Küstenpunkt aus – wie etwa Helgoland, Kap Lindesnes oder Bornholm – mehrere verschiedene und auf den Kompaß bezogene strahlenförmig divergierende Peilrichtungen unter Angabe der betreffenden Entfernung zum Gegenufer mitteilen, so daß beide Meeresbecken von verschiedenen sich überschneidenden gedachten Linien sich überziehen ließen (s.u.).

Daß eine nach dem damaligen Stand des technischen Könnens und Wissens in dieser Weise gewonnene und auf ein Blatt verteilte Anzahl von Fixpunkten keine im heutigen Sinne exakte und in jeder Weise befriedigende Grundlage für die Entwicklung eines Abbildes der Wirklichkeit ergeben konnte, liegt klar auf der Hand: Astromisch genau bestimmte Ortslagen waren nicht bekannt, die nicht vermessenen, sondern lediglich geschätzten Entfernungsangaben ungenau, desgleichen die aufgrund primitiver zur Peilung benutzten Kompasse ermittelten Richtungen. Der Begriff der Mißweisung war kaum geläufig, auch lagen nicht von allen Gewässern und Küsten ausreichende Angaben vor. So verwundert es nicht, daß die im allgemeinen erstaunlich gut erarbeitete »Caerte van oostlant« stellenweise noch starke Verzeichnungen aufweist.

Aufgrund des Verlustes des von Anthonisz. vermutlich 1544 herausgegebenen Segelhandbuchs kann zwar nicht immer mit letzter Klarheit ausgemacht werden, welche der 1558 überlieferten Richtungs- und Distanzangaben ihm bereits 1543 zur Verfügung standen bzw. welche ihm damals noch nicht bekannt sein konnten. Eine Zusammenstellung dieser für den Aufbau der Kartenskizze wichtigen Mitteilungen des Segelhandbuchs von 1541[143] zeigt jedoch überzeugend, daß diese trotz gelegentlich recht spärlicher Meilenangaben und mancher sonstiger Mängel zu einem guten Teil bereits die

[142] Diesen Gedankengang teilt Anthonisz. in seiner »Onderwijsinge« (s. u.) mit. Vgl. O. STEPPES: Cornelis Anthonisz.'s Onderwijsinge van der zee (1558). Juist 1966. S. 22f.

[143] »Dit is die Caerte vander zee«. Amsterdam 1541 (Reimpression H. C. Rogge, Leiden 1885).

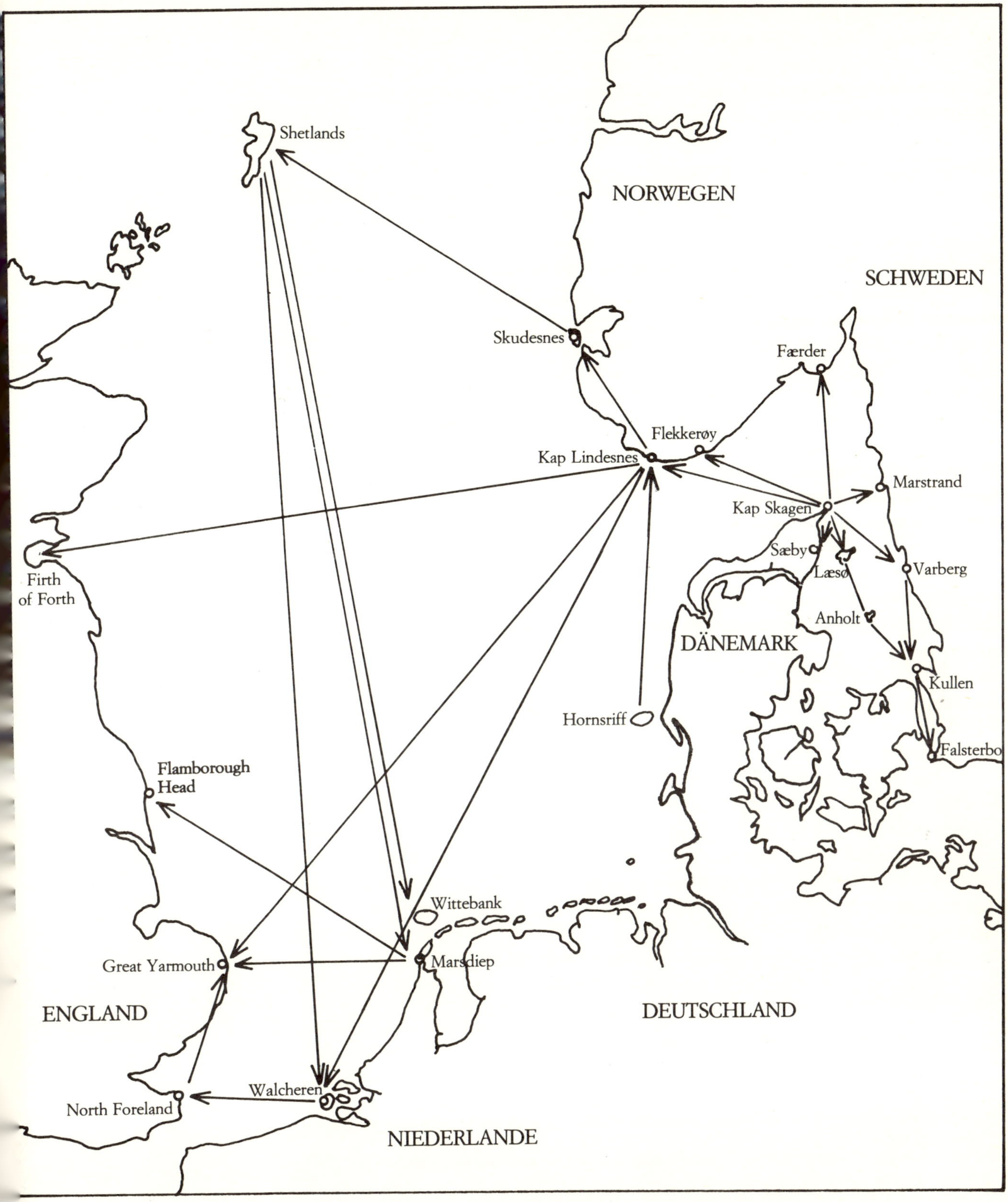

Konstruktionsprinzip der »Caerte van oostlant«, aufbauend auf Kursen und Distanzen, im Bereich der Nordsee und des Sundes. Unterlegt ist zur Verdeutlichung eine moderne Karte. (Zeichnung: Ines Rode/DSM)

Möglichkeit boten, ein in den Grundzügen wirklichkeitsnahes Bild vom Hauptverlauf der wichtigsten Küstenstriche zu gewinnen. So liegt der Verlauf der kontinentalen Küste von der Straße von Dover über die Insel Walcheren, das Marsdiep bei Texel, weiter über Bornriff bei Ameland und von dort bis Wangeroog aufgrund der Segelanweisungen im wesentlichen fest und läßt sich verhältnismäßig richtig wiedergeben. Das gleiche gilt für den Weser-Elbe-Winkel mit Helgoland und dem weiteren Verlauf der jütischen Küste über Hornsriff bis nach Kap Skagen.[144] Von hier und von Hornsriff führen unter anderem zwei Peillinien mit Distanzangaben zur Südwestküste Norwegens, nach Kap Lindesnes. Diese Örtlichkeit ist ihrerseits durch Richtung und Distanz ebenfalls auf Bornriff, Walcheren, Great Yarmouth, den Firth of Forth und Skudesnes an der Westküste Norwegens festgelegt. Von dort führt eine weitere Peilung auf die Shetlands zu[145], die ihrerseits in Richtung auf die Wittebank nordwestlich von Vlieland, auf das Marsdiep und Walcheren zusätzlich fixiert sind. Entfernungen zwischen Walcheren und North Foreland an der englischen Südostküste und zwischen dem Marsdiep nach Flamborough Head an der Ostküste Englands, sowie Richtungs- und Distanzangaben zwischen North Foreland bis Newcastle[146] ergänzen die kreuz und quer das Nordseebecken überziehenden und an den Küsten entlanglaufenden, d.h. deren Richtung bestimmenden – gedachten – Peilungslinien.

Auch die Gegenufer zu Kap Skagen sind nach den verschiedensten Richtungen festlegbar[147], so zu Flekkerøy, Mærdøy, Færder (Südnorwegen), zu den Inseln Læsø und Vinga im Kattegat, ferner nach Hafstenssund, Marstrand und Varberg an der schwedischen Westküste sowie nach Sæby im Nordosten Jütlands. Kursrichtungen von Anholt und Varberg auf den markanten, an der schwedischen Westküste gelegenen Punkt Kullen zu und weiter durch den Sund bis nach Falsterbo, dazu eine Segelroute aus der Lübecker Bucht durch den Kleinen Belt nach Skagen gestatten eine ungefähre Konfiguration der Hauptrichtungen schwedischer und dänischer Küstenabschnitte und deren streckenweise Unterteilung.

Im Ostseebereich spielt aus erklärlichen Gründen die Insel Bornholm als wichtiger Ansteuerungspunkt eine mit Skagen vergleichbare Rolle: Das Segelhandbuch von 1558 gibt über zehn strahlenförmig von der Insel abgehende Richtungen an[148], von denen 1541 freilich erst fünf erwähnt werden. Sie lassen aber – zusammen mit Kursangaben nach Danzig (Abb. 32), von Rixhöft und von Gotland nach Windau–Pernau sowie über Dagerort auf Ösel nach Reval – bereits eine (wenn auch im Vergleich zur Nordsee lükkenhafte) ungefähre Vorstellung von der Ausdehnung des westlichen Teils der Ostsee gewinnen.[149] Zu ihnen sind bis 1543 zweifellos mehrere andere Peilungsrichtungen und Distanzangaben hinzugetreten[150], die allesamt Anthonisz. gestatteten, von jenen Teilbereichen des Ostseebeckens ein ungefähr situationsgemäßes Bild zu entwickeln, wo sich der zeitgenössische Seeverkehr vorzugsweise abzuwickeln pflegte.

[144] Von Helgoland führen strahlenförmig nicht weniger als 7 Kompaßrichtungen, nämlich zum Vlie, nach Wangeroog, zur Elbe- und Eidermündung, nach Ribe, Bovbjerg und zu den Shetlands.

[145] Noch nicht in der Segelanweisung (vgl. Anm. 143) von 1541 erwähnt, aber vermutungsweise 1543 bekannt, da die Shetlands in der Erstausgabe der Seekarte (1543) deutlich hervorgehoben sind.

[146] Ebenfalls noch nicht in der Segelanweisung von 1541 erwähnt, jedoch wahrscheinlich 1543 dem Anthonisz. bekannt gewesen.

[147] Außer nach Kap Lindesnes werden Richtungen (teilweise mit, teilweise ohne Distanzen) angegeben zu den südnorwegischen Küstenpunkten (Inseln) Flekkerøy und Mærdøy.

[148] Sie führen u. a. nach Rügen, Kolberg, auf den in Nähe der Küste in Pommern gelegenen Berg Revekol zu, nach Windau, Öland, Gotland, Hanö, Simrishamn und in Richtung Utklipporna (Gotland).

[149] Das Segelhandbuch von 1541 gibt Richtungsangaben von Bornholm u. a. nach W (Falsterbo), NO (Gotland), nach ONO (Windau) und SO zum Berg Revekol in Pommern.

[150] So evtl. die von Gotland nach Hela, von Bornholm nach Kolberg und nach Jasmund (auf Rügen), vor allem aber die Kennzeichnung der Hauptverlaufsrichtung der pommerschen Küste.

Die auffallend starke Abhängigkeit des Anthonisz. gerade von zeitgenössischen Segelanweisungen läßt sich im Bereich jener Abschnitte seiner Küstendarstellung besonders überzeugend nachweisen, die er aufgrund von Fehlern seiner textlichen Vorlagen ins Bild brachte oder die aus Mangel an ausreichenden Beschreibungen in vagen Umrissen wiedergegeben werden mußten. Dies beweisen unter anderem die bereits mehrfach genannte kritiklose Übernahme einer fehlerhaften Schilderung der englischen Südostküste im Raum von Great Yarmouth (Abb. 24)[151], die völlige Verzeichnung der Insel Rügen mit Jasmund und Wittow, die das Segelhandbuch von 1541 (und vermutungsweise auch das von 1544) nicht erwähnt, ferner die – genau nach der hier unrichtigen Segelvorschrift entwickelte – viel zu sehr in nordöstliche Richtung ausweichende pommersche Küste und schließlich auch die im konvexen schwungvollen aber sehr fehlerhaften Bogen hingeworfene schwedische Ostküste zwischen Stockholm und Kalmar. Über diese lagen selbst 1558 offenbar noch keinerlei beschreibende Texte vor, so daß Anthonisz. hier seiner Phantasie freien Lauf lassen mußte.[152]

Der Küstenverlauf auf der »Caerte van oostlant« beweist in seiner teilweise erstaunlich wirklichkeitsnahen Linienführung ebenso wie auch in seinen Fehlern damit eindeutig, daß Anthonisz. zur Konstruktion seines Blattes als wichtigste Grundlage zeitgenössische Segelanweisungen verwandt hat. Darüber hinaus läßt eine Analyse derartiger Segelhandbücher erkennen, daß eine konsequente graphische Übertragung der hier gebotenen Texte einem geschickten Kartographen oder einem in diesem Genre begabten Künstler gestattete, eine Seekarte von einer für diese frühe Zeit ungewöhnlich hohen inneren Richtigkeit zu entwerfen, deren praxisbezogene Wirklichkeitsnähe alle theoretisch-wissenschaftlichen Versuche, besonders solche der noch immer am Kartenbild des Ptolemäus hängenden zeitgenössischen Gelehrtenwelt, weit in den Schatten stellte.[153]

Die von Anthonisz. angewandte Methode zur Konstruktion seiner »Caerte van oostlant«, die somit vorwiegend auf einer »Ausschreibung« zeitgenössischer Segelanweisungen beruhte, ist durchaus einleuchtend. Letztere stellten in der Tat oft die einzigen, stets aber die bei weitem zuverlässigsten, durch jahrhundertelange seemännische Praxis erhärteten Informationen über die Gestaltung des Küstenvorfeldes, über Kurse und Distanzen dar, die zu seiner Zeit erreichbar waren. Anthonisz. ist freilich keineswegs als »Erfinder« dieser Arbeisweise anzusehen. Sie wurde bereits im 15. Jahrhundert angewandt, als der Katalane Petrus Roselli den Verlauf der niederländisch-deutsch-dänischen Küsten auf seiner 1462 entwickelten Portolankarte nicht mehr in herkömmlicher Weise, sondern aufgrund von Angaben einer nordeuropäischen Segelanweisung völlig neu gestaltete und so geradezu revolutionär hier mit einer jahrhundertealten Tradition im Portolankartenstil brach.

Diese Arbeitsweise wurde dann in unserem Bereich durch Jan van Hoirne verbessert[154] und durch Anthonisz. schließlich zu einer für seine Zeit beispielhaften Leistung weiterentwickelt.

Daß die Arbeitsweise des Anthonisz. um die Mitte des 16. Jahrhunderts noch die sicherste und praktisch einzig mögliche und daher allgemein angewandte Methode der Konstruktion einigermaßen befriedigender Seekarten gewesen ist, daß also Anthonisz.

151 S. Anm. 114 und 117.

152 Eine aus dem 13. Jahrhundert stammende, vom Kalmarsund über Åbo nach Reval führende Segelanweisung kann hier außer Betracht bleiben. Vgl. DAHLGREN (1896) (Sonderdruck), S. 5ff.

153 Vgl. die Darstellung Jütlands und Schottlands auf der Weltkarte des Sebastian Münster von 1532 (Abb. in: L. BAGROW: Die Geschichte der Kartographie. Berlin 1951. S. 75), ferner auf der doppelherzförmigen Weltkarte des Gerhard Mercator von 1538 (Abb. in: BROWN [1949] S. 158ff.) oder auf der Carta marina des Olaus Magnus von 1539 (Abb. in: BRATT [1958] S. 32/33), die alle drei hier die völlig verzeichneten Vorstellungen der – Ptolemaeus zugeschriebenen – klassischen Überlieferungen wiedergeben.

154 Vgl. LANG (1955) S. 36ff.

hier sich durchaus im Rahmen seiner Zeit bewegte, beweist eine beiläufige Bemerkung des Gelehrten und Professors der Mathematik an den Universitäten Wittenberg und Leipzig, Joachim Rheticus. Er äußert in seinem »Autographon« 1541, Seekarten würden nach Angaben von Segelanweisungen konstruiert, nach See-Itineraren mit Kompaß-Strichen.[155]

Bleibt noch zu erwähnen, daß Anthonisz. zur Konstruktion seiner Seekarte mit größter Wahrscheinlichkeit bis heute unbekannte niederländische Landesaufnahmen heranzog. Ein Kartenvergleich lehrt allerdings, daß er die dank Anwendung der Triangulationstechnik hervorragend vermessene »Hollandt«-Karte des Jacob van Deventer nicht verwandte, obwohl sie unter anderem die ganze Küste von Terschelling im Norden bis Schouwen im Süden wiedergibt (s.o.). Dieses Hollandblatt des Mathematikers, das zu den besten Territorialkarten Europas in jener Epoche zählt, wurde 1542, also ein Jahr vor Erscheinen der »Caerte van oostlant« durch Druck verbreitet, ist Anthonisz. aber offensichtlich nicht bekannt gewesen. Es müssen daher bereits vor Jacob van Deventer (vielleicht handschriftliche) Landkarten Hollands bzw. der Niederlande von erheblicher innerer Richtigkeit existiert haben.[156]

Eine genaue Überprüfung der Konfiguration der holländischen Westküste auf der Erstausgabe der »Caerte van oostlant« (s.u.) ergibt jedenfalls eindeutig, daß letztere durch eine selbstsichere Linienführung und innere Richtigkeit – sogar im Detail – sich von allen anderen Küstenstrichen, etwa der südlichen Nordseeküste, auffällig unterscheidet und daher als der am richtigsten dargestellte Küstenabschnitt der ganzen »Caerte« angesehen werden muß. Von entscheidender Bedeutung ist, daß Anthonisz. hiermit eine weitgehend gesicherte Ausgangsbasis gewann, auf der aufbauend er in der geschilderten Weise sein Blatt weiter zu entwickeln vermochte.

155 »... Sehe oder Compas-Charten ... werden ... durch die Strich des Compas sampt dem Itinerario ... gemacht«. Zitiert nach M. GASSER: Studien zu Philipp Apians Landesaufnahme. In: Mitteilungen der geographischen Gesellschaft München. I/1. München 1903. (Sonderdruck S. 19).

156 Ausführlich dargelegt in Anm. 122.

Wertung der »Caerte van oostlant«

Erstausgabe (1543)

Eine Übertragung der Umrißlinien der Küsten und der Situierung einzelner wichtiger Orte der »Caerte van oostlant« auf eine gleichmaßstäbliche moderne Karte läßt erkennen, daß es Anthonisz. gelang, die Punkte London, Amsterdam, Hamburg, Bovbjerg und Kap Skagen, den Unterlauf der Oder, die Memel, ja fast die gesamte Küste Kurlands in ihrer Lage zueinander im großen und ganzen richtig wiederzugeben. Jedenfalls ergeben sich nur geringgradige Abweichungen. Dies ist ein für die Frühzeit nordeuropäischer Seekartographie geradezu überraschendes Ergebnis. Es ist umso erstaunlicher, als die genannten Punkte, die hunderte von Seemeilen unter sich entfernt, dazu in zwei praktisch voneinander getrennten Meeresbecken liegen, ohne jedes entsprechende Vorbild, ohne eine Längenmessung allein mit den zu jener Zeit äußerst unzureichenden Mitteln der Schätzung in ihrer Lage bestimmt und in ihren Umrissen gezeichnet werden mußten.

Wenn demnach die Hauptproportionen zwischen Land und See im allgemeinen erstaunlich wirklichkeitsnah getroffen wurden, so liegen andererseits die Mängel der »Caerte« ebenso offen zutage: Die Landmassen Südschwedens sind stark nach Osten und gleichzeitig nach Süden verschoben, wodurch die großen dänischen und schwedischen Inseln entsprechend falsch situiert wurden. Trotz der im allgemeinen richtigen Wiedergabe der genannten wichtigen Punkte Jütlands und Hamburgs weicht die Ostküste der jütischen Halbinsel um mehr als einen halben Grad ebenfalls nach Osten ab.

Auch die englische Küste weist beträchtliche Fehler auf: Im Bereich von Norfolk und Suffolk nahm der Autor sie auffällig stark nach Westen zurück[157], während er die von York und Schottland – wohl aus Gründen der Notwendigkeit der Erwähnung wichtiger Örtlichkeiten – offensichtlich bewußt nach Osten vorverlegte.

Die »Caerte« zeigt außer diesen generellen Fehlern – abgesehen von einer enormen Verzeichnung des Innern des Kontinents – zahlreiche sonstige Mängel. So sind an der englischen Küste ganz offensichtlich Humber- und Wash-Mündung miteinander verwechselt.[158]

Während Flandern, Zeeland, Holland und Friesland verhältnismäßig richtig wiedergegeben wurden, läßt die Gestaltung der südlichen Nordseeküste östlich der Ems große Unsicherheit erkennen. Die Halbinsel Ostfriesland ist in ihrer Ost-West-Ausdehnung um über die Hälfte zu breit geraten, die Stadt Emden hat Anthonisz. auffällig falsch situiert, den Jade-Weser-Raum völlig entstellt wiedergegeben. In weiten Bereichen der jütischen Westküste mangelt ihm jede Ortskenntnis. Marne wird versehentlich zweimal erwähnt, die Eider ist mit der Hever verwechselt, und über die Wohngebiete der »Strantfriesen« weiß er nur vage Angaben zu machen. Die Kette der westjütischen In-

157 Vgl. oben, spez. Anm. 114.

158 Dies geht aus der falsch plazierten unterschiedlichen Breite der Mündungen eindeutig hervor.

seln läßt er erst bei Tondern beginnen. Ihre willkürlich geformten Umrißlinien, die Verlegung Utholms von Eiderstedt hoch in den Norden beweisen zusammen mit der viel zu groß geratenen Insel Helgoland, daß dem Autor kaum nähere Einzelheiten über das Aussehen der Westküste zur Verfügung standen. Dies ist insofern begreiflich, als man wegen der weit nach Westen ausladenden gefährlichen Sände stets ängstlich bestrebt war, in großer Entfernung an der Westküste entlang zu segeln.

Dagegen kommt die Nordküste Jütlands der Wirklichkeit näher, selbst die östliche Begrenzung der Halbinsel ist in ihrem generellen Verlauf relativ richtig gesehen, obwohl zufolge einer beträchtlichen Gesamtverschiebung nach Osten und einer starken Vereinfachung der Küstenlinien hier nicht unerhebliche Verzeichnungen festzustellen sind. Wie kaum anders zu erwarten, stimmt die Konfiguration der den Norden Jütlands durchquerenden Fjorde und Gewässer nicht im entferntesten mit den geographischen Gegebenheiten überein. Sie dürften unserem Autor nur vom Hörensagen bekannt gewesen sein, und ihre genaue Wiedergabe zählte – wie alle Einzelheiten im Inneren des Landes mit Ausnahme der Niederlande – ohnehin nicht zu seinem Anliegen.

Von der südlichen Ostseeküste von Wismar bis Rixhöft hat Anthonisz. sich keine rechte Vorstellung machen können. Der auf einem merkwürdigen Landvorsprung gelegene Hafen Warnemünde, drei selbständige Inseln Dornbusch, Wittow und Jasmund, die in die Ostsee mündende Spree, das winzige Inselchen Rügen im Mündungsbereich der stark überzeichneten Persante und der viel zu weit nach Norden verlegte Berg Revekol scheinen zu beweisen, daß er auf seiner Erkundungsfahrt kaum in Sichtweite Rügens gesegelt sein kann und ihm auch die übrige Küste in dem genannten Bereich fremd blieb. Hier beruht die Darstellung offensichtlich auf der Ausschreibung der Segelanweisung von 1541 und einigen sehr ungenauen Angaben vom Hörensagen.

Im Raum von Danzig dagegen scheint sich sein Wissen vorübergehend zu erweitern, wie aus der im ganzen richtig wiedergegebenen Halbinsel Hela und der Danziger Bucht hervorgeht.

Die ostpreußische Küste mit Frischem und Kurischem Haff ist wieder sehr vage gestaltet. Die Linienführung der Küsten Kurlands mag noch einigermaßen befriedigen, weiter nördlich nimmt jedoch die Detailkenntnis auffallend rasch ab, um im Bereich von Ösel und Dagö mehr oder weniger ins Phantastische abzugleiten. Wenige markante Punkte auf dem Festland und einige Inseln, die er – aus der Ferne betrachtet – aufzuzeichnen für richtig hielt, scheinen hier die einzigen Stellen zu sein, die ihm aus persönlicher Anschauung bekannt geworden waren, wie die kurländische Küste mit »Sevenberghen«, Windau, Lyserort (Abb. 30) und Domesnäs, die Landspitze Dagerort auf Dagö oder die Insel Odensholm.

In womöglich noch stärkerem Maße gilt ähnliches für die Skizzierung Südfinnlands einschließlich der Ålandsinseln: Die Auswahl der berücksichtigten Orte, die überbetonten – im Raum von Helsinge, von Åbo bzw. Töfsala in den Finnischen Meerbusen mündenden – Wasserzüge und die recht willkürlich, starr und unbeholfen anmutende Untergliederung der Ålandsinseln verleihen der Darstellung den Anschein rein zufälliger und auf wenige Örtlichkeiten beschränkter, dabei völlig wirklichkeitsfremder Aufzeichnungen durch Dritte. Vermutlich war unser Autor genötigt, sie unverändert zu übernehmen, da keine anderen zuverlässigen Informationen existierten.

Nicht viel besser ist es um Nordschwedens Küsten bestellt. Die fast um einen Breitengrad zu weit nach Süden verlegte Hauptstadt des Reiches, die Konfiguration der kleineren Inseln und Zufahrtswege von See auf Stockholm zu, die Richtung der Längsachse Ölands und die in fast elegant zu nennendem Halbbogen von der Stadt südwärts geführte Ostküste, die im Raum von Tunalän in einer tief in das Landesinnere vordringenden Bucht endet, verraten den schwerwiegenden Mangel unseres Autors an seriösen Informationen über diese Gegenden nur allzu deutlich.

Dagegen zeigt sich Anthonisz. über die wichtigsten Örtlichkeiten der für die Ostseeschiffahrt von jeher so überaus bedeutungsvollen Insel Gotland verhältnismäßig gut unterrichtet. Auch die aus gleichem Grund nicht weniger wichtigen Inseln Bornholm und Erteholmene nebst der Südküste Schonens sind – abgesehen von der bereits erwähnten starken Verschiebung des Gebietes nach Südosten – der Wirklichkeit genähert wiedergegeben.

Dies trifft ebenfalls für das Ostufer des Sundes zu. Nördlich von Landskrona scheint die Detailkenntnis des Autors streckenweise zuzunehmen, besonders im Raum von Varberg, Bohus und Marstrand.

Die Linienführung des Oslofjords, einige bis zur Unkenntlichkeit entstellte Namen und verschiedene Wiederholungen (»Roemerike«, »Olsburg«) zeugen dagegen nicht gerade von Sorgfalt oder ausreichender Ortskenntnis. Von Oksefjord erstreckt sich die Küste bis Kap Lindesnes in gerader Linie ungefähr in Richtung SW z W.

Die sehr phantasievoll gestaltete Küste von Kap Lindesnes bis Kap Stadlandet/Oddene, dazu der weit nach S verlegte Malstrom (Abb. 17), beweisen eindeutig, daß Anthonisz. hier keinerlei exakte Unterlagen zum Aufbau seiner »Caerte« zur Verfügung gestanden haben.

Zu diesen allgemeinen Mängeln und Einzelfehlern treten an unterschiedlichen Stellen noch eine Reihe Verwechslungen, doppelt genannter und unkenntlicher Namen sowie sonstige Versehen hinzu.

Sie können in ihrer Gesamtheit jedoch den überragenden Wert der »Caerte van oostlant« kaum beeinträchtigen. Mit ihrer Veröffentlichung gelang es zum ersten Mal, unter Überwindung einer erdrückenden und oft von höchster Autorität getragenen Fülle grundfalscher geographischer Vorstellungen eine wirklichkeitsgenäherte, zum Teil sehr detaillierte kartographische Abbildung des größten Teils der nördlichen Hälfte Europas zu entwerfen, die für die Weiterentwicklung der See- und Landkartographie von tiefgreifender Wirkung werden sollte.

Zweite und dritte Ausgabe (um 1560)

Diese Beurteilung gilt – freilich mit Einschränkung – ebenfalls für die beiden jüngeren Ausgaben der »Caerte van oostlant«. Die zweite Auflage, die von Cornelis Anthonisz. selbst redigiert wurde, läßt als deutliches Zeichen erweiterter geographischer Ortskenntnis in der Wiedergabe der Küsten Südwest-Norwegens (Abb. 18) zwar einige bemerkenswerte neue Einzelheiten erkennen, ihr Wert wird jedoch in mehrfacher Hinsicht stark herabgesetzt. Dies einmal dadurch, daß die richtigere Aufgliederung im Detail auffällig komprimiert worden ist, zum anderen aber vor allem durch ein der Wirklichkeit in keiner Weise gerecht werdendes fehlerhaftes Vorrücken der gesamten Landmassen um ca. 70 km nach W. Hier liegt demnach eine erhebliche Verschlechterung der Erstausgabe vor, während die Linienführung des Küstenabschnitts Oksefjord–Kap Lindesnes verbessert wurde. Auch ergänzte Anthonisz. die Darstellung der britischen Ostküste, indem er mehrere für die Schiffahrt überaus wichtige Örtlichkeiten durch neu eingefügte Namen hervorhob, wie Flamboroughead, Lowestoft, der Teesbay u.a.m. Sie scheinen bis dahin in der Erstausgabe von 1543 merkwürdigerweise gefehlt zu haben.

Die von Nicolai zu Antwerpen besorgte dritte Auflage unterscheidet sich von den beiden älteren – abgesehen von einem hier nicht weiter zu erörternden neugeschnittenen Holzblock unten rechts – vor allem durch eine gut gelungene, eindeutig auf der Nachzeichnung der Provinzkarten des Jacob van Deventer beruhende generelle Neufassung des gesamten niederländischen Raumes (Abb. 20), dessen innere Richtigkeit hierdurch erheblich gesteigert werden konnte.

Das Segelhandbuch »Caerte van die Oosterse See«, Amsterdam 1558

Allgemeine Beschreibung

In seiner im rechten unteren Block der »Caerte van oostlant« untergebrachten Widmung und Erläuterung kündigt Anthonisz. an, er werde »ehestens ein kleines Buch herausgeben«, worin er alles, was in der Seekarte nicht im einzelnen abgebildet werden könne, dazu noch manches andere, zum Nutzen der Seefahrt darlegen wolle. Der Schrift sollten Ansichten beigefügt werden, die einzelne Küstenabschnitte so wiedergeben wie sie sich den vorübersegelnden Schiffern darbieten. Aus diesen Worten geht hervor, daß Anthonisz. kurz nach Erscheinen seiner »Caerte van oostlant« (1543) ihr eine ausführliche Segelanweisung mit Vertonungen beizugeben gedachte.

Von diesem vermutlich 1544 herausgekommenen Segelhandbuch ist, soweit bekannt, kein Exemplar erhalten geblieben. Von der Existenz einer zweiten Auflage (s.u.) erfahren wir vorerst lediglich durch die Angabe auf dem Titelblatt der nächsten, 1558 zu Amsterdam erschienenen dritten Ausgabe. Hier heißt es wörtlich: »Zum dritten Mal gedruckt, sorgfältig korrigiert und verbessert«. Dieses bei Jan Ewoutsz., »Figuersnijder«, einem bekannten Amsterdamer Drucker[159], herausgekommene Werk des Anthonisz. ist erst vor wenigen Jahrzehnten bekanntgeworden. Es wechselte wiederholt seinen Besitzer, befand sich vorübergehend in den USA in Privatbesitz und zählt heute zur Yale University Library (Bibl. Henry Taylor) (Abb. 33).

Das kleine, im Oblongformat herausgebrachte Werk mißt 15,5 x 20,0 cm, sein nicht überall gleicher Satzspiegel etwa 11,5 x 17,0 cm.[160] Es besteht aus zwei verschiedenen, nicht sehr umfangreichen Abhandlungen mit jeweils einem besonderen Titelblatt, zu dessen Ausschmückung der gleiche von Anthonisz. geschaffene und von ihm signierte[161] Druckstock, ein mit geblähten Segeln dahinziehendes großes Handelsschiff, verwandt wurde. Der erste Druck (Abb. 34) stellt eine praktische Seefahrtkunde, eine Art Vorstufe eines nautischen Lehrbuchs dar und trägt den Titel: »Onderwijsinge vander zee, om stuermanschap te leeren« (s.u.), der zweite erschien unter der Überschrift: »Hier beghint die Caerte van die Oosterse See«. Mit dem Begriff »Caerte«, ein Wort, dem ehemals zweierlei Bedeutung zukam, ist hier nicht eine Seekarte im damals landläu-

[159] Seine Druckermarke findet sich auf der letzten Seite (Abb. 107). Über Ewoutszoon vgl. E.W. MOES: De Amsterdamsche boekdrukkers en uitgevers in de 16. eeuw. I. Amsterdam 1900. S. 203–216.

[160] Beschreibung des Werkes nach KEUNING: a.a.O. S. 694ff.

[161] Der Künstler wählte ein Anthonis-Glöckchen in Verbindung mit den Anfangsbuchstaben seines Namens »C.T.« (=Cornelis Thonisz.) als sein Signet.

figen Sinne gemeint – eine solche bezeichnete man als »Paskaart« – sondern eine sogenannte »Leeskaart«, ein Lesebuch, das Beschreibungen bestimmter Gewässer enthielt.[162]

Beide Drucke geben das gleiche Jahr des Erscheinens an (1558). Nur der erste, die »Onderwijsinge«, teilt ausdrücklich mit, daß es sich um die dritte Auflage handelt. Da die »Caerte«, d.h. die »Beschreibung im Text«, ihrerseits angibt, sie sei »sorgfältig korrigiert und verbessert« und mit diesen Worten demnach auf eine oder mehrere ältere Ausgaben verweist, dürfte unbedenklich anzunehmen sein, daß die Angabe der dritten Auflage sich nicht allein auf die »Onderwijsinge«, die »Unterrichtung«, sondern auf beide, insgesamt 76 unpaginierte Seiten umfassenden Abhandlungen bezieht, zumal am unteren Rand der betreffende Satzspiegel von »A« bis »K« fortlaufend signiert ist. Der Text ist in gotischen Lettern gesetzt, manche Initialen sind künstlerisch verziert.

Der Titel der »Caerte« trifft mit seinem Inhalt insofern nicht ganz überein, als nicht nur die östlichen, d.h. östlich von Amsterdam bis ins Baltikum sich erstreckenden, Gewässer beschrieben werden, sondern auch teilweise solche des Westens und Nordens, berücksicht der Autor doch – beginnend mit dem Englischen Kanal – die gesamte englische Ostküste über Newcastle, Edinburgh bis zu den Shetlands, dazu die norwegischen Gewässer von Skudesnes bis zum Oslofjord.[163] Der Text beschränkt sich demnach nicht allein auf die damalige sogenannte »Oostersche Vaart«, sondern gibt zusätzlich auch Teile der »Noordsche Vaart«[164] wieder. Daß Anthonisz. die genannten englisch-schottischen Gewässer nicht vernachlässigen konnte, ergibt sich zwangsläufig aus der ihm gestellten Aufgabe der Berücksichtigung des Nordseebeckens und damit auch dessen westlicher Begrenzung. Das Schwergewicht der Darstellung ruht freilich eindeutig auf der Beschreibung der »Oosterschen Vaart«.[165]

Im Vorwort seiner Schrift begründet Anthonisz. die Herausgabe des kleinen Buches unter anderem damit, daß im Gegensatz zu den Gewässern Westeuropas von den Fahrtrouten und Fahrwasserverhältnissen östlich der Zuiderzee bisher nur sehr unvollkommene beschreibende Texte vorlägen, ein Umstand, der vielen Seeleuten zum Verhängnis geworden sei.[166]

Wir wissen heute, daß Anthonisz. mit dieser Ansicht nur zu Recht hatte. In der Tat waren Sammlungen von Segelanweisungen verschiedener west- und südeuropäischer Gegenden im Vergleich zu solchen der nord- und osteuropäischen Gewässer bei weitem ausführlicher, sorgfältiger und genauer.

Abgesehen von den in Form von Manuskripten zahlreich verbreiteten mittelalterlichen Segelhandbüchern des mediterranen Kulturkreises, den sogenannten Portolani, die bereits im 14. Jahrhundert eine beachtliche Höhe der Entwicklung erkennen las-

[162] Der Autor des ältesten umfassenden gedruckten niederländischen Seekartenwerks, L.J. Waghenaer, kennt zwei grundsätzlich sich voneinander unterscheidende Arten Segelhandbücher: »ghedruckte Zee-Caertboecken ende Leescaerteboecken« (»Thresoor der Zeevaert«. Leiden 1592. p. XLVI, Privileg). Eine »zeecaert of pascaerte« definiert er als eine »Conterfeytinghe vande havenen ende landen« (p. XV), deren Konstruktion und Gebrauch er eingehend erläutert (»Spieghel der zeevaert«, I. Leiden 1584. S. 24). Den »Pascaerten« stellt er »Leescaerte boecken van de Oostersche ende Westersche Zee« gegenüber (»Thresoor«, p. XI), wo lediglich von Texten – gesetzt in großen und kleinen Lettern – die Rede ist (»Thresoor«, p. VIIf.).

[163] Auch Bergen in Westnorwegen wird erwähnt.

[164] Zur »Noordschen Vaart« zählten u.a. auch die zur schottischen und englischen Ostküste ziehenden und die an ihr entlang führenden Schiffahrtswege. Vgl. W.J. BLAEU: Zeespiegel. Amsterdam 1623. II. Buch, 4. Teil, Titelblatt.

[165] In der ersten oder zweiten Auflage des Segelhandbuchs (oder in beiden?) fanden sich offenbar u.a. auch einige Vertonungen englischer Küstenabschnitte (s.u.), nicht dagegen in unserem Werk von 1558.

[166] In »Onderwijsinge« unter »Aan den Leser« sowie unter »Item die Onduytsche ...«

[167] Vgl. hierzu: K. KRETSCHMER: Die italienischen Portolane des Mittelalters. (»Meereskunde«, Heft 13). Berlin 1909 sowie R. BACCHISIO DA MOTZO: Il Compasso da Navigare. Cagliari 1941.

sen[167], beschrieben um die Wende vom 15. zum 16. Jahrhundert der zu Venedig im Druck erschienene Portolano Rizi und der ebenfalls durch Druck verbreitete »Routier de la mer« (Abb. 35) des Pierre Garcie[168] die Gewässer des Mittelmeers und Westeuropas bis einschließlich Flandern streckenweise mit erstaunlicher Exaktheit. Sie berücksichtigen freilich die Küsten Deutschlands, Skandinaviens und des Baltikums ebensowenig, wie die älteste – von Berwick in Schottland bis nach Gibraltar reichende – Segelanweisung englischer Herkunft aus dem Anfang des 15. Jahrhunderts[169], die die Küstengewässer Frankreichs und Spaniens ebenfalls ungleich sicherer wiedergibt als die Englands und Irlands.[170] Ähnliches gilt für die Segelanweisungen, die das sogenannte »Seebuch« vereinigt. Es dürfte niederländisch-hansischen Ursprungs und etwa der Mitte des 15. Jahrhunderts zuzuordnen sein. Außer Beschreibungen der Gewässer West- und Südeuropas erhält es als eines der ersten auch einige wichtige Fahrtrouten über die Nordsee zum Sund und weiter bis zu den größeren Häfen des Baltikums. Hier können die Gewässerbeschreibungen des Nordens und Ostens, die sich auf allernötigste Angaben beschränken, kaum einen Vergleich mit denen Westeuropas aushalten.[171]

Das gleiche gilt für die ersten gedruckten, 1532 und 1541 zu Amsterdam erschienenen Segelhandbücher.[172] Wenn beide auch zunehmend ausführlicher sind, so reichten die Routenbeschreibungen doch bei weitem nicht aus, eine sichere Fahrt zu manchen wichtigen Ländern und Städten zu gewährleisten, werden doch – um nur einige Beispiele herauszugreifen – die Wesermündung überhaupt nicht erwähnt und die Fahrwasserstraßen zu bedeutenden Seestädten wie Stralsund, Rostock oder Wismar übergangen. Mit der Veröffentlichung seines Handbuchs füllte daher Anthonisz. 1544 (?) und ebenso 1558 unter den zeitgenössischen nautischen Hilfsmitteln eine spürbare Lücke aus.

In der »Beschreibung der östlichen Gewässer« von 1558 haben wir etwas grundlegend Neues vor uns. Bis dahin war es üblich gewesen, die »Oostersche«, die »Noordsche« und die »Westersche Vaart« in einem Segelhandbuch gemeinsam herauszubringen, d.h. die Beschreibung der Gewässer beider Ufer des Kanals, der französischen und spanischen Küsten bis nach Cadix oder Gibraltar einschließlich der Irischen See zusammen mit den Fahrtrouten im Bereich der Nord- und Ostsee nebst Kattegat und Sund zu vereinen. Jetzt verzichtet Anthonisz. auf die »Westersche Vaart« und beschränkt sich ausschließlich auf Nord- und Ostsee. Mit voller Absicht wählte er hierzu das bis dahin sehr ungewöhnliche Oblong-Format, um seine mit großer Sorgfalt entworfenen, in Holz geschnittenen Seitenansichten einzelner Küstenstrecken, auf deren genaue und natürliche Wiedergabe er großen Wert legte, möglichst ungekürzt unterbringen zu können. Wegen ihrer Länge sah er sich trotzdem wiederholt genötigt, hierzu Papierstreifen in mehr als doppelter Seitenlänge zu verwenden.

Die Distanzen bestimmt Anthonisz. in der Regel nach geographischen Meilen, von denen er 15 auf einen Grad rechnet (= 7,4 km)[173], gelegentlich auch nach Maßeinhei-

[168] Vgl. hierzu: D.W. WATERS: The Rutters of the Sea. The sailing directions of Pierre Garcie. New Haven and London 1967.

[169] WATERS: a.a.O., S. 181ff.

[170] Die skandinavischen Segelanweisungen bleiben hier außer Betracht (Übersicht: E.G.R. TAYLOR: The Haven-Finding Art. London ²1958), da sie fast ausschließlich sich mit Segelanweisungen des Nordens befassen. Ausnahme: die Segelanweisung aus »König Waldemars Erdbuch« (Edit: E.W. DAHLGREN: Om forntida Seglingsanvisningar för de nordiska farvattnen. In: NORDENSKIÖLD: Periplus. Stockholm 1896. Kap. 11; Neudruck 1964). Beschreibung einer – sich eng an die Ostküste Schwedens anlehnenden – Segelroute vom Kalmarsund über Åbo–Porkkala nach Reval. Vgl. hierzu: DAHLGREN/RICHTER: Sveriges Sjökarta. Stockholm 1944. S. 9f.

[171] A. LANG: Seekarten der südlichen Nord- und Ostsee. Hamburg/Berlin/Stuttgart 1968. S. 8f. Vgl. hierzu K. KOPPMANN: Das Seebuch. Bremen 1876.

[172] A. LANG: a.a.O., S. 9f. und die dort angeführte Literatur.

[173] Vgl. den Widmungstext des Cornelis Anthonisz. auf der »Caerte van oostlant«.

ten, die im Bereich der Ostsee und in nordischen Gewässern in der Schiffahrt zum Teil bis ins 17. Jahrhundert hinein üblich waren, nach Kenningen (zu je drei geographischen Meilen) oder Weeke sees (zu je einer Meile)[174]; hier und da verwendet er auch den Begriff des Segelns nach Etmalen.[175] Lotungstiefen drückt Anthonisz. in Amsterdamer Faden[176] aus. Sie dürften durchweg wohl auf Niedrigwasser, gelegentlich vielleicht auch auf »Halbe Flut« bezogen sein.

Spezielle Beschreibung

Südliche und westliche Nordsee

Anthonisz. beginnt seine Beschreibung der Gewässer im Segelhandbuch »Caerte van die Oosterse See« nicht wie allgemein üblich mit einem einleitenden Text, sondern unvermittelt mit zahlreichen Vertonungen (Abb. 36). Die Ansichten nehmen den ganzen Satzspiegel der ersten Seite ein und sind in sieben Reihen untereinander angeordnet. Sie zeigen die Gegend um Den Briel an der Maas, einen Teil der friesischen Westküste von Bolsward bis zum Roode Klif sowie die Inseln Goeree und Schouwen im Süden und die Inseln Texel, Vlieland und Terschelling im Norden der Niederlande. Auf der nächsten Seite begründet der Autor sein Prinzip, gelegentlich ein und dieselbe Gegend von zwei und mehr Schiffsorten aus gesehen abzubilden, mit dem Sicherheitsbedürfnis der Seeleute und der starken Veränderung der Ansicht der Küste bei Betrachtung aus verschiedener Richtung und Distanz.[177]

Achtet streng auf folgendes: wenn wir hier einige Küstenstrecken in Gestalt von zwei oder drei verschiedenen Ansichten gezeichnet haben, so geschah dies, damit Ihr die charak-

[174] Vgl. hierzu: N. E. Nørlund: De gamle danske længdeenheder. Kopenhagen 1944. S. 63ff. und R. Morcken: Den nautiske mil gjennom tusen år. In: Årshefte Bergens Sjöfartsmuseum, Bergen 1964, ferner: Ders: Lengden av den norske navigasjonsfot i sagatiden. In: Sjøfartshistorisk Årbok, (Bergen) 1965. Vgl. auch Anm. 213.

[175] Vgl. Keuning: a.a.O., S. 701.

[176] Ein (alter) Amsterdamer Faden mißt 1,669 m.

[177] Hierbei wird auf die Verschiedenheit der Ansichten einzelner Inseln einschließlich Helgolands und Dagerös bei Änderung des Schiffsortes ausdrücklich hingewiesen.

teristischen Merkmale der Küste, die so außerordentlich wichtig sind, möglichst genau zu erkennen vermögt. Dies Verfahren haben wir unter anderem bei Terschelling, Vlieland und Ameland angewandt, ganz besonders auch bei Borkum. Dies ist eine Insel, die – je nachdem ob Ihr Euch etwas östlicher oder westlicher davon befindet – sich sehr unterschiedlich darbietet. Das gleiche gilt – wie manchem guten Steuermann geläufig ist – für Helgoland, Rubjerg Knude und Dagerort genau so wie für Kullen usw. Wenn Ihr nämlich aus westlicher Richtung auf Dagerort zusegelt, so bietet sich Euch eine Ansicht, wie wir sie weiter unten an der betreffenden Stelle wiedergegeben haben, befindet Ihr Euch jedoch nordwestlich von Dagerort, bietet sich Euch (von der gleichen Gegend) ein ganz anderes Bild, nämlich eine sich weit hinausdehnende Strecke niedrigen Landes in einer Form, wie sie unten abgebildet ist. Ein junger Mann, der die Kunst der Nautik erlernen will, muß auf diese Veränderungen demnach sehr wohl acht geben.

Auch die beiden nächsten Seiten bieten ausschließlich Vertonungen. Dargestellt ist die friesische Inselkette von Terschelling bis Wangeroog einschließlich Helgoland (s.u.). Mit Rücksicht auf die allgemeine Bedeutung der friesischen Inseln (Abb. 37 und 38) für die terrestrische Navigation läßt Anthonisz. ihrer bildlichen Beschreibung dann eine solche im Text unter Angabe einzelner Entfernungen und bemerkenswerter Sände und Riffe folgen:

Vom Marsdiep[178] *zum Vlie*[179] *beträgt die Entfernung zwei Kenninge, vom Vlie zum Amelander Neuen Tief*[180] *eine Kenning. Zwischen letzterem und Terschelling liegt – eine Meile von der Insel entfernt – Bornriff.*[181] *Dieses Riff erstreckt sich etwa 1/4 Meile weit parallel zur Küste. Nähert Euch Bornriff nicht weiter als bis auf eine Lotungstiefe von 10 Faden. Die Lauwers*[182] *liegt eine Kenning weit vom Amelander Neuen Tief entfernt. Zwischen diesen beiden Punkten finden sich Schiermonnikoog und Boschsand. Östlich der Lauwers folgt die Insel Rottum und östlich von Rottum geht die Wester-Ems einwärts, die eine Kenning von der Lauwers entfernt liegt. Weiter östlich folgt Borkum und im Osten davon geht in der Entfernung von einer Kenning von der Wester-Ems die Oster-Ems einwärts. Zwischen beiden (Inseln) dehnt sich Borkum-Riff auf einer Strecke von etwa einer Meile von der Insel (Borkum) entfernt, (davon) 1/4 Meile parallel zur Insel.*[183] *Östlich der Oster-Ems liegen Juist und Buise, Norderney schließt sich an*[184]*, dem Baltrum folgt. Östlich von Baltrum geht die Ackumer Ee einwärts und weiter östlich liegt Langeoog. Es folgen Spiekeroog und Klein-Spiekeroog, (eine Insel), die man auch Oldeoog nennt. Östlich von Klein-Spiekeroog geht die Harle einwärts, abermals östlich liegt Wangeroog.*[185] *Östlich von Wangeroog geht die Weser einwärts. Von Wangeroog bis zur Elbe beträgt die Entfernung zwei Kenninge* (Abb. 39).

178 (Von See her gesehen.) Zwischen der Nordspitze der Provinz Noordholland und der Insel Texel sich erstreckende Einfahrt in die Zuiderzee.

179 (Von See her gesehen.) Zwischen den Inseln Vlieland und Terschelling sich erstreckende Einfahrt in die Zuiderzee.

180 Seegat zwischen den Inseln Terschelling und Ameland, später allgemein als »Amelander Gat« bezeichnet.

181 Das noch heute unter dem gleichen Namen existierende Bornriff hält die Erinnerung an den bis zum 15. Jahrhundert tief in das Landesinnere dringenden, Wester- und Ostergo trennenden Meereseinschnitt Borne wach. Zu Borne vgl. A. BEEKMANN en H. MOERMAN: Handboek der Middelnederlandsche Geographie. Den Haag 1949. S. 20f., 262f. und 268f.

182 Die Louwers, ein seit dem frühen Mittelalter bekannter Meereseinschnitt, trennte Friesland von den Groningischen Ommelanden, 1969 geschlossen. Vgl. M.P. V. BUYTENEN: De Fries-Grongingse grens in Lauwerszee en wadden. Drachten 1954, und BEEKMAN: a.a.O. S. 20 und 287.

183 Vgl. hierzu A. LANG: Die Emsmündung. Bremen 1958.

184 Vgl. hierzu A. LANG: Das Juister Watt. Bremen 1955.

185 Vgl. hierzu A. LANG: Untersuchungen zur älteren Darstellung der ostfriesischen Inselkette, insbesondere Juist, Bant, Buise und Norderney. Norderney 1950. M.S. (Forschungstelle Norderney).

Es folgt ein Hinweis auf den gefährlichen Untergrund im nördlichen Bereich der Insel Helgoland:

WNW bis ONO von Helgoland[186] *ist es überall gefährlich. Vier Meilen südwärts von Bovbjerg liegt Vosborg, südlich von Vosborg findet sich Lønborggård.*[187] *Zwischen beiden zieht der Ringkøbing Fjord einwärts. Ungefähr auf halbem Wege zwischen dem Ringkøbing-Tief und der Hever liegt Ribe. Zwischen Ribe und Vosborg ist es draußen vor der Küste derart flach, daß man nicht einmal auf drei Faden Tiefe die Küste gut auszumachen weiß. Die Wittebank*[188] *liegt vom Vlie in Richtung N z W neun Kenninge weit entfernt.*

Hiernach geht Anthonisz. zur Beschreibung der Elbe, Weser und Ems über, wobei er auffälligerweise im Osten beginnt. Vorweg warnt er: *Wer mit einem drei Faden tief tauchenden Schiff auf der Elbe segeln will, beachte auf jeden Fall, daß im Bereich der Werkbalgentonne bei Ebbe keine drei Faden Wasser gemessen werden, denn die Fahrrinne nimmt dort sehr an Tiefe ab. Ihr müßt dort in nächster Nähe der Tonne vorübersegeln.* Unter der Überschrift »Dies ist der Kurs zur Einsegelung in die Elbe«[189] und der Abbildung der Bauten auf Neuwerk, des Turms mit Nebengebäude und der Nord-Bake, folgt dann die eigentliche Segelanweisung (Abb. 40):

Wer auf die Elbe segeln will, der bringe die Kape und (den Turm von) Neuwerk in Dekkung. Auf dieser Peilung wird er auf die Schartonne der Elbe stoßen. Alle Tonnen liegen am Südufer des Fahrwassers, an dem auch die Baken stehen. Segelt Ihr aus westlicher Richtung, dann steht die Bake östlich des Neuwerker Turms. Letzterer liegt – von der Schartonne aus zu sehen – in Richtung SO z S.

Von der Schartonne zur Buttertonne O z S, weiter zur nächsten O z S. Von dieser zur Werkbalgentonne SO z O.[190] *Von letzterer zur Mostertonne O und von dieser zur Tonne bei der Rosbake O z S. Von der Rosbake zur Bake bei der Medem (-Mündung) SO z O, wählt dazu einen Kurs auf 7,8 Faden am Südufer entlang. Von der Medem-Bake zu der von der Oste (-Mündung) O z N. Von dieser nach Brunsbüttel O z N und am Nordufer entlang bis zur Stör (-Mündung).*

Von Helgoland zur Elbe (-Mündung) liegt man den Kurs SO z O an. Die Entfernung beträgt zwei Kenninge.

Beabsichtigt Ihr auf der Elbe zu segeln und kommt aus westlicher Richtung, so lauft auf 14 Faden am Südufer entlang. Die (Fahrrinne der) Elbe mißt 15 Faden und man stößt hier auf Stichgrund.[191]

Ein aus dem Westen kommendes Schiff, das bei südlichem oder südwestlichem Wind beabsichtigt, elbeaufwärts zu segeln, laufe so lange auf 12 Faden Tiefe parallel zum Südufer, wie man an diesem bis zur Elbe (-Mündung) entlangsegeln kann. Seid Ihr dann im Bereich der Elbe (-Mündung), könnt Ihr – bis auf 7 oder 8 Faden euch dem Ufer nähernd – an diesem entlang laufen. Die Elbe selbst mißt (im Mündungsbereich) 15 Faden. Ihr könnt so lange auf 7 bis 8 Faden parallel zum Südufer segeln, bis (der Turm auf) Neuwerk ungefähr S von Euch liegt. Segelt dann auf 10 oder 11 Faden etwas mehr nordwärts in die Elbe, danach solange etwas O und O z S auf die Buttertonne zu, bis der Turm SSW von

[186] Vgl. hierzu A. LANG: Helgoland auf alten Karten. In: »Helgoland ruft« (Edit: J. PACKROSS und P. RICKMERS). Hamburg 1952, S. 47ff.

[187] Vosborg und Lønborggård. Vgl. hierzu J. KNUDSEN: Indledning og Oplysninger til Søkartet 1568. In: Tidsskrift for Søvæsen 86, (Kopenhagen) 1915, S. 275 (sub voce). Dazu J.P. TRAP: Kongeriget Danmark. VIII. Kopenhagen 1928. S. 257 (Høneborg), S. 342 (Lønborggard) u. S. 248 (Vosberg).

[188] Heute »Weiße Bank« und »Nordschillgrund«.

[189] Vgl. hierzu A. LANG (1970) und ders.: Untersuchungen zur morphologischen Entwicklung des Dithmarscher Watts von der Mitte des 16. Jahrhunderts bis zur Gegenwart. (=Hamburger Küstenforschung, Heft 31). Hamburg 1975.

[190] Werkbalge, gemeint ist eine ehemalige Fahrrinne, die von der Elbe bis zur Insel Neuwerk führte.

[191] S. unter Anm. 214.

Euch liegt. So werdet Ihr auf 7 Faden Tiefe an der Butterhuk vorüber fahren. Liegt der Turm auf Neuwerk SSW von Euch, so geht dann wegen der Neuen Gründe auf das Südufer zu, denn dort verengt sich das Fahrwasser sehr stark. Haltet Euch sodann bis zur Werkbalge[190] *am Südufer entlang. Seid Ihr querab von der Werkbalge, liegt der Turm SW von Euch. Danach segelt O z N elbeaufwärts und Ihr habt so die Neuen Gründe passiert. Geht dann weiter stromaufwärts auf einen Kurs in einer Distanz von 5 Faden vom Nordland. Ihr stoßt dann auf 10 bis 11 Faden Tiefe und könnt eine Mühle und eine schwarze Höhe ähnlich einem Haus in Hadeln ausmachen. Steht die Mühle östlich von diesem »Haus«, befindet Ihr Euch oberhalb der Rostonne. Weiter O z S zur Rosbake. Liegt Ihr von dieser querab, so erkennt Ihr in Hadeln eine kleine Kirche mit kleinem spitzem Turm. Wenn diese Kirche in Deckpeilung steht mit einem langen Haus oder eine Kabellänge östlich von (Schloß) Ritzebüttel, so seit Ihr querab von der Rosbake. Geht dann auf SO z O-Kurs aufwärts bis zur (Mündung der) Medem und bleibt so lange in einer Entfernung von 7, 8, 9 oder 10 Faden Tiefe vom Südufer entfernt, bis aus westlicher Richtung ein spitzer Turm erscheint, lauft an zwei Türmen vorüber, die auf einem im Lande Hadeln liegenden Friedhof namens Altenbruch stehen. Kommt dann der (erstgenannte) spitze Turm wieder zum Vorschein und deckt sich mit einer Baumgruppe, so habt Ihr die Marnerplate passiert. Geht danach auf Ostkurs in Richtung Brunsbüttel und haltet Euch dann wegen des Pilgrimssands möglichst am Nord- und nicht am Süd-Ufer entlang und zwar auf 5 oder 6 Faden, denn Ihr müßt dicht an dem genannten Sand vorübersegeln. Nach Möglichkeit lauft bis nach Bielenberg hin am Nordufer längs, von da elbeaufwärts am Nordufer entlang auf 7 oder 8 Faden. Segelt so lange in Richtung OSO stromaufwärts, bis Ihr Stade mit den Bäumen von Grauerort*[192] *in Deckung bringen könnt. Dann seid Ihr im Bereich des Ostufers. Bis zum Stadersand könnt Ihr dann etwas südlich halten.*

Diesen beiden unterschiedlichen und zeitlich etliche Jahrzehnte auseinanderliegenden Segelanweisungen für die Elbe folgt eine – die älteste – Segelvorschrift für die (Außen-)Weser (Abb. 41):

Dies ist der Segelkurs der Weser. Wenn Ihr von Westen kommt und wollt bei NW- oder NNW-Wind weseraufwärts, dann nähert Euch Wangerooge nicht weiter als bis auf 11 Faden Lotungstiefe. Segelt dann in östlicher Richtung solange fort, bis Ihr die äußerste Tonne seht. In ihrem Raum liegt mitten in der Außenweser ein Sand an Backbord, die Mitplate geheißen. Bei Flut steht das Wasser hier nicht höher als 2 Faden. Von der ersten Tonne geht es zur nächsten weiter in Richtung O.

Herrscht südlicher Wind, lauft auf einen Kurs von 8 oder 9 Faden querab Wangeroog. Bei 8 Faden hütet Euch aber sorgfältig davor, zu dicht an der Steenbalge vorüber zu segeln. Liegt Wangeroog in Richtung SW und die Kirche von Minsen S z O von Euch[193]*, lauft Ihr auf die Außentonne.*

Die Kirche von Minsen ist flach und besitzt keinen Turm. Minsen liegt im Land des Fräuleins.[194] *Von der äußersten Tonne zur zweiten geht es O. Minsen liegt hier S von Euch. Wenn Ihr dann auf die Tiefe von 9 Faden stoßt, so hütet Euch vor der Westerweser, die mit 9 Faden beginnt, später aber in die Jade zieht. Die flachste Stelle in der Westerweser mißt 2 Faden.*

Von der zweiten zur dritten Tonne abermals O. Minsen liegt (von der dritten Tonne aus gesehen) S z W. Von der dritten Tonne läuft der Kurs weiter zur Tonne (auf der Spitze)

[192] Die »hohen Bäume bei Grauerort« galten noch im 20. Jahrhundert als markante Seezeichen (Nordsee-Handbuch. Östlicher Teil. Berlin 1922. S. 276).

[193] Die im äußersten Norden des Jeverlands gelegene Kirche von Minsen besitzt auch heute noch lediglich einen glockenstuhlartigen niedrigen Turm. Sie spielte für die Fahrt auf der Außenweser eine ähnlich entscheidende Rolle wie Neuwerk für die Elbe.

[194] Gemeint ist Fräulein Maria von Jever (geb. 1500, gest. 1575), die Landesherrin des Jeverlands.

von Rotesand in Richtung O 1/2N. Dort achtet ständig auf die Strömung. Von hier aus liegt Minsen in Richtung SSW und die auf dem Witte Grond stehende Bake in Richtung OSO. Letztere müßt Ihr an Backbord liegen lassen. Von der Rotesand- zur Kurstonne segelt Ihr weiter in Richtung SO 1/2S. Bei letztgenannter Tonne mißt man 9, 10 oder 11 Faden Lotungstiefe. Von der Kurstonne bis zu der am Steert von Bollensiel lauft Ihr weiter in Richtung SO 1/2O. Habt Ihr letztgenannte Tonne hinter Euch, dann geht auf einen mehr südlichen Kurs. Am Westufer stehen zwei Baken. Bei der zweiten findet Ihr eine gute Reede, die Euch Schutz vor Westwinden bietet.

Zu Beginn dieses und des nächsten Abschnitts sind drei Vertonungen eingefügt, die der Kirchen von Minsen im Bereich der nordöstlichen Spitze des Jeverlands sowie der Langwardens und Blexens in Nordbutjadingen (Abb. 42). Alle drei Gotteshäuser dienten jahrhundertelang dem Seemann als markante Punkte. Der Text fährt fort:

Die Kirche von Langwarden liegt im Lande Butjadingen. Wollt Ihr weiter aufwärts, so geht in südöstliche Richtung, nämlich auf die Tonne im Bereich der Flakte zu. Seid Ihr daran vorüber, schlagt einen Kurs ein, der auf 3 bis 4 Faden Lotungstiefe vom Westufer entfernt verläuft und behaltet dann diese Richtung solange bei, bis daß Ihr – ständig dicht am grünen Ufer entlang segelnd[195] *– bis zur Kirche von Blexen kommt. Dort stoßt Ihr auf eine Reede für jene Schiffe, die nach draußen auf See segeln wollen und auf günstigen Wind warten müssen.*

An diesen Text schließt sich unvermittelt ein Einschub an:

Wenn Neuwerk SO z S von Euch liegt, stehen beide Seezeichen miteinander in Dekkung.[196] *Liegt die Kirche zu Minsen S von Euch, könnt Ihr in die Weser einsegeln. Liegt der Turm*[197] *auf Borkum S von Euch, könnt Ihr in die Oster-Ems einlaufen. Liegt der Kirchturm*[198] *auf Juist NO von Euch, befindet Ihr Euch im Bereich der beiden Juister Riffe in der Oster-Ems.*[199] *Wenn die Kapen auf der Insel Rottum SO z O von Euch liegen, stehen sie in Deckpeilung. Wenn die Kapen auf Schiermonnikoog in Richtung OSO von Euch liegen, stehen sie in Deckpeilung.*

Nach diesem Einschub folgt die »Beschreibung der Einfahrt in die Jade«:

Wollt Ihr in die Jade, so segelt, wenn Ihr Rotesand passiert habt, in südlicher Richtung so weit einwärts wie Ihr wollt. Die Kirche von Minsen müßt Ihr an Steuerbord, wollt Ihr dagegen übers Watt[200]*, an Backbord liegen lassen* (Abb. 43).

Unter der Überschrift »Dies ist die Beschreibung der Einfahrt in die Wester-Ems« folgt eine sehr sorgfältige Segelanweisung dieses Arms der Emsmündung.[201] Die schon damals bei weitem weniger bedeutungsvolle Oster-Ems wird dagegen hier nur nebenbei erwähnt. Zunächst weist Anthonisz. warnend auf die generell verlegte Tonnenkette: *Segelt Ihr auf der Wester-Ems, müßt Ihr jetzt die Tonnen an Steuerbord liegenlassen und die große Kape (auf der Insel Rottum) ist der Läufer.*[202] Danach beginnt die eigentliche Segelanweisung:

[195] Das alte Fahrwasser führte bis zum Anfang des 19. Jahrhunderts dicht unter der N-Butjadinger Küste entlang, verschlickte zusehends und wurde um die Wende vom 18. zum 19. Jahrhundert durch das Wurster Fahrwasser abgelöst.

[196] Gemeint sind der Neuwerker Turm und die Nordbake auf Neuwerk.

[197] Gemeint ist der alte Turm der Inselkirche, an dessen Stelle 1576 der heutige Seeturm trat.

[198] Gemeint ist der Turm der alten Inselkirche, der um die Mitte des 17. Jahrhunderts ein Opfer der Wellen wurde.

[199] Im Text heißt es fälschlicherweise: Westerems.

[200] Die Fahrtroute für kleine und weniger seetüchtige Schiffe zwischen der friesischen Inselkette und dem Festland. Sie war jahrhundertelang eine der am stärksten frequentierten Fahrwasserstraßen Europas.

[201] Vgl. hierzu: A. LANG: Gestaltungswandel des Emsmündungstrichters. Bremen 1958.

[202] D.h. die größere Kape steht beim Vorübersegeln dem Betrachter am nächsten und scheint in bezug auf die entferntere – kleine – Kape zu »laufen«. Gemeint sind die Kapen auf der niederländischen Insel Rottum.

So segelt man auf der Westerems. Wollt Ihr in die Westerems segeln, dann bringt beide Kapen (auf Rottum) in Deckung. Lauft dann in Richtung SO z O solange direkt auf Rottum zu, bis Ihr auf tiefes Wasser – 7 bis 8 Faden – stoßt. Segelt dann an Borkumriff entlang emsaufwärts. Draußen bei den Tonnen habt Ihr bei Niedrigwasser 3 1/2 Faden Tiefe, 10 bis 12 Faden dagegen dann, wenn Ihr Euch direkt zwischen Rottum und Borkum befindet. Segelt ständig am Riff entlang bis in den Raum von Borkum. Wollt Ihr innerhalb der Westerems kreuzen, dann nähert Euch dem Riff nicht weiter als bis auf 7 Faden Lotungstiefe. Querab von Borkum habt Ihr 16 bis 17 Faden.

In der Oster- und Westerems ist Hochwasser[203]*, wenn der Neumond in SO und NW steht. Die Westerems erstreckt sich in Richtung O und W.*

Wenn Ihr von Borkum ab noch weiter die Westerems aufwärts segeln wollt, dann haltet den Borkumer Turm eine Handspaake breit östlich von der großen Düne, denn dem am Ostufer gelegenen Randzelsteert dürft Ihr Euch nicht weiter als bis auf 7 Faden Lotungstiefe nähern. Die Bake auf der Ruyt[204] *steht am Westufer, der Randzelsteert liegt dieser Bake gegenüber auf dem Ostufer. Die Ems zwischen der Bake auf der Ruyt und dem Randzelsteert mißt 10 bis 11 Faden Tiefe. Von Borkum geht der Kurs zur ersten und zweiten Bake in Richtung OSO, von da zur dritten Bake SO 1/2O und weiter von der dritten zur vierten SSW und schließlich von hier zur fünften Bake ebenfalls in Richtung SSW.*[205] *Bringt dann Appingedam mit dem Dorf östlich von Holwierde in Deckung. Holwierde zeigt einen langen spitzen Turm, dagegen besitzt Appingedam eine flache Kirche mit einem kleinen spitzen Türmchen mitten auf dem Dach. Alle Baken stehen am Westufer.*

Die Schilderung bricht hier ab und wendet sich der Beschreibung des Meeresbodens zu[206]:

Querab von Juist und der Oster-Ems findet Ihr groben rötlichen mit Steinchen untermischten Sand, der wie Riffsand aussieht. Querab von Schiermonnikoog und dem Ost-Ende von Ameland stoßt Ihr auf kleinen körnigen grauen Sand, vermengt mit kleinen weißen Muscheln. Querab von Terschelling und Vlieland findet Ihr feinkörnigen weißen Sand mit rotem untermengt.

Einige Bemerkungen über die Lage der Sandbank »Breite Vierzehn«[207] folgen:

Das Ost-Ende von »Breite Vierzehn« liegt OSO[208] *von Texel und die »Breite Vierzehn« ist 14, 15 und 16 Faden tief. Dort findet sich in der Nähe eine kleine Bank von (nur) 11 und 12 Faden. Zwischen »Breite Vierzehn« und Texel werden um 20 Faden gemessen. Zwischen Texel und den Hoofden*[209] *ist es im richtigen Fahrwasser nicht tiefer als ungefähr 28 Faden* (Abb. 44).

Unvermittelt wendet sich dann der Autor dem Kattegat mit den Inseln Læsø und Anholt zu, skizziert letztere von zwei verschiedenen Schiffsorten aus gesehen und ergänzt kurze Segelanweisungen durch mehrere Vertonungen der nordjütischen Küste zwischen Rubjerg Knude und Hirtshals (Abb. 45). Auf den nächsten Seiten nimmt Anthonisz. zunächst die unterbrochene Schilderung wieder auf, indem er verschiedene, größtenteils

[203] Sog. »Hafenzeit«. Vgl. Anm. 211.

[204] Einmündungsstelle des westlichen Wattfahrwassers in der Westerems; vgl. Anm. 200.

[205] Westliche Ausbiegung der Ems im Bereich der Watumer Bucht.

[206] Aus der Zusammensetzung des Meeresbodens, den man dadurch gewann, daß eine am Boden des Tiefenlots (zur Feststellung der Wassertiefe) befindliche Höhlung mit Talg (Lotspeise) ausgefüllt und in diesem Sandkörner, Muscheln, Steinchen und dergl. haften blieben, konnte der Seemann wichtige Anhaltspunkte für die Bestimmung seines Schiffsortes gewinnen, da der Meeresgrund sich fast stets aus verschiedenen charakteristischen Bestandteilen zusammensetzte und die Position derartiger für die betreffende Örtlichkeit typischer Zusammensetzungen bekannt war. Vgl. hierzu: BREUSING: Das Seebuch in nautischer Beziehung. In: KOPPMANN: Seebuch. a.a.O. S. XXXVIff., insbesondere S. XLIX.

[207] Westlich Ymuiden und Den Helder.

[208] Soll möglicherweise heißen: ONO.

[209] Kanal zwischen Dover und Calais.

älteren Vorlagen entstammende Angaben über auf Kap Lindesnes bezogene Richtungen und Distanzen zum Norden, Westen und Süden abdruckt und Hauptverlaufsrichtungen einzelner Küstenstriche mitteilt (Abb. 46), wie *Von Bovbjerg bis zur Elbe erstreckt sich das Land in einer Entfernung von 38 Meilen in Richtung NNW und SSO* oder *Die Küste von Friesland erstreckt sich in Richtung ONO bis zum Bornriff.*[210] Nach Mitteilung der Hafenzeit[211] aller Häfen West-Jütlands zählt Anthonisz. die »Sieben Eilande von Jütland« auf, darunter Föhr, Amrum, Sylt und Røm, und fährt fort:

Von Helgoland liegt die Eidermündung in Richtung O z N zwei Kenninge weit entfernt, Ribe in Richtung NO z N 19 Meilen, die Elbemündung in Richtung SO z S sieben Meilen, Bovbjerg in Richtung NNW und SSO und Terschelling in Richtung SW z W ... nähert Euch von N kommend Helgoland nicht weiter als bis auf 9 bis 10 Faden.[212]

In einigen weiteren Anweisungen beschäftigt sich der Autor abermals mit der Ansteuerung der Elbe:

Helgoland liegt von der Elbemündung zwei Kenninge[213] *weit entfernt ... von Helgoland zur Elbemündung segelt Ihr auf Kurs SO z O sechs Meilen ... Wollt Ihr aus dem Westen segelnd die Elbe ansteuern, lauft auf 14 Faden solange am Südufer entlang, bis Ihr auf Stichgrund*[214] *stoßt. Dann befindet Ihr Euch auf der Elbe.*

Vom äußersten Winkel der Deutschen Bucht wendet sich der Autor unter Anziehung älterer Texte dann nochmals nach Westen:

Borkum erkennt Ihr daran, daß zwischen jedem Insel (-Abschnitt) eine Strecke schlichten Sandes ohne Dünen liegt. Auf dem Mittelteil findet sich eine Kirche mit einem groben stumpfen Turm, der sich an der Ostseite der Kirche befindet. Von der Nordwestecke Borkums erstreckt sich wohl anderthalb Meilen weit ein Riff westwärts in See, an dem entlang Ihr in Richtung O z S in die Wester-Ems einlaufen könnt. Die Oster-Ems erstreckt sich in Richtung WNW. Steht der Borkumer Turm SW von Euch, so lauft auf den Strand der Insel bis auf 4 1/2 Faden zu.[215]

In einem weiteren Abschnitt werden die Ansteuerung verschiedener englischer Osthäfen sowie Entfernungen und Verlaufsrichtungen einzelner englischer Küstenabschnitte besprochen und hierbei unter anderem Yarmouth, Winterton, Flamborough Head, Humber, Scarborough, Newcastle, Hartlepool und andere genannt. Die Beschreibung endet mit dem aufschlußreichen Hinweis: *Wer vom Vlie aus zu den Shetlands segeln will, gehe auf Kurs NNW 1/2W. Die Strecke mißt 3 1/2 Etmal vor dem Wind* (Abb. 47).

Norwegen, Skagerrak, Kattegat

Erst jetzt wendet sich Anthonisz. endgültig von der südlichen und westlichen Nordsee ab. Unter der in größeren Lettern gesetzten Überschrift »Hier beginnt (eine Beschreibung), wie man in Norwegen segeln soll«, folgt eine Schilderung der Gewässer des norwegischen Südwestens und Südens: des sogenannten Innenschärenfahrwassers von Sku-

210 Sollte (richtig) heißen: WSW, vgl.: »De kaert vander zee«. 1532. III/1.

211 Vgl. hierzu: BREUSING: a.a.O. S. XLIVff.

212 Ergänzend heißt es hierzu im Text: »Die Shetlands und Helgoland liegen in Richtung NW und SO 23 Kenninge weit voneinander entfernt.«

213 Über die Streckeneinheit »Kenninge« vgl. F. RÖHRIG: Zur Rechtsgeschichte der Territorialgewässer. =Abhandlungen der Deutschen Akademie der Wissenschaften zu Berlin, Phil. hist. Kl., 1942, Nr. 2. Berlin 1949. S. 9. Anthonisz. teilt im Impressum seiner »Caerte van oostlant« mit, eine Kenninge gleiche drei Meilen, was reichlich 20 km entsprechen würde. Siehe auch Anm. 174.

214 Unter Stichgrund verstand der Seemann weichen Meeresboden, »welcher das Lot im Grunde festhält«, d.h. in den das Bleilot einsinkt. Vgl. hierzu: A. LANG: Entwicklung, Aufbau und Verwaltung des Seezeichenwesens an der deutschen Nordseeküste. Bonn 1965. S. 93, Abb. 125.

215 Sind 4 1/2 Faden Wassertiefe erreicht, befand man sich im Fahrwasser der Osterems.

desnes bis Bergen[216] und der Küstenroute von Utsire bis Kap Lindesnes, dessen Ansicht einige Seiten weiter geboten wird.

Hier heißt es unter anderem: *Kap Lindesnes und Skudesnes liegen in Richtung NW und SO 12 Meilen weit auseinander, allerdings große Meilen, die in Wirklichkeit wohl 20 gewöhnliche Meilen sein müßten* und weiter *ungefähr westlich Skudesnes liegt in Entfernung von etwa 3 Meilen die Außenklippe Utsire*[217].

Eine auffällig detaillierte Erläuterung der Gewässer von hier bis zum Oslofjord schließt sich an. Von tiefer Ortskenntnis zeugen vor allem die Beschreibungen des Raumes Arendal, der zugleich in Form einer panoramaartigen Vertonung wiedergegeben wird, und (Abb. 48) der Ausgang des Oslofjords. Vertonungen des nordöstlichen Teils Jütlands zwischen Bovbjerg und Skagen (Abb. 49) leiten über zu einer nur wenige Zeilen umfassende Schilderung des Raumes Skagen. Von dort folgt Anthonisz. der schwedischen Westküste über den ausführlich erörterten Bereich um Marstrand bis nach Kungsbacka. Vertonungen des nordöstlichen Teils Jütlands zwischen Rubjerg Knude und Kap Skagen und solche bis südlich Bovbjerg, die wegen ihrer Länge auf mehreren aufeinanderfolgenden Druckseiten untergebracht sind (Abb. 49), veranlassen den Autor, mit einigen Zeilen auf eine Erörterung der nordjütischen Gewässer überzugehen, um sich dann – abermals unterbrochen durch einige die südnorwegische Küste betreffende Mitteilungen – wieder den schwedisch-dänischen Gewässern im Bereich des Kattegats und Sunds zuzuwenden. Nicht weniger als 10 die norwegische Küste bei Flekkerø und Arendal, die schwedische Küste im Raum von Varberg, Kullen und Halland sowie die dänische Insel Læsø betreffende Vertonungen erläutern sinnfällig die zum Teil sehr instruktiven Segelanweisungen. Hiermit bricht zunächst die Beschreibung des Skagerraks und Kattegats ab, um einige Seiten weiter nochmals aufgegriffen zu werden.

Ostsee

Zwei Abbildungen Bornholms leiten unvermittelt über zur Beschreibung der Insel und mehrerer Kurse auf der Ostsee. Hier heißt es nach Angabe von Richtung und Distanz zwischen Bornholm und Riga sowie Windau: *Vom Westende Bornholms nach Dornbusch (Rügen) segelt man SW 14 Meilen weit, von Bornholm zum Revekol (Berg in Pommern) in Richtung O z N 20 Meilen und von Bornholm nach Kolberg SO 12 Meilen* (Abb. 50).

Bevor Anthonisz. weitere die Ostsee betreffende Segelanweisungen mitteilt, schaltet er mehrere bisher übergangene Kurse im Bereich des Kattegats und des Sunds ein:

... Beabsichtigt Ihr in den Sund einzulaufen, haltet Schloß Hälsingborg außerhalb der Küste. So könnt Ihr Euch nicht versegeln.

Die Lappegrunden finden sich eine Strecke nördlich der am Westufer des Sunds gelegenen Stadt Helsingør. Nähert Euch dem Sundufer nicht weiter als bis auf 7 Faden ... Von Helsingør bis nach Revshalden (bei Kopenhagen) S z O vier Meilen.

Nach der bildlichen Wiedergabe der südschwedischen Küste zwischen Falsterbo und Sandhammaren wendet sich der Autor endgültig der Ostsee zu. Unter der Überschrift »Der Kurs nach Danzig« heißt es:

216 Bergen ist die nördlichste Örtlichkeit, die hier erwähnt wird. Erst die »Caerte vander See« des Jahres 1566 (identisch mit dem »Leeskaartboek van Wisbuy«) führt die Schilderung der Gewässer und Segelrouten über Kap Stad hinaus bis vor die Einfahrt nach Trondheim weiter. Leeskaartboek van Wisbuy. 1920. S. 118ff., Kap. 42.

217 Falsch. Muß heißen NW Skudesnes.

Von Rixhöft nach Hela ist es 5 Meilen weit, von Hela nach Danzig 4 Meilen, von Bornholm nach Revekol O z N, von Revekol[218] *nach Rixhöft ONO, von Rixhöft nach Heisternest OSO, von da nach Ferderort SO, und weiter nach Hela SSO*[219]*, von Hela zur Weichsel segelt man südwärts. Bornholm und Jasmund (Rügen) liegen in Richtung SW und NO 10 Meilen weit auseinander* (Abb. 51).

Die nächste Seite befaßt sich vornehmlich mit den Kursen von Bornholm über die Inselgruppe Erteholmene nach Gotland, mit dieser Insel selbst und den Seewegen von dort nach Dagerö, Ösel, Windau und Hela:

Vom Ostende von Bornholm liegt Hoborg (Südgotland) in Richtung NO z N 40 Meilen weit entfernt, Hoborg und Hela liegen in Richtung S bzw. N 36 Meilen zueinander ... Zwischen der Weichsel (-Mündung) und der Spitze von Pusterwik sind es zwei Meilen in Richtung SO und NW, vier Meilen in Richtung S z W oder N z O liegen Hela und die Weichsel (-Mündung) auseinander ... Die pommersche Küste erstreckt sich in Richtung NO z O ½O.

Die Erteholmene skizziert Anthonisz. von drei Schiffsorten aus gesehen. Gotland mit Gotska Sandön wird sowohl aus der Vogelschau als auch in einer auffallend langgestreckten und sorgfältig erarbeiteten Vertonung wiedergegeben (Abb. 52).

Unter der Überschrift »So muß man von Møn nach Rostock, Wismar und Lübeck segeln« vermittelt die nächste Seite Segelanweisungen des westlichsten Teils der Ostsee (Abb. 53).

... Gjedserriff (bei Falster) und Rostock liegen in Richtung S und N voneinander ... vom Gjedserriff zur Trave schlägt man einen Südwest-Kurs an, die Entfernung beträgt 3 Kenninge. Stralsund und Rostock liegen zu Lande sieben Meilen weit auseinander. Rostock und Wismar sind zu Lande ebenfalls sieben Meilen weit voneinander entfernt, Wismar und Lübeck acht Meilen ... SW z S von Broensrev auf Bornholm und zwar in einer Distanz von sieben Meilen, liegt eine Bank von vier Faden.[220] *Sie erstreckt sich von SO nach NO ... Von Møen nach Dornbusch (auf Hiddensee) SO. Liegen die höchste Erhebung NO*[221]*, die Häuser*[222] *OSO und die Kirche*[223] *O z N von Euch, so stoßt Ihr auf 4 bis 5 Faden Wasser und guten Ankergrund.*[224]

Ehe Anthonisz. die Schilderung der Gewässer um Rügen fortsetzt, schaltet er die Sätze ein: *Von Rixhöft nach Windau NO z N, 52 Meilen. Von Siebenbergen*[225] *bis Windau erstreckt sich die Küste 14 Meilen weit in Richtung N zu O.* Nach Wiedergabe von 2 Vertonungen, einer von Wittow und einer anderen von Jasmund auf Rügen, heißt es weiter:

Von Dornbusch an der Küste entlang nach Wittow NO z O. Von Wittow nach Jasmund OSO, Entfernung zwei große Meilen. Von Bornholm nach Kolberg SO 12 Meilen. Vom West-Ende Bornholms nach Dornbusch SW 14 Meilen. Hanö[226] *liegt von Bornholm ungefähr N ...*

218 115 m hoch aufragender Berg nordöstlich von Stolp, von jeher ein für die Schiffahrt wichtiger markanter Punkt der pommerschen Küste. Vgl. Reichsmarineamt (Edit.): Ostseehandbuch. Südlicher Teil. Berlin 1911. S. 450. Der Berg war 20 Seemeilen weit sichtbar.

219 Heisternest, Ferderort und Hela: Örtlichkeiten auf der Halbinsel Hela.

220 Gemeint ist der Adlergrund.

221 Gemeint ist offenbar der Bakenberg (72 m hoch) des sog. Dornbusch auf der Insel Hiddensee.

222 Ortschaft Vitte auf Hiddensee.

223 Dorf Kloster (mit Dorfkirche) auf Hiddensee.

224 Gemeint ist die Vitter Bucht. Vgl. hierzu H. Reinhard: Küstenveränderungen und Küstenschutz der Insel Hiddensee. Berlin 1956. S. 18ff.

225 Heute Tjupkalm, südlich des Dorfes Bernatu. Vgl. Deutsches Hydrographisches Institut (Edit.): Ostsee-Handbuch III. Hamburg 1955. S. 158 und S. 157, Abb. 1.

226 Insel vor Blekinge (Südschweden).

Møn und Jasmund liegen in Richtung SO z O und NW z W zwei Kenninge weit voneinander. Von Falsterbo nach Jasmund SO, 12 Meilen. Vom Ost-Ende Bornholms nach Wittow SW z W, 9 Meilen.

Unter der Überschrift »So segelt man von Bornholm nach Reval« wendet sich Anthonisz. endgültig dem östlichen Teil der Ostsee zu: *Der Kurs von Östergardsholmen (Gotland) nach Dagerort NO z N 1/2N, 26 Meilen.* Über Simpernäs und die beiden Inseln Odensholm/Nargen führt die Route weiter nach Reval, wobei man eine städtische Seetonne, die auf sechs Ellen Tiefe ausgelegt ist, an Steuerbord liegen läßt (Abb. 54).

Von Bornholm zieht eine andere Schiffahrtsstraße über Windau nach Riga und Pernau. Sie wird unter der Überschrift »So segelt man von Bornholm nach Riga« näher beschrieben.

Nördlich von Bornholm nach Windau liegt man NO z O-Kurs an. Die Entfernung beträgt 67 Meilen. Dies sind zwei Etmale oder zwei Tage Segelns vor dem Wind auf Domesnäs zu mit so viel Segeln wie ein mit Ballast beladenes Schiff verträgt. Von Windau bis Domesnäs 12 Meilen weiter in Richtung NO z O. Von Domesnäs nach Riga SO 1/2O 15 Meilen. Domesnäs erstreckt sich von der Huk an noch eine Meile weit in See in Richtung ONO. Domesnäs und (die Insel) Runö liegen in Richtung O z N oder W z S 6 Meilen weit voneinander entfernt, Runö und Riga liegen in Richtung SO oder NW 12 Meilen auseinander. An Runö könnt Ihr, ohne einen falschen und gefährlichen Kurs zu segeln, bis auf 5 Faden vorüberloten (Abb. 55).

Der Weg nach Pernau führt ebenfalls über die Insel Runö:

Von Runö zur (Insel) Kynö liegt man einen ONO-Kurs an. Die Entfernung beträgt 8 Meilen. Die Insel Kynö laßt Ihr an Backbord liegen. Von Kynö nach Sorkholm 3 Meilen in Richtung NO. Dies ist ein kleines Eiland, das Ihr ebenfalls an Backbord liegen laßt. Von Sorkholm nach Pernau NO z N 4 Meilen.

Zur näheren Erläuterung gibt Anthonisz. verhältnismäßig klein geratene und zwischen Text und Seitenansichten der Inseln Erteholmene und Öland eingezwängte Vertonungen von Pernau mit zwei Mühlen im Vordergrund und von »Alt-Pernau« (Abb. 55).

In den Text eingestreut sind zwei ganze Seiten ausfüllende, von verschiedenen Schiffsorten aus aufgenommene, hervorragende Vertonungen der pommerschen Küste von Revekol bis Rixhöft, dazu zwei Seitenansichten von Dagerö und eine Abbildung der Insel Odensholm (Abb. 56 und 57).

Vertonungen der Inselgruppe Erteholmene sowie der schwedischen Insel Öland leiten zu einem kurzen Einschub, der Beschreibung der Gewässer und Kurse zwischen Bornholm, Öland und Gotland, über. Hier heißt es unter anderem:

Von Södra Udde (Öland) nach Karlsö NNO und SSW 18 Meilen, von Karlsö zur Stadt Visby N z O und S z W, von Visby nach Gotska Sandön NNO 12 Meilen, von Gotska Sandön bis zur Hälfte der Gewässer um Ösel NO und dann weiter nach Dagerort ...

Im Anschluß hieran kommt der Autor nochmals auf einzelne Routen im Raum des Rigaer Busens zurück und beschreibt dann die Küste Kurlands:

Die Entfernung von Memel bis Lyserort beträgt 27 Meilen ... Lochstädt liegt auf einem hohen Berg, daneben steht eine Mühle. Lochstädt liegt drei Meilen östlich des Königsberger Seekanals[227] *und Neukuhren*[228] *liegt östlich von Lochstädt im Bereich einer Bucht*[229] *auf Memel zu. Die Küste von Lochstädt bis zur Memel erstreckt sich in Richtung NNO 19*

[227] Der Text ist unklar (hier nach dem Text der Ausgabe 1566, S. 142, und 1568 [66.3] übersetzt). Die Meilenangabe dürfte falsch sein und ursprünglich »1/3 Meile« geheißen haben.

[228] Im Original heißt es »Rijnsbuy«, ein in dieser Form nicht zu identifizierender Ort. Waghenaer (»Spieghel«) zeichnet zwischen Memel und Lochstädt im Bereich einer Bucht den Ort »Nyburch«, womit Neukuhren gemeint sein dürfte. In den Ausgaben von 1566 und 1568 fehlt der unklare Text.

[229] Cranzer Bucht.

Meilen und von der Memel (-Mündung) bis Siebenbergen in Richtung NNW acht Meilen.

Eine über fast zwei Seiten reichende Vertonung der kurländischen Küste von Memel bis Domesnäs erläutert bildlich den Text (Abb. 58 und 59).

Großer Belt

Ohne den Raum Narwa, die finnische Küste und die Ålandsinseln zu erwähnen, wendet Anthonisz. sich unter der Überschrift »Der Kurs auf dem Belt« endgültig wieder dem Westen zu: *Von der Trave bis nach Fehmarn sind es neun Meilen –, segelt man außen um Staberhuk herum, 10 Meilen. Kurs NO z N. Von Staberhuk bis Langeland WNW, fünf Weeke sees.* Von dort führt die Route über Sprogø/Romsø zwischen Fünen und Seeland zur Insel Sejrø und weiter über Stavnshoved an der jütischen Ostküste entlang über Sæby nach Kap Skagen (Abb. 60).

Der letzte Absatz des Segelhandbuchs bietet einige wenige zusätzliche Kursangaben im Bereich des Sundes und Kopenhagens und gibt wichtige Hinweise für die Fahrt von Kap Lindesnes in Richtung auf die Niederlande:

Wenn Ihr Kap Lindesnes bei einem Wind aus WNW verlaßt ... und Ihr erreicht im Bereich von Jütland zunächst 13 oder 14 Faden, dann aber wieder 23, 24 Faden, so seid gewiß, daß Ihr beim Anliegen eines SW-Kurses von den jütischen Gründen[230] *frei seid. Gesetzt also den Fall, Ihr lotet 12 Faden, so werdet nicht gleich unsicher und erschreckt nicht, denn Ihr werdet bei Einhalten des SW-Kurses sofort wieder 20 bis 24 Faden messen, ja nach einiger Zeit 26, 27 Faden. Danach könnt Ihr beruhigt segeln, wohin Ihr wollt.*

In auffallenden Lettern teilt der Drucker auf der Schlußseite des Buches mit: »Gedruckt in der berühmten Kaufmannsstadt Amsterdam in der Grafschaft Holland an der »Oude side« in der Kirchstraße, bei mir, Jan Ewoutsz., Formschneider, der im Vergoldeten Zirkel wohnt«.

Unter diesen Text rückte der Drucker links das kaiserliche Wappen ein mit dem Wahlspruch Karls V. »Plus oultre«, rechts sein Signet, einen geöffneten – von »J« und »E« flankierten – Zirkel, dessen Schenkel das Stadtwappen Amsterdams einschließen (Abb. 107).

[230] Gemeint ist das Jütische Riff.

Vertonungen

Wie die zahlreichen und auffallend sorgfältig ausgearbeiteten Vertonungen der »Caerte van die Oosterse See« von 1558 ausweisen, legten Anthonisz. oder seine Auftraggeber auf sie besonderen Wert. Es war keineswegs ungewöhnlich, Nord- und Ostsee nach allen Himmelsrichtungen zu überqueren, aber man wählte im 16. Jahrhundert – und weit darüber hinaus – aus Gründen navigatorischer Sicherheit doch gern, soweit dies überhaupt möglich war, seinen Kurs in Sichtweite der Küste oder der ihr vorgelagerten Inseln. Möglichst genaue Darstellungen markanter Punkte und Küstenstriche waren daher für die in unseren Breiten noch vornehmlich gebräuchliche terrestrische Navigation von großer Bedeutung. Die Vertonungen bilden deshalb bei Anthonisz. einen besonders wichtigen Teil seines Segelhandbuchs und verdienen darum eine eingehende Würdigung. Dies umsomehr, als ohne Frage gerade die Notwendigkeit der Abbildung längerer Küstenabschnitte Anthonisz. veranlaßt hat, das ungewöhnliche Längsoktav für seine dritte Ausgabe zu wählen.

Abgesehen von einigen wenigen älteren Seitenansichten der ersten und zweiten Auflage seines Segelhandbuchs[231], die er – fast unverändert nachgeschnitten – in den fortlaufenden Text unserer dritten Auflage übernahm, hat Anthonisz. alle Vertonungen für die »Caerte van die Oosterse See« von 1558 neu entworfen.[232]

Gegenüber den älteren, oft in stark geraffter Weise wiedergegebenen Küstenansichten zeichnen sich die neuen Vertonungen generell durch eine natürliche Wiedergabe und in ihrer Gestrecktheit durch eine auffällige Wirklichkeitstreue aus. Dies kommt unter anderem in der Wiedergabe des von der Zuiderzee begrenzten Küstenstrichs Westerlouwers–Friesland, weiter in Partien der Küsten Nordjütlands und Pommerns besonders überzeugend zum Ausdruck.

Die Reihe der Seitenansichten beginnt mit der Wiedergabe der markanten Punkte – mit Kirchtürmen, Kapen und Gebäuden – des Raumes Den Briel an der Maas und den Inseln Goeree nebst Schouwen nördlich der Oosterschelde. Merkwürdigerweise werden die süd- und nordholländischen Küstenstriche mit s'Gravezande, Egmont und Huisduinen übergangen[233] und zunächst Terschelling, Texel nebst Eierland und Vlieland mit ihren charakteristischen Mühlen, spitzen und stumpfen Türmen, Kapen und Gebäuden abgebildet.

231 S.u.

232 Nicht neu entworfen, jedoch – im wesentlichen unverändert – nachgeschnitten wurden die Abbildungen von Den Briel an der Maas, Minsen im Jeverland, Langwarden und Blexen in Butjadingen und Neuwerk im Bereich des Elbe-Ästuars. Nicht berücksichtigt werden (von Anthonisz. 1558) Vertonungen von Huisduinen und s'Gravezande (der Ausgaben 1561 und 1566), die möglicherweise auch späteren Datums, d.h. nicht von Anthonisz. selbst geschnitten sein könnten.

233 Vgl. vorhergehende Anmerkung. Ob das auch für die vor 1558 erschienenen älteren Ausgaben unseres Segelhandbuchs (von 1544? und 1551?) gelten muß, ist zweifelhaft. Vertonungen von Egmont finden sich in fast allen späteren Segelhandbüchern, so von Gerritsz, Waghenaer, Blaew u.a.

Unter den Überschriften: »So bietet sich die friesische Küste dar, wenn Ihr Euch quer ab der West-Workum-Tonne befindet«[234] und »Wenn Ihr westlich von Stavoren seid, sieht Friesland so aus, wie hier abgebildet steht«[235] läßt Anthonisz. zwei sorgfältig gearbeitete Vertonungen der friesischen Zuiderzee-Küsten folgen, von denen die eine von Workum über Hindeloopen-Molkwerum bis Stavoren, die andere von Bolsward über Hindeloopen-Stavoren bis zu der Anhöhe des »Roten Kliff« reicht (Abb. 36).

Auf einer weiteren, ebenfalls ausschließlich Küstenansichten bietenden Seite sind – von oben nach unten – nochmals Terschelling mit dem allen Seeleuten vertrauten »Brandaris«-Turm[236], die von vier verschiedenen Beobachtungspunkten von See aus gesehene Insel Ameland, ferner Schiermonnikoog und das von zwei Schiffsorten aus skizzierte Eiland Rottum mit Den Bosch[237] abgebildet (Abb. 37). Auch die nächste Seite bleibt allein Inselvertonungen vorbehalten. Borkum, Klein-Spiekeroog und Helgoland sind jeweils von zwei bzw. drei Schiffsorten aus gesehen wiedergegeben. Auf Juist fehlt die als charakteristisches Merkmal 1541 erwähnte Mühle.[238] Buise (»Brusk«)[239] ist durch zwei Dünengruppen, Norderney (»Nijnorder oghe«) durch einen stumpfen Kirchturm im Westen charakterisiert. Langeoog skizzierte Anthonisz. als langgestreckte Insel, Spiekeroog[240] zeigt im Westen eine auffallend hohe und steile Düne, auf Klein-Spiekeroog sind drei Dünengruppen, auf Wangeroog niedrige Dünen und der Stumpf des Nicolaikirchturms[241] zu erkennen. Die drei Ansichten Helgolands geben die Insel von SO, SW z W und N z W gesehen[242] wieder. Selbst der Mönch, jene für die Ansteuerung des Süderhafens der Insel wichtige Felssäule, ist im Bilde erwähnt (Abb. 38).

Im Vergleich zu den bisherigen fallen die nächsten Vertonungen verhältnismäßig klein aus: Unter der Überschrift »Dies ist der Kurs um zur Elbe zu segeln« findet sich in einem Rahmen eine Abbildung des Turms von Neuwerk mit nächstbenachbarten Wirtschaftsgebäuden, dazu »die cape«, die sogenannte Nordbake, an der Spitze in einer Tonne endend, zwei Seezeichen, die – in Deckpeilung gebracht – eine Linie angeben, auf der die Schartonne, die Ansteuerungstonne der Außenelbe, zu finden war (Abb. 40). Die nächsten drei Vertonungen gelten der Erläuterung der Ansteuerung der Weser: Seitenansichten der für die Navigierung in diesem Bereich sehr wichtigen Kirche zu Minsen im Jeverland und der Gotteshäuser zu Langwarden und Blexen[243] im Norden Butjadingens (Abb. 42).

Die folgenden Abbildungen betreffen bereits das Skagerrak und Kattegat, denn man pflegte – wie Anthonisz. ausdrücklich bekennt[244] – aus der inneren Deutschen Bucht

[234] Namentlich genannt werden die Städte Workum, Hindeloopen und Stavoren sowie die Dörfer Koudum, Hemelum, Mirns (»Anenes«), Molkwerum, Warns und Scharl (ehemals Dorf mit Kirche. Vgl. H.F. HEUSSEN und H.V. RHYN: Oudheden en gestichten van Vriesland. I. Leiden 1723. S. 517). Nicht näher bezeichnet ist eine zwischen Koudum und Hemelum liegende Häusergruppe, unter der wir wohl am ehesten Kolderwolde zu verstehen haben werden.

[235] Namentlich genannt werden die Städte Bolsward, Workum, Hindeloopen und Stavoren, dazu die Dörfer Ferwoude, Parrega, Koudum und Molkwerum. Außerdem ist das Rote Kliff (südöstlich von Stavoren) hervorgehoben (vgl. J. BOTKE: Fen Fryslâns Groun. Snits (Sneek) 1942. S. 17ff. und die dort angeführte Litertur) und namentlich genannt. Zwischen dem Kliff und Stavoren ragt ein Kirchturm eines nicht näher bezeichneten Dorfes auf, wahrscheinlich von Warns.

[236] Abgebildet ist der alte, vor 1593 existierende Turm, der sog. Brandaris, genannt nach dem irischen Heiligen St. Brandan, dem Schutzpatron der Seefahrer.

[237] Vgl. hierzu: A. LANG: Emsmündung. a.a.O. S. 40ff.

[238] Segelhandbuch »Dit is die Caerte vander zee«. a.a.O. S. 3: »und außerdem steht eine Mühle auf Juist«.

[239] Vgl. hierzu: A. LANG: Juister Watt. a.a.O. S. 25ff.

[240] Vgl. hierzu A. LANG: Untersuchungen. a.a.O. 1950.

[241] Der Turm der dem Schutzpatron der Seefahrer, dem Heiligen Nikolaus, geweihten Kirche wurde in einer Fehde um 1500 zerstört und stürzte 1595 ein.

[242] Skizziert von einem Schiffsort N z W »bei 15 Faden Tiefe«.

[243] Im Raum Blexen befand sich eine wichtige Reede.

[244] S.o. S. 63 (Helgoland und Westküste).

nordwärts segelnd, wegen der weit nach Westen sich dehnenden Sände und Riffe fast außer Sichtweite der jütischen Küste seinen Kurs zu steuern.

Zunächst vermittelt der Künstler ein eindringliches Bild des Aussehens des wichtigen Kap Lindesnes (Abb. 61), der Südwestspitze Norwegens, und der südnorwegischen Insel Flekkerøy.

Den Raum Arendal mit den charakteristischen Bergen Tromlingerne gestaltet Anthonisz. panoramaartig aus (Abb. 48). In ähnlicher Weise bildete er ebenfalls Gotland ab (s.u.), zwei Ansichten, die den ersten Schritt in Richtung auf die Entwicklung von Spezial-Seekarten bedeuten.[245]

Der Gefährlichkeit der Küste Nordjütlands, die mit Hornsriff, Jammerbucht und Skagen-Riff von jeher ungezählten auf dem Wege zur Ostsee begriffenen Seeleuten zum Verhängnis geworden ist[246], wird Anthonisz. in glänzender Weise gerecht. Als erstes bietet er nicht weniger als fünf verschiedene, zum Teil den ganzen Satzspiegel einnehmende große Vertonungen des Küstenabschnitts Rubjerg Knude/Hirtshals (Abb. 49). Ihnen folgt eine weitere Darstellung derselben Gegend, diesmal aus größerer Entfernung skizziert. Deutlich hebt sich hier der kegelartige Berg Rubjerg Knude ab. Eine in beispielhafter Sorgfalt gezeichnete letzte Küstenansicht schließt die Reihe der Vertonungen dieses wichtigen Küstenstrichs ab. Sie umschließt den ganzen nördlichen Raum Jütlands und reicht von Kap Skagen über Rubjerg Knude–Hanstholm–Bovbjerg bis weit südlich vom Limfjord und beansprucht die Länge von nicht weniger als dreieinhalb Satzspiegeln.[247]

Offenbar hielt man die ungewöhnliche Vielfalt der Seitenansichten und die räumliche Ausdehnung dieses Küstenabschnitts im Bild auch deshalb für unerläßlich, weil die genaue Kenntnis des Aussehens des ganzen Nordens der jütischen Halbinsel für jene Schiffer notwendig war, die, von Walcheren, Texel oder Terschelling aus das Nordseebecken überquerend, direkt Kurs auf Kap Skagen nahmen.

Der schwedische Küstenabschnitt Halland ist einmal, der Raum Varberg sowie der wichtige Ansteuerungspunkt im Sund, Kullen, sind mehrfach abgebildet. Von den nicht weniger bedeutungsvollen Inseln im Kattegat, Anholt (Abb. 44) und Læsø, liegen je zwei Vertonungen vor.

Auch die südschwedische Küste Falsterbo–Sandhammaren gibt der Künstler zweimal im Bilde wieder. Der hohen nautischen Bedeutung für die Ostsee-Fahrt entsprechend, hat Anthonisz. Bornholm einmal aus der Ferne, dann aus geringer Distanz gesehen skizziert und die in diesem Bereich liegende Inselgruppe Erteholmene sogar aus vier verschiedenen Richtungen beobachtet (Abb. 50 und 52).

Vom Streben nach größtmöglicher Genauigkeit zeugen Vertonungen Rügens. Unter der Überschrift »Wittow SW von Euch« und »Jasmund SW von Euch gelegen« bietet Anthonisz. zwei untereinander angeordnete, den ganzen Satzspiegel einnehmende Seitenansichten dieser Inselabschnitte, die sehr realistisch unter anderem auch die Kreidefelsen der Stubbenkammer und weitere Einzelheiten morphologischer Gestaltung der Insel wiedergeben (Abb. 53).

Die Insel Gotland mit Karlsö, Östergardsholm und Gotska Sandön bildet unser Autor zunächst in kartenähnlicher Weise schräg aus der Vogelschau gesehen ab (Abb. 52),

[245] Vgl. hierzu A. LANG: On the beginnings of the oldest descriptions and seacharts by seamen from Northwest Europe. In: Proceedings of the R. Society of Edinburgh, Sect. B, Vol 73, (Edinburgh) 1972, S. 55 und Plate 3. Eine zweite, in gewohnter Weise ausgeführte Vertonung der Tromlingerne folgt später.

[246] Im 13. Jahrhundert waren diese wagemutigen Schiffer unter dem Namen »Umlandsfahrer« bekannt. Vgl. hierzu W. VOGEL: Geschichte der deutschen Seeschiffahrt. I. Berlin 1915. S. 184ff., ferner A. CHRISTENSEN: Dutch Trade to the Baltic. Kopenhagen/Den Haag 1941. S. 34, Anm. 1.

[247] Vgl. hierzu und zu folgendem A. LANG: De ældste trykte fremstillinger af de danske kyster. In: Handels- og Søfarts-Museets Årbog, (Helsingør) 1955, S. 58ff.

wobei die wichtigsten Orte in Gestalt von Kirchensignaturen berücksichtigt werden. Zwei in gewohntem Stil skizzierte, von verschiedenen Schiffsorten aus beobachtete und sorgfältig erarbeitete Seitenansichten der Großinsel folgen (Abb. 63).

Der Darstellung der pommerschen Küste mit dem als markanter Punkt seit je allen Ostseeschiffern bekannten Berg Revekol, vor allem aber der Halbinsel Hela mit Rixhöft widmet Anthonisz. aufgrund ihrer Bedeutung für die Ansteuerung Danzigs, Königsbergs und der weiter nördlich gelegenen baltischen Häfen wieder besondere Aufmerksamkeit. Nicht weniger als vier aus verschiedenen Richtungen gesehene und eine Doppelseite einnehmende, sehr detailliert entworfene Vertonungen charakterisieren diesen bedeutenden Küstenstrich. Ihre Überschriften lauten: (1) »Wenn Ihr aus dem Westen kommt und Rixhöft erstmals ausmachen könnt« – (2) »Die Umgebung von Rixhöft« – (3) »So sieht Rixhöft aus, wenn Ihr Euch N z O davon befindet« – (4) »Rixhöft« (Abb. 56 und 57).

Hiergegen fallen die mit »Alt-Pernau« und »Pernau« bezeichneten (Abb. 55), reichlich klein wirkenden, schattenrißartigen Abbildungen dieser Hafenstadt ganz entschieden ab. Das gleiche gilt von den an dieser Stelle eingeschalteten Vertonungen der Inseln Öland und der (bereits mehrfach abgebildeten) Erteholmene, die allesamt offenbar aus weiter Entfernung skizziert sind.

Bei der zweimaligen Wiedergabe von Dagerort (Abb. 64) und der Skizzierung des auf dem Wege nach Reval und Narwa gelegenen Raumes Odensholm hat der Künstler seine bisher gewohnte Form wiedergefunden. Mit einer fast über zwei Satzspiegel reichenden, sehr instruktiven Seitenansicht der baltischen Küste schließt Anthonisz. die große Zahl seiner Vertonungen ab. Sie beginnt bei Domesnäs an der »Straße von Riga« und führt über Windau fast bis nach Memel. Sie trägt die Überschrift »Segelt Ihr (hier) entlang, zeigt die Küste dieses Aussehen« (Abb 58 und 59).

Quellen des Segelhandbuchs (Segelanweisungen und Onderwijsinge von 1558)

Es ist aus naheliegenden Gründen so gut wie unmöglich, über alle wesentlichen Unterlagen, die Anthonisz. für die Ausarbeitung seines Segelhandbuchs von 1558 herangezogen haben könnte, ausreichende Klarheit zu gewinnen. Nur soviel ist sicher, daß er offenbar bis zu seinem Tode (1553) bestrebt gewesen ist, neue Segelanweisungen sich zu verschaffen, um sie – nicht immer geschickt – in den Text der letzten Auflage einzufügen.

Gibt er doch selbst an, daß Mitteilungen erfahrener Seeleute für ihn eine wichtige Quelle gewesen seien, darunter besonders die schon erwähnte eines alten Mannes, der mehr als 50 Jahre zur See gefahren sei.[248] Es ist erklärlicherweise nicht möglich, die diesem Personenkreis zuzuordnenden Gewässerbeschreibungen im einzelnen aufzuführen. Auch ist es müßig, Überlegungen darüber anzustellen, ob es sich lediglich um mündliche Mitteilungen oder um schriftlich aufgezeichnete Beschreibungen gehandelt haben könnte. Beide Möglichkeiten wären denkbar. Wir sind wohl zur Annahme berechtigt, den größten Teil jener Passagen auf diese Seeleute, dazu auf Angaben von ortskundigen Fischern, Tonnenlegern, Lotsen und Bakenstechern sowie auf Angehörige einzelner Schiffergilden zurückzuführen, die als völlig neue Beschreibungen an unterschiedlichen Stellen seinem Werk eingefügt sind. Eine Anzahl derartiger fachmännischer Mitteilungen wird zweifellos bereits in den beiden verlorenen älteren Auflagen unseres Segelhandbuchs[249] veröffentlicht worden sein (s.u.).

Zu ihnen dürften unter anderem ein Teil der sehr sorgfältigen und ausführlichen Erläuterungen der Ansteuerung und Einfahrt der Ems, Weser und Elbe zählen, die Anthonisz. ohne sachverständige Hilfe aus eigener (zweifellos nur flüchtiger) Kenntnis heraus wohl kaum in solcher Präzision hätte entwerfen können. Möglicherweise handelt es sich hier um Texte, die ihm von mehr oder weniger amtlichen Kreisen Amsterdams vermittelt wurden, die unter Umständen offiziell sich an die betreffenden Seestädte um Auskunft über die jeweiligen Fahrwasserverhältnisse gewandt haben könnten. Auch wäre das Umgekehrte denkbar, daß aus freien Stücken Hamburg, Bremen und Emden Amsterdamer Dienststellen über solche schriftlich unterrichtet hätten, ähnlich wie dies nachweislich 1568 von Emden aus einmal geschehen ist.[250] Es liegt jedenfalls nahe, anzunehmen, daß Anthonisz., der ja ohnehin seine »Caerte van oostlant« 1543 im amtlichen Auftrage herausgebracht hatte, aus begreiflichen Gründen auch weiterhin offiziell über wichtige und neueste Segelrouten und Fahrwasserverhältnisse unterrichtet wurde.

Am ehesten könnte es sich in diesem Falle um eine Amtsstelle der Stadtverwaltung Amsterdams gehandelt haben; aber auch die zuständige Schiffergilde – etwa die der »Oostvaarders«[251] – käme hier in Betracht.

Den eigentlichen Grundstock seiner Sammlungen an Segelanweisungen bildeten freilich nach wie vor die Gewässer- und Kursbeschreibungen des 1541 zu Amsterdam erschienenen Segelhandbuchs »Dit is die Caerte vander zee« (Abb. 22). Ganze Passagen entnahm er diesem für ihn in seiner Heimatstadt leicht zugänglichen Werk, wie die Übereinstimmung der Texte der Beschreibungen der englischen Ostküste[252], der ostfriesischen Inseln einschließlich der Aufzählung der Nordfrieslands u.a.m. schlagend beweisen.

Auch die Erläuterung eines großen Teils der norwegischen Südküste, der Gewässer des Kattegats und ganz besonders der Ostsee lassen klar erkennen, daß Anthonisz. diesen alt überkommenen Texten stellenweise nur wenig Neues hinzuzufügen vermochte und sie daher für ihn ihre alte Gültigkeit behielten.

Es hat den Anschein, daß er ältere Segelanweisungen, wie die 1532 ebenfalls zu Amsterdam herausgekommene »Kaert vander zee«[253] nicht mit zu Rate zog (Abb. 8), je-

[248] Vgl. oben Anm. 118 (Die Bemerkung findet sich in der Onderwijsinge).

[249] Hierzu zählt zweifellos die fehlerhafte Angabe des Hauptverlaufs der pommerschen Küste, die Anthonisz. bildlich in seine »Caerte« übertrug.

[250] Vgl. hierzu B. HAGEDORN: Betriebsformen und Einrichtungen des Emder Seehandelsverkehrs in den letzten drei Jahrzehnten des 16. Jahrhunderts. In: Hansische Geschichtsblätter XVI, 1910, S. 523. (Mitteilung Emdens an Danzig über ein neues Fahrwasser in der W-Ems.)

[251] Vgl. hierzu A. CHRISTENSEN: a.a.O., S. 52

[252] Darunter vor allem auch die bereits mehrfach zitierten falschen Angaben über den Küstenverlauf Südostenglands.

[253] J. KNUDSEN (Edit.) Kopenhagen 1914.

denfalls läßt sich eine Verwendung nirgends nachweisen. Der Umstand, daß Anthonisz. z.B. die Beschreibung der zu jener Zeit keineswegs unwichtigen, auf Husum zuführenden Hevereinfahrt übergeht, die auch 1541 übersehen worden, jedoch 1532 ausführlich erörtert war, scheint zu beweisen, daß er vor 1541 verbreitete Segelhandbücher nicht verwandte.

Mit Sicherheit zog er weitere Bücher und Schriften, die er nach seinen eigenen Angaben unter erheblichen Kosten sich beschafft hatte, zu Rate, ohne freilich deren Inhalt oder ihre Autoren zu nennen. Da außer den schon genannten Werken bisher keine weiteren, die Fahrt »om groote Oost« betreffend, bekannt geworden sind, dürfte in diesem Falle es sich am ehesten wohl um nautische Lehrbücher, vor allem iberischer Herkunft, gehandelt haben (s.u.), die er für die »Onderwijsinge« verwandt haben könnte.

Nicht zuletzt aber sind es Eigenbeobachtungen gewesen, die er auf seinen Reisen zu Papier brachte. Ob wir hierunter auch textliche Beschreibungen zu verstehen haben, ist zwar nicht sicher, dürfte aber anzunehmen sein. Von größter Wichtigkeit sind seine meisterhaft entworfenen Vertonungen, die, zusammen mit den neuen Texten, den eigentlichen Wert des Werkes von 1558 ausmachen. Sie beweisen zugleich, daß Anthonisz. die hier abgebildeten Küstenstriche selbst bereist hat, und zwar – wie oben näher dargelegt – zum mindesten zweimal. Schließlich hat Anthonisz. gelegentlich auch andere, außerhalb des seemännischen Bereichs liegende Unterlagen zur Vervollständigung seines Textes mit herangezogen, wie der für ein Segelhandbuch der Mitte des 16. Jahrhunderts etwas ungewöhnliche Hinweis auf die Entfernungen zu Lande zwischen den Seestädten Lübeck, Wismar, Rostock und Stralsund zu beweisen scheint. Möglicherweise verwandte er hierzu eine der zu seiner Zeit nicht seltenen Itinerar-Karten (s.o.).

Die älteren Segelhandbücher des Anthonisz. (1544?, 1551?)

Über jene Segelhandbücher, die der »Caerte van die Oosterse See« von 1558 vorangingen, sind wir nur sehr dürftig unterrichtet, da sich von diesen kein Exemplar mehr auffinden läßt. Aufgrund der Angabe unseres 1558 erschienenen Druckes, es handele sich hier um die dritte Ausgabe, steht lediglich fest, daß vor diesem Jahr bereits zwei ältere Auflagen unserer Schrift erschienen sein müssen.

In welchem Jahr das Segelhandbuch zum ersten Mal herauskam, ist nicht mit Sicherheit auszumachen. Immerhin liegt insofern ein gewisser zeitlicher Anhaltspunkt vor, als Anthonisz., wie oben ausgeführt, im Widmungs- und Erläuterungstext seiner 1543 gedruckten Seekarte ausdrücklich hervorhebt, er werde »demnächst« ein kleines Buch herausgeben, in welchem er all das näher beschreiben wolle, was sich auf der Karte nicht genügend darstellen lasse. Man hat daher wohl nicht zu Unrecht die Ansicht vertreten, daß dieser Druck spätestens ein Jahr nach Veröffentlichung der Karte (1543), also wahrscheinlich 1544 zu Amsterdam herauskam.[254]

Bezüglich des Erscheinungsjahrs der zweiten Auflage sind wir lediglich auf Vermutungen angewiesen. Aufgrund der Auffindung eines inzwischen wieder verlorengegangenen kleinen Buches offenbar ähnlichen Inhalts, das 1551 zu Amsterdam gedruckt war[255], nimmt man an, daß es sich hier um eine weitere Auflage unseres Segelhandbuchs gehandelt haben könnte. Da von vornherein das Titelblatt fehlte, läßt sich Näheres freilich nicht mehr ermitteln.

Über Inhalt und äußere Form der beiden älteren verlorengegangenen Auflagen läßt sich einiges mehr aussagen. Zunächst ist so gut wie sicher, daß beide Editionen Vertonungen, Seitenansichten der Küsten, enthielten; teilt doch Anthonisz. bereits 1543 an der oben angezogenen gleichen Stelle ausdrücklich mit, er wolle »durch Abbildungen einzelner Gegenden in solcher Form, wie sie sich den Seeleuten darbieten«, die Gewässerbeschreibungen in einem Segelhandbuch ergänzen. In der Tat sind uns derartige Vertonungen erhalten geblieben. Soweit sie sich auf die Küsten von Middelburg/Vlissingen bis zum Baltikum beziehen, tragen sie alle die unverkennbaren Züge des Anthonisz.[256] Sie sind sämtlich auf dem Umweg über spätere Editionen unseres Segelhandbuchs von 1558 – wie jenen von 1561 und 1566 – erhalten geblieben. Ob sie in jedem Fall als Abdruck der von Anthonisz. selbst gefertigten Druckstöcke oder zeitgenössischer Nachschnitte anzusprechen sind, muß zunächst dahingestellt bleiben.

Die hier veröffentlichten Vertonungen unterscheiden sich in mehrfacher Hinsicht grundsätzlich von jenen unserer Ausgabe des Jahres 1558. Letztere zeichnen sich in der Art der Ausführung durch besondere Sorgfalt in der Beobachtung, Reife der Darstellungsweise und souveräne Beherrschung der dem Künstler gestellten Aufgabe aus. Hinzu kommt, daß Anthonisz. wiederholt (so im Bereich der Zuiderzee-Küsten Frieslands, des Skagerraks und der pommerschen Küsten) Vertonungen in einer Ausdehnung bietet, die den durch das Buchformat gesetzten Rahmen bei weitem überschreitet.

Die Vertonungen der genannten jüngeren Ausgaben dagegen gehen niemals über eine bestimmte Länge von etwa 7 oder 8 cm hinaus, ja bleiben, wie die Ansichten Helgolands oder Langwardens zeigen, wiederholt erheblich darunter. Auch machen sie in ihrer gedrungenen Form und zum Teil rohen Gestaltung im allgemeinen einen etwas unbeholfenen, um nicht zu sagen primitiven Eindruck. Sie geben so zu erkennen, daß wir hier offensichtlich noch am Anfang der Entwicklung stehen.

Nicht nur diese Kriterien lassen erkennen, daß die kleinformatigen Vertonungen (oder deren Kopien), obwohl in jüngeren Segelhandbüchern als dem von 1558 publiziert, in Wirklichkeit älteren Datums sind und als Vorläufer der imponierenden Küsten-

254 Vgl. KEUNING (1950), S. 693.

255 C.P. BURGER: Oude hollandsche Zeevaart-Uitgaven. In: Tijdschrift voor Boek- en Bibliotheekswezen VII, (Den Haag) 1909, S. 2ff.

256 D.h. die Vertonungen der Ausgabe 1566 (in: »Leeskaartboek van Wisbuy« [Edit.] C.P. BURGER/J. KNUDSEN, Kopenhagen/Den Haag 1920) 1–18 sowie 55–57. Das gleiche scheint nicht immer für jene Seitenansichten zuzutreffen, die sich mit markanten Festlandspunkten der sog. »Westerschen vaart« befassen, wie z.B. Cadix (ebd. S. 92, Nr. 43), Tevennec (»Die Keyser«, ebd. S. 53, Nr. 26) und Kap St. Vincent (ebd., S. 90, Nr. 41) u.a.m.

ansichten der »Oosterse See« von 1558 angesehen werden müssen. Auch die Veränderung beispielsweise der Abbildung der Insel Juist (Abb. 84), die auf der älteren Vertonung (1544?) mit Mühle, auf der jüngeren (1558) ohne eine solche gekennzeichnet wird (Abb. 38), beweist schlagend ihr höheres Alter. Heißt es doch bereits in dem mehrfach angezogenen Segelhandbuch von 1541 ausdrücklich: »ferner steht auf Juist eine Mühle«, 20 Jahre später dagegen »die Mühle ist umgeweht und existiert nicht mehr«.[257] Auch der das Titelblatt zierende Holzschnitt der älteren Auflagen war offenbar anders gestaltet als der der Ausgabe von 1558, obwohl das Motiv – das Symbol des großen Überseeverkehrs, ein Holk – das gleiche blieb[258]: Unser Segelhandbuch, die dritte Auflage, zeigt einen liegenden rechteckigen Rahmen (Abb. 33), der diesen Schiffstyp umschließt. Die beiden älteren Editionen wiesen dagegen offenbar einen quadratischen Rahmen auf, über dem sich der in neun Zeilen gesetzte ausführliche Titel befand (Abb. 65).

Diese Gestaltung des Titelblatts im Verein mit den den Satzspiegel niemals überschreitenden älteren kurzen Vertonungen lassen es so gut wie sicher erscheinen, daß zumindest die Erstausgabe des Segelhandbuchs, die wahrscheinlich 1544 veröffentlicht wurde, im Hochoktav und nicht im Längsoktav erschienen ist.

Es ist anzunehmen, daß die zweite Auflage (1551?), ebenfalls in gleicher Art und Größe herauskam, in einem handlichen Taschenbuchformat also, das sich ohne Frage in der täglichen seemännischen Praxis an Bord gut bewährte.

Über den Inhalt der beiden ersten Auflagen sind wir in groben Zügen unterrichtet. Burger hat festgestellt[259], daß der fortlaufende Text jener Ausgabe, die er für das Jahr 1551 annimmt, mit dem der ersten plattdeutschen Ausgabe von 1571 weitgehend übereingekommen sein dürfte, da die Übersetzung aus dem Holländischen nachweislich nicht nach den beiden erhaltenen Ausgaben von 1561 und 1566, sondern nach einer älteren Auflage vorgenommen worden sei. Die Frage, ob die zu Hamburg und Lübeck in den 70er Jahren des 16. Jahrhunderts gedruckten plattdeutschen Segelhandbücher tatsächlich nach der ersten oder zweiten Auflage übersetzt worden sind, muß allerdings offen bleiben.[260]

Soviel ist jedoch sicher, daß die Gewässer- und Kursbeschreibungen des 1541 zu Amsterdam anonym erschienenen Segelhandbuchs größtenteils von Anthonisz. übernommen und von ihm hier und da durch Einschübe neuer, zum Teil ausführlicherer Texte von 1543/44 an ergänzt worden ist. Es dürfte erwiesen sein, daß die eingehende Schilderung des Mündungsgebiets von Jade und Weser unserem Künstler zur Zeit der Konstruktion seiner »Caerte van oostlant« nicht bekannt gewesen war, da sonst die gerade hier auf seiner Karte deutlich zutage tretende Unsicherheit sich kaum erklären ließe.[261]

[257] Ebd., S. 24 (desgl. in der Ausgabe des Segelhandbuchs von 1561).

[258] Wenn wir auch nicht mit letzter Sicherheit nachweisen können, daß die Schiffsdarstellung auf dem jeweiligen Titelblatt der Ausgaben von 1561 und 1566 von der Hand des Anthonisz. stammt, so besteht nicht der geringste Zweifel, daß sie nach seiner Vorlage geschaffen wurde (Abb. in »Leeskaartboek van Wisbuy«, S. XIX und S. III). Beide Schiffsabbildungen zeigen nicht das Signet des Anthonisz., was freilich keinesfalls als schlüssiger Beweis dafür gelten kann, sie seien nicht von seiner Hand geschaffen.

[259] »Leeskaartboek van Wisbuy«, S. XVII.

[260] Es bestand für den Verfasser keine Möglichkeit, dieser Frage im einzelnen nachzugehen. Lediglich die Ausgabe des Balhorn von Hamburg 1577, heute Bibliotheca Augusta, Wolfenbüttel, konnte überprüft werden. Ihr Text ist im wesentlichen gleichlautend mit dem unserer Edition von 1558. Andererseits bietet die plattdeutsche Ausgabe von Lübeck 1588 »De Seekarte« für die Einsegelung in die Elbe einen Text, der noch die Fahrt durch das von 1558 an nicht mehr ausgetonnte Südergat der Süderelbe vorschreibt (O z S statt O z N), gibt also noch einen Zustand vor 1558 wieder. Vgl. hierzu A. Lang: Untersuchung zur morphologischen Entwicklung des südlichen Elbe-Ästuars von 1560–1960. Hamburger Küstenforschung, Heft 12. Hamburg 1970. S. 70ff.

[261] Während auf der »Caerte van oostlant« von 1543 die Jade deutlich einen südwestlichen Verlauf zeigt, heißt es in unserem Segelhandbuch von 1558 ausdrücklich, man habe von Rotesand zur Jade in Richtung S zu segeln.

Zu diesen Unterschieden zwischen den beiden älteren Ausgaben einerseits und unserer von 1558 andererseits tritt noch ein besonders auffälliger weiterer hinzu: Während letztere sich bewußt auf die sogenannte »Oostersche« einschließlich der »Noortsche vaart« beschränkt, berücksichtigen die älteren auch die »Westersche vaart«, d.h. sie beschreiben zusätzlich Kurse, Distanzen und Küstengewässer des Kanals, S-Englands/Irlands sowie der französischen und iberischen Atlantikküste südwärts bis Cadix. Durch über 30 zumeist sehr instruktive Vertonungen werden auch hier die Texte bildlich erläutert (Abb. 66 bis 74). Die meisten Holzschnitte – allerdings nicht alle – zeigen ebenfalls die unverkennbaren Züge unseres Künstlers.[262]

An Aussagekraft übertreffen sie die älteren, überaus primitiv und plump gestalteten Vertonungen einzelner markanter Küstenpunkte Englands, Spaniens und Portugals (Abb. 75, 76 und 77), die wir seit 1520 dem »Grant routtier ... de la mer« des Pierre Garcie verdanken, bei weitem.[263]

Während die beiden älteren Auflagen unseres Segelhandbuchs (1544?, 1551?) von der englischen Ostküste lediglich eine einzige, dazu stark geraffte Vertonung des Küstenabschnitts Orfordness bis Winterton (Abb. 74) bieten, zeigen sie von der flämisch-niederländischen Küste solche von den Wielingen (Abb. 71) über Walcheren (Abb. 69 und 70), Den Briel/Maas (Abb. 68), s'Gravezande (Abb. 67) und Huisduinen (Abb. 66), ferner Abbildungen der Westfriesischen Inseln (Abb. 78 bis 82) von Texel bis Rottum.[264]

Von der Ems an vermindert sich die Dichte der Aufeinanderfolge der Küstenansichten rasch. Im Bereich der ostfriesischen Inseln beschränkt sich Anthonisz. auf markante, die wichtigsten Meereseinschnitte flankierenden Punkte und bietet daher hier nur Vertonungen der Inseln Borkum, Juist und Wangeroog (Abb. 83 bis 85 und 28) mit Minsen, im Weser- und Elbemündungsbereich gefolgt von Seitenansichten der Kirchen Langwarden und Blexen im nördlichen Butjadingen (Abb. 86 und 87) und der Insel Neuwerk westlich Cuxhaven (Abb. 88). Daß er die für die Nautik der Deutschen Bucht außerordentlich wichtige Insel Helgoland im Bild besonders hervorhebt, versteht sich von selbst (Abb. 89).

Von dänischen Gewässern werden wohl aus gleichen Gründen Kap Skagen (Abb. 29) und die Insel Læsø im Kattegat (Abb. 90) berücksichtigt. Im gesamten Ostseegebiet findet sich auffälligerweise nur eine einzige Vertonung, die von Lyserort nördlich von Windau (Abb. 30).

Die Frage, ob die von Den Briel bis nach Lyserort reichenden 18 Vertonungen sämtlich schon der ältesten Ausgabe des Segelhandbuchs (1544?) angehört haben und in der zweiten Auflage (1551?) lediglich wieder abgedruckt wurden oder ob in der Erstausgabe nur einige wenige, in der folgenden vereinzelt zusätzliche derartige Holzschnitte erschienen, läßt sich zur Zeit nicht mit hinreichender Sicherheit beantworten. Die ausdrückliche Ankündigung unseres Künstlers von 1543, er werde Vertonungen veröffentlichen[265], läßt allerdings den naheliegenden Schluß zu, daß die meisten von ihnen, wahrscheinlich alle, bereits der Erstausgabe angehört haben werden.

Es mutet zunächst recht seltsam an, daß die Vertonungen der beiden ersten Auflagen Jahrzehnte überdauerten, während die der dritten Auflage, die an Großzügigkeit der Darstellung und Wirklichkeitstreue alles bis dahin Erschienene in den Schatten stellten, sehr bald in Vergessenheit geriet.

262 Vgl. Anm. 256.
263 Vgl. D.W. WATERS (1967), S. 32. Die Erstausgabe erschien zwischen 1502 und 1510 zu Poitiers.
264 Ohne Eierland.
265 Auf seiner »Caerte van oostlant« von 1543. Vgl. oben S. 58 und Anm. 80.

Offenbar sagten das größere Format und die Ausgabe im Längsoktav den zeitgenössischen Seeleuten nicht zu, so daß nach dem Tode des Anthonisz. die späteren Verleger es vorzogen, zu dem ursprünglichen Format wieder zurückzukehren, zu dem gleichen, zu dem sich Jahrzehnte später auch der alternde Waghenaer mit seinem »Enckhuyzer Zeecaert-boeck« (1598) bekannte (Abb. 91). Allein der dänische Verleger und Drucker Laurentz Benedicht hat 1568 zu Kopenhagen die neuen Vertonungen der posthumen Ausgabe des Anthonisz. von 1558 für sein Segelhandbuch »Søkartet« kopiert (Abb. 92). Aber auch er wagte nicht, diese im Längsoktav herauszubringen, sondern druckte es mitsamt den Vertonungen im Hochoktav (Abb.93) und unter zusätzlicher Verwendung der älteren Vertonungen der ersten und zweiten Auflage des Buches von Anthonisz.[266]

Zum Schluß muß noch erwähnt werden, daß vermutlich beide älteren Editionen des Segelhandbuchs – in Anlehnung an jenes aus dem Jahre 1541 – durch weitere zusätzliche Texte im Anhang von unserer Ausgabe (1558) sich grundlegend unterschieden: Zunächst führten sie vermutlich eine revidierte[267] eingehende Beschreibung der Schifffahrtswege über die Zuiderzee unter Einschluß des Marsdiep auf (Abb. 94). Ferner dürften sie nach dem Vorbild von 1541 einen Abdruck der sogenannten »Ordonancie« (Abb. 95), des damals geltenden Seerechts, geboten haben.[268] Auch ist anzunehmen, daß eine kurze, mit Holzschnitten nautischen Charakters (Abb. 96 und 97) erläuterte seemannstechnische Unterweisung von der Hand des Anthonisz. folgte. Diese Holzschnitte finden sich – jedenfalls nicht in gleicher Form – im Segelhandbuch von 1558 nicht wieder vor, sie sind vermutlich also für ein Büchlein im Hochformat geschnitten worden.[269] Schließlich dürfen wir annehmen, daß beide älteren Editionen (1544? und 1551?) mit einer belehrenden Einleitung und einem alten Schiffergebet begannen bzw. endeten.

266 Neu herausgegeben von J. KNUDSEN in: Tidskrift for Søvæsen 85, (Kopenhagen) 1914, S. 1–200.

267 Die 1540 zu Amsterdam erschienene Segelanweisung für Schiffahrtsrouten auf der Zuiderzee teilt mit, daß die Texte »alle sieben Jahre« revidiert werden sollten. Vgl. S. XX des Leeskaartboek van Wisbuy des Jahres 1566 (Edit. KNUDSEN/BURGER. Kopenhagen/Den Haag 1920).

268 Über die »Ordonancie« vgl. M.P. GOUDSMIT: Geschiedenis van het Nederlandsch Zeerecht. Den Haag 1882. S. 97f. und S. 142ff.

269 Vgl. »Leeskaartboek van Wisbuy«, S. 173, Abb. 58 und S. 175, Abb. 59.

Die »Onderwijsinge vander zee«

Wie bereits oben betont, geht der »Caerte van die Oosterse See« ein kleines Werk gleichen Formats voraus, das den Titel trägt: »Onderwijsinge vander zee« (Abb. 34), ebenfalls 1558 zu Amsterdam bei Jan Ewoutsz. gedruckt. Es zählt 41 Seiten und befaßt sich mit den wichtigsten Fragen der terrestrischen, vor allem aber der damals den Seeleuten der nördlichen Hälfte Europas noch weitgehend unbekannten »modernen« astronomischen Navigation. Für uns von besonderem Belang ist, daß die »Onderwijsinge« einige kurze, aber recht aufschlußreiche Segelanweisungen enthält, die in den Texten der »Caerte van die Oosterse See« nicht berücksichtigt werden (s.u.). Anthonisz. bezeichnet sich selbst als den Verfasser auch dieser Schrift sowie des nachfolgenden Segelhandbuchs, sagt er doch ausdrücklich, daß er sie zusammenstellte, »wie ich in der »Caerte van oostlant«, die ich 1543 publizierte, versprochen habe«.

Ohne Namen seiner Gewährsmänner oder Autoren einzelner Bücher zu nennen, bekennt er, daß beide Werke auf Mitteilungen namhafter Schiffer beruhen, dazu auf intensivem Studium von Büchern und Schriften, die er »unter vielen Mühen und Kosten« sich habe beschaffen müssen. Welcher Art diese Literatur gewesen sein könnte, ist – was ältere Segelhandbücher anlangt – oben bereits näher beschrieben: Es war vor allem das 1541 zu Amsterdam erschienene kleine Werkchen »Dit ist die Caerte vander zee«.

Für seine sich vorwiegend mit technischen Fragen der Navigation befassende »Onderwijsinge« fand er freilich in dem letztgenannten Amsterdamer Druck kaum irgendwelche Hinweise. Hier müssen ihm andere Bücher zur Verfügung gestanden haben. Mit Rücksicht darauf, daß Anthonisz. in seiner »Onderwijsinge« wiederholt die navigatorischen Kenntnisse der Spanier und Portugiesen erwähnt, geht man wohl in der Annahme nicht fehl[270], Anthonisz. könnten nautische Lehrbücher zugänglich gewesen sein, die in der ersten Hälfte des 16. Jahrhunderts in Lissabon oder Sevilla erschienen waren, vor allem Jos. Vizinho: Regimento do astrolabio e do Quadrante, 1509, und F. Faleiro: Tratado del Esphera y del arte del marear, Sevilla 1535, ferner P. Nunez: Tratado em defensam da carta de marear, Lisboa 1537, dazu vielleicht auch P. de Medina: Arte de Navegar, Valladolid 1545.[271]

270 Hierauf hat vor allem O. STEPPES aufmerksam gemacht in: Cornelis Anthonisz. Onderwijsinge van der zee, 1558. (=»Nordseeküste« – Volkstümliche Vorträge und Abhandlungen des Küstenmuseums Juist, Heft 9). Juist 1966.

271 Vgl. hierzu: J. BENSAUDE: L'astronomie nautique au Portugal à l'époque des grandes découvertes. Berne 1912, ferner A. BARBOSA (Edit.): Primeiro Congresso da Historia da Expansão Portuguesa no Mundo, I, Seccão Discobrimentos. Lisboa 1938, sowie L. MENDOCA DE ALBUQUERQUE: Os Guias Nauticos de Munique e Evora. Lisboa 1965, und A. TEIXEIRA DA MOTA: A evolucão da ciencia nautica durante os seculos XV–XVI. Lisboa 1961, und schließlich DERS.: Les aspectes internationaux de la découverte océanique aux XVe et XVIe siècles. In: Actes du cinquième Colloque internat. d'Histoire maritime. Paris 1966. S. 236f.
Kontakte niederländischer Schiffer zu denen Südeuropas liefen in der ersten Hälfte des 16. Jahrhunderts wohl worwiegend über Antwerpen, wohin letztere seit dem 15. Jahrhundert lebhafte Handelsbeziehungen unterhielten. Vgl. J.A. GORIS: Études sur les colonies marchandes méridionales (Portugais, Espagnols, Italiens) à Anvers de 1488 à 1567. Contribution à l'histoire des débuts du capitalisme moderne. (=Université de Louvain, recueil de travaux, 2. série). Leuven 1925 und G. ASAERT: De Antwerpse

Im ersten Teil der »Onderwijsinge« werden die Erfordernisse der terrestrischen Navigation auseinandergesetzt. Hierzu zeigt Anthonisz. Methoden der Beobachtung eines Küstenabschnitts auf, mahnt den Leser, im Bereich unübersichtlicher Gewässer sich der Pflicht bewußt zu sein, einen Lotsen anzuheuern, und warnt unter Anziehung von Beispielen den Schiffsführer eindringlich, die Kontrolle des Steuermannes niemals außer acht zu lassen.

Anhand von Textabbildungen (Abb. 98 und 99) erläutert er einen Kompaß und bespricht dann ausführlich die Verwendung des Lots und der Schleppleine.

Breiten Raum nimmt die Erläuterung der sogenannten Gissung ein[272], d.h. der Schätzung der Fahrtgeschwindigkeit und Distanz auf See bei unterschiedlicher Windrichtung und -stärke, bei verschiedenen Strömungen sowie Höhen und Richtungen des Wellengangs. Die Gissung war in der Tat zu einer Zeit, da man auf hoher See eine exakte Bestimmung des jeweiligen Schiffsorts noch nicht kannte, für die Schiffahrt von größter Bedeutung. Eindringlich fordert er deshalb dazu auf, durch langjährige Übung die Fertigkeit des Gissens zu erlernen und hierzu sich ebenfalls ausreichende Kenntnisse im Gebrauch von Lot und Leine anzueignen, die beide dazu dienten, Tiefen sowie Formen des Meeresgrundes und damit auch des Schiffsortes zu bestimmen und die Fahrtrichtung zu erkennen.

Im zweiten Teil der Schrift geht der Autor zunächst ausführlich auf Probleme der astronomischen Navigation ein. Mehrere Abbildungen der damals gebräuchlichen Instrumente veranschaulichen ihre praktische Anwendung: Durch Anpeilung des Nordsterns vermittels eines Nokturnals läßt sich nachts die Uhrzeit bestimmen und mit dem Jacobsstab (Abb. 100) mißt man durch Feststellung der Höhe des Nordsterns über der Kimm die geographische Breite bei Nacht, desgleichen durch Anwendung des Quadranten bei Tage. Auch die Ermittlung der Hoch- und Niedrigwasserzeiten, die für den Seemann bis heute – speziell bei Ansteuerung einer Strommündung – von Wichtigkeit ist, wird eingehend besprochen (Abb. 101).

Ein weiterer, besonders wichtiger Abschnitt ist der Anfertigung einer »Pascaerte«, einer Seekarte, gewidmet. Zunächst wird der Entwurf einer 16-strahligen Netzfigur beschrieben, eines Netzes von Linien (Rhumben), das – völlig unabhängig vom eigentlichen Karteninhalt – als erstes zu zeichnen war (Abb. 102) und dessen einzelne Strahlen nach Fertigstellung der Seekarte – lösgelöst von der Darstellung des Küstenverlaufs – lediglich den Zweck zu erfüllen hatten, als nautische Hilfslinien zu dienen. Hiernach gibt Anthonisz. anhand einer den Raum Færder (Eingang des Oslofjords)–Kap Skagen–Marstrand (schwedische Westküste) darstellenden Figur (Abb. 31) einen entscheidenden wichtigen Hinweis auf seine Methode der Entwicklung des Kartenbildes: Von einem bestimmten Punkt, in diesem Falle Kap Skagen, werden unter Zugrundelegung der in einer Segelanweisung angegebenen jeweiligen Kompaßrichtung (hier: N z W und ONO) zwei Linien ausgezogen. Sie enden gemäß der Meilenangabe der Segelanweisung, die man maßstabgerecht auf die jeweils zuständige Linie überträgt und zwar hier in einer Entfernung (von Skagen) von jeweils »ungefähr 10 Meilen« bei Færder und Marstrand. Damit sind zunächst drei wichtige Punkte zum Aufbau dieses Teils einer Seekarte in (ungefähr) richtiger Länge zueinander bestimmt.

Abgesehen davon, daß sich dem Autor hier in seinen speziellen Angaben verhältnismäßig leicht Fehler nachweisen lassen[273], ist auch sein weiteres Vorgehen enttäuschend:

Scheepvaart in de 15. eeuw (1394–1480), =Verh. v. de k. Academie v. wetenschappen, Letteren en schone kunsten van Belgie, Klasse der Letteren, Jaargang XXXV, 1973, Nr. 72, ferner: POSTHUMUS (1971), S. 46.

272 Vgl. hierzu: E.C. CRONE: Het Gissen van vaart en verheid ... In: »De Zee«, (Den Haag), Jahrgang 1928/29.

273 Vgl. STEPPES (1966), S. 22ff.

Ohne die nächsten wichtigen methodischen Schritte weiter zu verfolgen, auf welche Weise man unter Einbeziehung der eben genannten Endpunkte die Küstenlinien zu entwickeln und die ganze Zeichnung schließlich in die Netzfigur zu übertragen hat, wendet Anthonisz. sich unvermittelt der Darlegung des Gebrauchs der Seekarte zu.

Danach leitet er auf allgemeine seemännische Erfahrungen über und beklagt die lükkenhaften, teilweise sogar falschen Beschreibungen zahlreicher Gewässer. In diesem Zusammenhang vermittelt er einige bisher zum Teil noch nicht verbreitete Angaben über Sände, Riffe, Fahrwasser und Distanzen im Bereich der südlichen Nordseeküste:

Den Haaks[274] *nähert Euch nicht weiter als bis auf 12, dem Hantgifterriff*[275]*, den Gründen des Ranserdiep*[276] *und des Vlie nicht weiter als bis auf 10 Faden und segelt nicht näher an das Bornriff*[277] *heran als bis auf 9, an das Borkumer und Juister Riff nicht dichter als bis auf 7 Faden ... Bei günstigem Wind segelt man zwei holländische Meilen pro Stunde ... Viele Schiffer und Steuerleute, die auf Hamburg fuhren, wußten durchaus zu gissen, bei welchen Glasen nach Passieren des Vlie sie Helgoland ausmachen würden ... Das Vlie und Helgoland liegen etwa 30 Meilen auseinander ...*

Weiter beklagt sich Anthonisz., daß die Außenelbe immer noch nicht genügend sicher beschrieben sei (Abb. 103):

Zwar wissen erfahrene Seeleute wohl, wie man sie – bei südlichen Winden und aus südlicher Richtung kommend – anzulaufen oder in gegenteiliger Richtung aus der Elbe zu laufen hat: Man segelt bei Flut an den Südergründen[278] *entlang auf 12 Faden auf die Elbemündung zu bzw. auf 15 Faden von der Elbemündung ab, und zwar so lange, bis man an beiden Tillen*[279] *vorüber ist. Von diesen mißt die Westertill draußen 12, die Ostertill 8 Faden Tiefe. Man passiert sie elbewärts auf 7, von der Elbe kommend auf 12 Faden. Bei nördlichem Wind jedoch und bei Flut muß man die Elbe aus nördlicher Richtung ansteuern. Dies ist manchen Seeleuten unbekannt, weil es nirgends geschrieben steht.*

Gerade dieser Umstand kostete manchen das Leben. Außerdem muß man wissen, daß die Elbemündung ebensogut aus nördlicher wie aus südlicher Richtung anzusteuern ist. Hierzu wäre folgendes zu beachten: Befindet man sich in einigem Abstand südlich von der Insel Helgoland, lotet man eine Tiefe von 26 Faden. Auch klebt etwas Schlick am Lot, allerdings nicht bei jedem Lotwurf. Sobald man Helgoland ein wenig achteraus hat, nimmt die Tiefe ab. Stößt man schließlich auf 15 Faden, geht man sofort auf SSO-Kurs. Danach verringert sich die Tiefe noch weiter und der Grund ist dann an verschiedenen Stellen etwas wellig und weist hier und da grobkörnigen Sand auf. Mißt man dann 9 Faden und die Tiefe verringert sich laufend, erreicht man schließlich von einem zum anderen Lotwurf zwei Faden. Diese Tiefe bleibt eine zeitlang wohl mehr als zwei Meilen die gleiche. Es ist ebener Sand.

Stößt man auf weniger als sieben Faden, soll man südlicher, bei mehr als sieben Faden jedoch östlicher gehen. Sobald man diesen Sand überquert hat, befindet man sich im Bereich der Elbemündung und stößt sogleich auf 16 Faden (bezogen auf Hochwasser).

Dies alles wird man bestätigt finden und es wäre (daher) ratsam, diese Angaben zu überprüfen und dann selbst zu erproben, wenn beim Auslaufen aus der Elbe günstiges Wetter herrscht, so daß man ohne Schwierigkeiten zu segeln und zu loten vermag. In diesem Falle geht man dann auf WNW-Kurs, vielleicht noch etwas nördlicher, als ob man

274 Gefährliche Bänke W Texel.

275 Schon im 15. Jahrhundert und bis zur 1. Hälfte des 16. Jahrhunderts bekanntes gefährliches Riff im Bereich des Vlie.

276 Im 16. Jahrhundert bekannte Rinne zwischen Vlieland und Terschelling.

277 Nordwestlich Ameland.

278 D.h. Wurster Watt.

279 Über die starken seit der Mitte des 16. Jahrhunderts zu verfolgenden Veränderungen der Tillen vgl. A. Lang (1970), S. 34ff.

Helgoland ansteuern wollte und lotet wie beschrieben. Liegt man bei günstigem Wetter aus Westen kommend die Elbe an, und der Wind steht soweit nordwestlich, daß man die Elbe besser aus nördlicher Richtung ansteuern sollte, so empfiehlt es sich, dies zu tun, denn gelegentlich kann Entscheidendes davon abhängen. Deshalb sollte man dies auf jeden Fall erproben.

Die aufschlußreichen Anweisungen schließen mit eindringlichen Mahnungen an erfahrene Seeleute, ihr Fachwissen nicht für sich zu behalten, sondern weiter zu vermitteln und die Unwissenden unter der Besatzung zu veranlassen, sich zum Wohle aller, die von der Seefahrt leben, nautische Kenntnisse anzueignen und zu vertiefen.

Wertung des Segelhandbuchs (1558)

Eine kritische Betrachtung des aus zwei Teilen, der »Onderwijsinge« und der »Caerte van die Oosterse See« bestehenden Segelhandbuchs von 1558 lehrt, daß die Segelanweisungen einschließlich der Vertonungen nicht alle auf der »Caerte van oostlant« abgebildeten Küsten beschreiben. So bleiben im Buch nicht nur die Küsten Schottlands, der Shetland-Inseln sowie weite Strecken der südlichen Ostküste Englands einschließlich der wichtigen Themsemündung unberücksichtigt, sondern es fehlen auch die Beschreibungen der stromaufwärts führenden Fahrwasser der Ems, Weser und Elbe bis Emden, Bremen und Hamburg.

Für Norwegen vermissen wir unter anderem erläuternde Texte zu den Fahrwassern nördlich von Skudesnes, für Dänemark solche für den Kleinen Belt. Von den schwedischen Gewässern werden die zwischen Oslofjord und Marstrand, dazu sämtliche nördlich von Öland und Gotland gelegenen Küstenstrecken einschließlich der Fahrwasser nach Stockholm und zu den Ålandsinseln übergangen. Auch die Südküste Finnlands, die Gewässer östlich von Reval und des Bereichs der Odermündung hat Anthonisz. in seinem Segelhandbuch nicht berücksichtigt.

Die Umstände spiegeln nicht allein das geographisch-hydrographische Wissen niederländischer Schiffer zur Mitte des 16. Jahrhunderts wider, sondern verdeutlichen vor allem die Absicht unseres Autors: Der eigentliche Zweck seiner im Segelhandbuch veröffentlichten Texte war, die zu seiner Zeit meist befahrenen Routen der niederländischen Großschiffahrt, speziell der Getreide- und Salzfahrt, im Bereich der Nord- und

Ostsee in Text und Vertonung zu erläutern und so genau wie möglich zu beschreiben, nicht aber ein vollständiges »Handbuch Nord- und Ostsee« zu liefern.

Als Grundlage für den Aufbau seiner Publikation übernahm Anthonisz. den Text des kleinen Segelhandbuchs, das 1541 zu Amsterdam erschienen war, in welchem er gelegentlich veraltete Beschreibungen, wie etwa im Bereich von Ems und Elbe, durch neue ersetzte. Es fällt auf, daß er in seinem Text verhältnismäßig wenig neue Distanz- und Richtungsangaben den seit 1541 (und davor) bekannten anfügte. Hierzu zählen unter anderem Hinweise auf die Lage der Shetland-Inseln, einige wenige auf Skagen und Hanstholm bezogene Richtungs- und Entfernungsangaben zu südnorwegischen und westschwedischen Örtlichkeiten, solche von Gotland und Bornholm zu den nördlichen, südlichen und östlichen Festlandsküsten, zu den baltischen Küsten, von Lochstädt in Richtung auf Windau, ferner ähnliche Angaben zwischen der Danziger Bucht, Rügen, Rostock und Lübeck.

Das Schwergewicht des Neuen liegt eindeutig auf einigen bisher nicht bekannten, sehr sorgfältig abgefaßten Kursbeschreibungen und auf seinen mit größter Akribie entwickelten Vertonungen. Unter den Segelanweisungen sind es besonders die schon mehrfach erwähnten der Ems, Weser und Elbe, welche in einer für jene Zeit ungewöhnlichen Genauigkeit die teilweise sehr komplizierten Fahrwasserverhältnisse schildern. Für die Weser sind es die ältesten bisher bekannt gewordenen Erläuterungen.

Neu sind ferner einzelne Schilderungen der nordjütischen und westnorwegischen Gewässer von Kap Lindesnes bis Bergen. Sie verraten freilich sowohl in den Entfernungsangaben (»12 große Meilen ..., die in Wirklichkeit wohl 20 gewöhnliche Meilen sein müßten«) als auch in Richtungen (Skudesnes/Utsire) erhebliche Unsicherheit.

Auch in die Erläuterungen der Kurse im Raum Skagerrak/Kattegat und Bornholm/Gotland fügte Anthonisz. zahlreiche neue Texte ein. Die Beschreibung der pommerschen und preußisch-baltischen Küsten sowie der Fahrwasser in der westlichen Ostsee wurde ebenfalls neu gefaßt.

Dem solcherart wesentlich ergänzten und verbesserten Text treten virtuos gestaltete Seitenansichten der wichtigsten Örtlichkeiten und Küstenstriche von den südlichen Niederlanden bis Odensholm (westlich Reval) zur Seite, die er auf einer oder mehreren Segelreisen zum Baltikum fast alle neu, und Dutzende zusätzlich entwarf. Hierbei ließ er sich allein von dem Gebot der Anforderungen der seemännischen Praxis an derartige schattenrißähnliche Ansichten leiten. Unter Vernachlässigung allen Beiwerks hob er mit großer Sorgfalt die charakteristischen Merkmale des jeweiligen Küstenstrichs heraus, den er wiederholt von zwei oder mehr Schiffsorten gesehen im Bilde wiedergab. Mit wenigen Ausnahmen brachte er diese Vertonungen nicht mehr als geraffte, sondern als langgestreckte und damit besonders wirklichkeitsnah gestaltete Seitenansichten im Holzschnitt heraus. So entstand eine Kette höchst einprägsamer Abbildungen jener Küstenstrecken, seenahen Örtlichkeiten und Inseln, die ihm bzw. seinen Beratern oder Auftraggebern für die rechte Kursfindung von Amsterdam zu den Häfen der Nord- und Ostsee besonders wichtig erschienen.

Aus alle dem ist klar ersichtlich, daß Anthonisz. zu Recht behauptete, er habe eine Erneuerung und Verbesserung der Segelanweisungen für den Seeverkehr von den Niederlanden über Norwegen bis zu den entferntesten baltischen Häfen geschaffen.

Seine Leistung wäre vollkommen, wenn nicht sein Segelhandbuch, die »Caerte van die Oosterse See«, im Prinzip die gleichen schwerwiegenden Fehler aufwiese wie die meisten älteren Segelhandbücher. Die Texte lassen auch hier nur zu häufig eine logische Folge in der Beschreibung der Kurse vermissen. Sie springen nicht selten von einem Thema zum anderen, wiederholen sich und setzen so den Wert des Buches für den praktischen Gebrauch an Bord erheblich herab.

Dessen ungeachtet aber stellt die Ausgabe des Segelhandbuchs, der »Caerte van die

Oosterse See« von 1558, vor allem dank der teilweise sehr detaillierten neuen Fahrwasser- und Küstenbeschreibungen und der mit größter Sorgfalt entworfenen Vertonungen, eine der See-»Karte« »Caerte van oostlant« durchaus ebenbürtige, richtungweisende, ja epochale Leistung dar, deren Nachwirkungen sich bis weit über das 17. Jahrhundert hinaus verfolgen lassen.

Eine kritische Prüfung der »Onderwijsinge«, die zu den ältesten nordeuropäischen belehrenden Schriften über die Nautik zählt, ergibt freilich sehr bald, daß das Werk angesichts der fehlenden Systematik und seiner vielen Unklarheiten und Fehler nicht als nautisches Lehrbuch im eigentlichen Sinne angesprochen werden kann. Die an manchen entscheidenden Stellen, besonders bei Erklärung der Prinzipien der astronomischen Navigation, offen zutage tretenden unlogischen Gedankengänge[280] scheinen darauf hinzudeuten, daß Anthonisz. trotz vielseitiger Informierung durch Fachliteratur und Belehrung seitens alter Fahrensleute über die wichtigsten Fragen der Nautik doch manches Problem offensichtlich nicht verstanden haben dürfte. Auf jeden Fall aber hat er solche als Autodidakt und offenbar ohne hinreichende Vorkenntnisse unklar, entstellt oder falsch wiedergegeben. Diese schwerwiegenden Mängel, die den praktischen Wert der Schrift stark herabdrücken, dürfen wir freilich einem Nicht-Seemann, einem Künstler, nicht allzu stark anlasten. Sein Verdienst, durch sein Büchlein als einer der ersten in Nordeuropa auf die damaligen modernen Probleme der Nautik hingewiesen zu haben, bleibt dadurch unberührt. Zudem führt er erneut den wertvollen Nachweis, daß die seefahrttreibenden Nationen Südeuropas auf dem Gebiet der wissenschaftlichen Navigation Lehrmeister der Nordeuropäer gewesen sind.

[280] So z.B. STEPPES (1966), S. 21, 30f., 38[22], 40f.

Zusammenfassung

Nach einem Überblick über die wirtschaftspolitischen Verhältnisse in den Niederlanden zu Beginn des 16. Jahrhunderts und des Seeverkehrs Amsterdams zum Baltikum wird die Entwicklung der Kartographie, vor allem der älteren Seekartographie im Bereich der nördlichen Hälfte Europas skizziert. Sie ist dadurch gekennzeichnet, daß bis in die ersten Jahrzehnte des 16. Jahrhunderts eigentliche Seekarten hier in der seemännischen Praxis unbekannt waren. Als wichtigstes nautisches Hilfsmittel zur rechten Kursfindung verwandte man neben dem Lot vielmehr beschreibende Texte, Segelanweisungen.

Anlaß zum Entwurf der »Caerte van oostlant« war der Umstand, daß die Stadt Amsterdam zur Abwendung einer seitens kaiserlicher Behörden geplanten neuen Exportsteuer auf eingeführtes Getreide aus dem Osten den Amsterdamer Künstler Cornelis Anthonisz. damit betraute, eine groß angelegte Seekarte der Nord- und Ostsee zu entwerfen, um – gestützt auf diese bildliche Wiedergabe der Länge des Verschiffungsweges und seiner Gefahren – den kaiserlichen Behörden sinnfällig vor Augen zu führen, daß die beabsichtigte zusätzliche Steuer für die risikoreiche Getreidefahrt Baltikum—Amsterdam eine untragbare Belastung sei.

Auf die kurze Schilderung des Lebens und Œuvres des Amsterdamer Künstlers folgt eine allgemeine Beschreibung der von ihm 1543 geschaffenen Seekarte, die uns als Original lediglich in der Rezension des Antwerpener Verlegers Nicolai (ca. 1560) bewahrt blieb (Wolfenbüttel). Hier wird neben Angaben über die Größe (96 x 112 cm) auf den Gesamtinhalt, die Aufteilung in 9 Holzblöcke, auf den Erhaltungszustand und die Kolorierung, auf die verwandten Signaturen und dergleichen näher eingegangen.

Der folgende Abschnitt bringt eine kritische Betrachtung aller wichtigen Einzelheiten jedes Küstenabschnitts von den Britischen Inseln bis zur Finnischen Bucht. Sie ergibt, daß teilweise erstaunlich wirklichkeitsnahe Wiedergaben der Hauptverlaufsrichtung mancher Küstenstriche und Distanzen mit stellenweise erheblichen Fehlern in der Konfiguration anderer Küstenabschnitte wechseln. Letzteres betrifft vor allem das östliche Ostseebecken, die Westküste Norwegens und den nördlichen Teil Großbritanniens, wo die geographischen Kenntnisse des Autors bzw. seine Quellen nicht ausreichten. Andererseits zeugt die Darstellung der niederländischen Gewässer, der südlichen Nordseeküste und des Kattegats von teilweise überraschender Detailkenntnis.

In einem weiteren Kapitel wird auf die Unterschiede in der Bearbeitung der Antwerpener Ausgabe der »Caerte van oostlant« zu zeitgenössischen Reproduktionen eingegangen. Überaschenderweise ergibt eine genaue Untersuchung, daß nicht weniger als drei Ausgaben der »Caerte« existiert haben: die Erstausgabe von 1543, von der kein Original erhalten blieb, die uns aber über die »Septentrionalium regionum ... descriptio« (1558) des venezianischen Verlegers Michaele Tramezzino (und seiner Kopisten) bekannt ist, eine weitere, von Anthonisz. selbst überarbeitete Ausgabe, die spätestens 1553 fertiggestellt wurde und schließlich die Antwerpener Edition des Verlegers Arnold Nicolai, die letzterer selbst oder Mitarbeiter seiner Offizin – an einigen Stellen abermals überarbeitet – um 1560 zu Antwerpen herausbrachte. Veränderte Darstellungen im Küstenverlauf Westnorwegens, Ergänzungen im Bereich der englischen Ostküste durch Aufnahme zusätzlicher Orts- und Flurnamen und eine gänzliche Neufassung der Untergliederung der Niederlande sind die wesentlichen Merkmale der beiden jüngeren Ausgaben der »Caerte van oostlant«.

Der folgende Abschnitt befaßt sich mit den wenigen, teilweise noch recht unzureichenden und fehlerhaften Quellen, die Anthonisz. zum Aufbau seiner »Caerte« heranzog. Es sind dies im wesentlichen ein 1541 zu Amsterdam erschienenes Segelhandbuch, dazu möglicherweise eine alte Wegekarte, eigene Beobachtungen und Angaben erfahrener Seeleute.

Diesem Abschnitt folgt eine ausführliche Erörterung der Konstruktionsmethode des Anthonisz. Hier kann der Nachweis erbracht werden, daß er zum weitaus überwiegenden Teil durch systematische »Ausschreibung« der Richtungs- und Distanzangaben zeitgenössischer Segelanweisungen den Verlauf der wichtigsten Küstenstriche und ihre Lage zueinander ermittelt und zur Basis seines Kartenaufbaus machte, dieses »Gerüst« sodann mit vielen Details auffüllte und so zu einem Kartenbild zusammenstellte.

Eine kritische Würdigung der aufgrund dieser Quellenlage und Konstruktionsmethode entwickelten »Caerte van oostlant« schließt sich an.

Die folgenden Kapitel setzen sich mit dem ebenfalls wichtigen, von Anthonisz. zusammengetragenen Segelhandbuch ausführlich auseinander, von dem drei Auflagen erschienen. Das älteste kam vermutlich 1544, das nächste möglicherweise 1551, die dritte Auflage unter dem Titel »Caerte van die Oosterse See« 1558 zu Amsterdam heraus. Von dem aus zwei Teilen – einer nautischen Belehrung und einer Sammlung von Segelanweisungen – bestehenden Werk werden zunächst letztere abschnittsweise kritisch besprochen. Seine Gewässerbeschreibungen, die im niederländischen Süden beginnen und im Raum von Narwa enden, werden – soweit dies notwendig erschien – auszugsweise in deutscher Übertragung mitgeteilt und dazu zahlreiche Original-Druckseiten mit Vertonungen im Faksimile wiedergegeben und erläutert. Die grundsätzliche Verschiedenartigkeit der Seitenansichten der (verschollenen) ersten Ausgabe zu den virtuos gestalteten Vertonungen der dritten Auflage dürfte als schlüssiger Beweis dafür anzusehen sein, daß Anthonisz. nicht allein um 1543 die baltischen Gewässer bereiste, sondern später nochmals eine oder mehrere Fahrten in die Ostsee unternommen hat.

Auf eine Übersicht über die Quellen, die möglicherweise Anthonisz. zur Zusammenstellung seines Segelhandbuchs von 1558 zur Verfügung gestanden haben könnten, und eine Erörterung des wahrscheinlichen Inhalts seiner beiden älteren Ausgaben folgt eine Übersicht über die in seiner nautischen Unterweisung, der »Onderwijsinge vander zee« (1558) behandelten Probleme. Eine kritische Durchsicht des Buchinhalts, das unter anderem eine bisher unbekannt gebliebene Segelanweisung für die Elbemündung sowie aufschlußreiche Anweisungen zur Praxis der terrestrischen und astronomischen Navigation enthält, kommt zu dem Schluß, daß aufgrund vieler Fehler und Unklarheiten die »Onderwijsinge« nicht als nautisches Lehrbuch im eigentlichen Sinne, sondern als belehrende Schrift über die Nautik bezeichnet werden müsse.

Zur Erleichterung der Identifizierung der oft stark entstellten Namen findet sich im Anhang eine Aufstellung aller in der »Caerte van oostlant« (dritte Auflage) zitierten Örtlichkeiten, soweit sie für die Schiffahrt von Bedeutung waren. Sie werden in der von Anthonisz. angewandten und in moderner Schreibweise wiedergegeben.

Mit seinem hydrographischen Schaffen, mit der Ausarbeitung seiner »Caerte van oostlant« und des Segelhandbuchs »Caerte van die Oosterse See«, hat Cornelis Anthonisz. zwei überragende Leistungen vollbracht. Gewiß, die eingehende Betrachtung ergab an vielen Stellen des Kartenbildes große Unzulänglichkeiten, zahlreiche mehr oder weniger schwere Fehler und sonstige Mängel. So schwer sie insgesamt auch wiegen mögen, sie können den generellen Wert der »Caerte« nicht schmälern.

Aufbauend auf dem anonymen Erfahrungswissen – Distanzschätzungen und Richtungsangaben – vieler Generationen von Seeleuten ist es dem Amsterdamer als erstem gelungen, Landmassen und Meeresbecken der Nord- und Ostsee in ein genähert richtiges Verhältnis zueinander zu bringen und seine Darstellung gleichzeitig mit einer an manchen Küstenabschnitten geradezu erdrückenden Fülle nautisch wichtiger Details auszugestalten wie keinem vor ihm. Mit dem Erscheinen seiner »Caerte« hat er einen überaus wichtigen Beitrag zur Erweiterung der Kenntnis seiner Zeitgenossen über Grenzen, Lage und Aussehen geographisch-hydrographischer Gegebenheiten im Nord- und Ostseebereich geleistet, der für die Kartographie des europäischen Nordens epochemachend geworden ist.

Seine beispielhafte Leistung stellt eine entscheidende Zäsur in der Entwicklung der See- und Landkartographie dar. Mit der Veröffentlichung der »Caerte van oostlant« waren alle älteren kartographischen Darstellungen der nördlichen Hälfte Europas einschließlich der »Oosterscher zee« Hoirnes von 1527, der damals Aufsehen erregenden »Schondia« Zieglers von 1532, ja selbst der so repräsentativ in elegantem Kupferstich 1539 herausgebrachten »Carta marina« des angesehenen geistlichen Gelehrten Olaus Magnus weit überholt.

Kein Wunder, daß die »Caerte« unseres Autors von zahllosen Kartenmachern des 16. Jahrhunderts kopiert oder Einzelabschnitte des Blattes zum Aufbau neuerer Karten mit herangezogen worden ist. Es bedarf einer besonderen Untersuchung, um sie alle einzeln aufzuführen. Unter ihnen ragen einige bedeutende Verleger und Autoren heraus: Im Süden waren es vor allem die großen italienischen Verlagshäuser Tramezzino und Gastaldi, die eigene Nachdrucke verbreiteten.[281] Zahlreiche bedeutende Kartographen wie Zeno, Contarini[282], Vopel[283], Musinus[284] u.a.m. lehnten sich in ihren Arbeiten an die des großen Amsterdamers an. Über die Schöpfer der ersten Atlanten aber, Ortelius, Mercator und Quad[285], die die »Caerte van oostlant« zur Grundlage ihres Dänemark-Bildes bzw. zur Darstellung Europas heranzogen, erlangte unser Kartentyp bis zum Ende des 16. Jahrhunderts weltweite Verbreitung (Abb. 104).

Nicht weniger hoch ist sein Segelhandbuch zu bewerten. Die der eigentlichen Sammlung an Segelanweisungen vorangestellte »Onderwijsinge« (1558) mit ihren Anleitungen zur terrestrischen und astronomischen Navigation muß als eine der ältesten gedruckten belehrenden nautischen Schriften Nordeuropas gelten.

Die in der »Caerte van die Oosterse See« zusammengefaßten Segelanweisungen befassen sich unter Umgehung zahlreicher Küstengewässer zwar fast ausschließlich mit Erläuterungen der Hauptverkehrsrouten der Großschiffahrt, teilen jedoch eine Fülle neuer Erkenntnisse mit. Sie betreffen nicht allein grundlegend wichtige Nord- und Ostsee überquerende Richtungs- und Distanzangaben, sondern – neben bisher nicht bekannten Segelrouten zwischen Lübeck und den baltischen Häfen – vor allem mit beispielhafter

281 Vgl. hierzu R.V. TOOLEY: Maps in Italian Atlases of the sixteenth Century. In: Imago Mundi III, 1939.

282 Zeno (1558), Contarini (1564): Abb. siehe BO BRAMSEN: Gamle Danmarkskort. Kopenhagen 1952. Fig. 33 und 35.

283 CASPAR VOPEL: Europa. Köln 1555. Ausschnittsweise Wiedergabe der Ausgabe V. D. PUTTE: Antwerpen 1572. In: Y. HAASE: Alte Karten und Globen in der Herzog-August-Bibliothek, Wolfenbüttel. Wolfenbüttel 1972, Abb. 14.

284 BARTH. MUSINUS: »Europa«. Ausgabe G. DE JODE. Antwerpen 1560.

285 A. ORTELIUS: »Daniae regni typus«. In: »Theatrum orbis terrarum«. Antwerpen 1570, Abb. in BRAMSEN: a.a.O. Fig. 39; G. MERCATOR: »Europa«. Duisburg 1554. Vgl. hierzu: A. HEYER in: Zeitschrift für wissenschaftliche Geographie VII, (Weimar) 1890. Wiederabdruck in: Drei Karten von Gerhard Mercator. Herausgegeben von der Ges. f. Erdkunde in Berlin. Berlin 1881; »Daniae regni typus« aus: MATTH. QUAD: Europae descriptio. Köln 1595. Abb. in: BRAMSEN: a.a.O. Fig. 54.

Sorgfalt entworfene Beschreibungen der »Vaart op kleine Oost«[286], nämlich die Einsegelung in die Ems, Jade/Weser und Elbe sowie die Ansteuerung der west- und südnorwegischen sowie westschwedischen Häfen bis zum Sund.

Mit der Einführung von Küstenansichten in die Segelhandbücher Nordeuropas hat Anthonisz. eine weitere epochale Leistung vollbracht. In nicht weniger als 74 – teilweise über mehrere Satzspiegel reichenden – Vertonungen gibt er schattenrißartig kürzere oder längere Küstenstrecken zwischen Flandern und Reval[287] in ihren charakteristischen Merkmalen im Bilde wieder. Die Holzschnitte unseres Amsterdamer Künstlers zeugen von derartiger Sorgfalt der Beobachtung und Präzision der Wiedergabe, daß sie alles, was bisher in dieser Art in ganz Europa erschienen war, weit in den Schatten stellten. In ihrer Eindringlichkeit und Aussagekraft blieben sie für Generationen unübertroffen und deshalb – teilweise bis zum Ende des 18. Jahrhunderts – vielfach unerreichtes Vorbild. Ja einige Küstenstrecken wie die von Westerlouwers Friesland, Nordjütland, Hela und verschiedenen Inseln haben seither kaum jemals wieder eine derart sorgfältige Darstellung erfahren wie durch Cornelis Anthonisz. Unter diesen Umständen ist es verständlich, daß das Segelhandbuch im 16. Jahrhundert eine ungewöhnlich hohe Auflage erlebte und in mehrere Sprachen übertragen wurde. Nicht weniger als fünf niederländische, sechs deutsche (Abb. 105) sowie je zwei dänische und englische (Abb. 106) Ausgaben – insgesamt 15 – sind bis jetzt bekanntgeworden.[288]

Beide, Segelhandbuch und Seekarte, stellen somit eine der entscheidenden Zäsuren in der Entwicklung der Seekartographie des europäischen Nordens dar, geniale hydrographische Arbeiten, deren Nachwirkungen den Tod ihres Schöpfers Generationen überdauerten und verdienen, für immer der Vergessenheit entrissen zu werden (Abb. 107).

286 Tegenwoordige Staat van alle volkeren, XXV/3, »Friesland«. Amsterdam 1788. S. 75, Anm.

287 Reval wird nicht abgebildet, dagegen bietet Anthonisz. als letzte Vertonung eine Seitenansicht der auf dem Wege nach Reval etwa 100 km westlich der Stadt liegenden Insel Odensholm.

288 Vgl. A. LANG (1953) S. 242, Anm. 64. Die englische Übersetzung »The Safegard of sailors, or greate rutter« kam zu London 1584 heraus. Sie wurde durch R. Norman besorgt.

Summary

After a brief survey of the economic situation in the Netherlands at the beginning of the 16th century and of Amsterdam's sea-borne traffic to the Baltic, the beginnings of cartography are outlined, particularly of nautical cartography in Northern Europe. Until the first decade of the 16th century true nautical charts in the seaman's sense of the word were unknown in this area. Prior to this, the aids used for charting a route were the sounding lead and descriptive texts of sailing instructions.

The City of Amsterdam commissioned the Amsterdam artist Cornelis Anthonisz. to design a large chart of the North Sea and the Baltic, the "Caerte van oostlant", because they wished to demonstrate to the Imperial authorities, who are planning to place new taxes on goods imported from the East, mostly corn, with the aid of a pictorial reproduction the length of the shipping routes between Amsterdam and the Baltic and the risks that the merchants had to encounter, and thus to persuade them that the additional tax would be an intolerable burden.

A short description of the life and works of Anthonisz. is followed by a general description of the chart drawn up by him in 1543, which only survives in the edition published by the Antwerp publisher Nicolai (c1560) (Wolfenbüttel). Details are given of the size of the chart (96 x 112 cm), its general content, its division into nine wooden blocks, its state of preservation and its colouring, on the conventional signs used, etc.

Next is a critical review of all the important features of each stretch of coastline from the British Isles to the Bay of Finland. In part, there is an astonishly realistic representation of the main bearings of most coastlines and of distance yet here and there are some significant errors in the delineation of other sections of the coast, most notably the eastern Baltic, the west coast of Norway and the northern parts of Great Britain, where the author or, more exactly, his sources were unable to supply detailed geographical information. On the other hand, his drawing of the coast of the Netherlands, the southern part of the North Sea coast and the Kattegat bears witness to a startlingly detailed knowledge.

In the next chapter, the differences between the Antwerp publication of the "Caerte van oostlant" and contemporary reproductions are considered. Somewhat surprisingly, research shows that no less than three copies of the "Caerte" have existed: the first edition of 1543, of which no original survives, but which is known to us through the "Septentrionalium regionum ... descriptio" (1558) of the Venetian publisher Michaele Tramezzino (and his copyists), a further copy revised by Anthonisz. himself which dates to 1553 at the latest and finally the Antwerp edition of the publisher Arnold Nicolai, the latter published by himself or by a colleague from his workshop, in 1560 at Antwerp – it is at any rate revised in the same places. The major differences of the two later versions of the "Caerte van oostlant" in comparison with the first one are the altered drawings of the west coast of Norway, the addition of certain place- and field-names in the east coast of England and a completely new setting for the formation of the Netherlands.

The following section is concerned with the partly insufficient and in some places erroneous sources that were available for Anthonisz. to draw upon. Essentially these amount to a sailing manual which appeared in Amsterdam in 1541, and possibly an old road map and various reports from returned sailors.

Here follows a detailed examination of the methods used by Anthonisz. for drawing up the chart. By systematically plotting the directions and distances given in contemporary sailing manuals, the location of the most important coastlines and their relationship to each other was established. This basis 'skeleton' was then filled up with numerous details and thus a full chart picture was arrived at. A critical appreciation of the "Caerte van oostlant" developed on the basis of these source places and constructional methods follows.

The following chapters analyse the equally important detailed sailing manual gathered together by Anthonisz., which appeared in three editions: the oldest dates probably to 1544, the second probably to 1551 and the third, under the title "Caerte van die Oosterse See", from Amsterdam to 1558. The two-part work, comprising nautical information and a collection of sailing instructions, is analysed beginning with the second part. The description of the coastal waters from the south of the Netherlands up to Narwa is published in the form of an abstract translated into German – where necessary – and numerous pages containing coastal outlines are reproduced in facsimile and explained. The fundamental differences between the coastal profiles of the first edition and the masterly well-proportioned coastal outlines of the third must be seen as proof that Anthonisz. visited the Baltic not only in 1543 but made one or more subsequent journeys.

From a survey of the sources that Anthonisz. might have had at his disposal for his sailing instructions of 1558 and a discussion of the probably contents of both of the older editions, there follows a survey of the problems dealt with in the "Onderwijsinge vander zee" of 1558. A critical study of the contents – which includes hitherto unknown sailing instructions for the mouth of the Elbe as well as information on the use of terrestrial and astronomical navigation – concludes that in view of the many mistakes and inaccuracies the "Onderwijsinge" cannot be regarded literally as a nautical textbook but rather as an instructive text on the art of navigation.

In order to aid identification of the often badly distorted placenames quoted in the "Caerte van oostlant" (third edition), an appendix is included of all the names which were important for shipping, given both in the form used by Anthonisz. and in the modern style.

Cornelis Anthonisz.'s "Caerte van oostlant" and the sailing manual "Caerte van die Oosterse See" must be regarded as two outstanding achievements. Admittedly a close inspection of the chart shows many shortcomings, some more or less important errors and other flaws but even these cannot detract from its worth.

Using the practical experience of many generations of anonymous seamen – both in assessing distance and for finding bearings – Anthonisz. was the first to bring together the landmarks and the sea basins of the North and Baltic seas in one complete work in relatively accurate proportions and at the same time his drawings of the many coastal sections revealed important nautical details for the first time. The publication of the "Caerte" was a significant contribution to the furthering of knowledge of borders, localities and geographical and hydrographical data amongst his contemporaries in the North Sea and Baltic region and was a milestone in the cartography of Northern Europe.

His exemplary work represents a major watershed in the development of terrestrial and maritime cartography. With the publication of the "Caerte van oostlant" all former cartographical drawings of the northern half of Europe, including Hoirne's "Ooster-scher zee" of 1527, Ziegler's "Schondia" of 1532 and even the elegant copperplate engraving "Carta Marina" by the distinguished religious scholar Olaus Magnus, became obsolete.

No wonder that the "Caerte" was copied by countless mapmakers of the 16th century or that individual sections of the pages were drawn on to make new maps. A special study is needed to specify them all. Among them there were particularly important publishers and artists: in the south the great Italian publishing house of Tramezzino and Gastaldi that distributed own reprints. Numerous important cartographers such as

Zeno, Contarini, Vopel, Musinus and others followed the example of Anthonisz. Through the authors of the first atlases – Ortelius, Mercator and Quad – who drew in the "Caerte van oostlant" for background information for Denmark and Europe as a whole, this type of chart achieved a worldwide publication by the end of the 16th century (Fig. 104).

Anthonisz.'s sailing manual is no less valuable. The "Onderwijsinge" (1558) which precedes the real collection of sailing directions must be regarded as one of the oldest scholarly nautical texts to be published in Northern Europe.

The collected sailing directions in the "Caerte van die Oosterse See" elucidate the main traffic routes for shipping, avoiding numerous local waters, and thus communicated a new understanding. It concerns not only the fundamentally important North Sea and Baltic routes and distances but also sketches out with exemplary care a description of the "Vaart op kleine Oost", – as well as previously unknown sailing routes between Lübeck and the Baltic harbours – namely in the Ems, Jade/Weser and Elbe as well as directions for bearings for the west and south of Norway and harbours in the west of Sweden as far as the Sound.

With the introduction of coastal views in the Northern European sailing manuals, Anthonisz. accomplished another epoch-making achievement. In no less than 74 coastal outlines – partly over several type areas – he reproduced silhouettes of coastal tracts between Flandern and Reval in characteristic details. Anthonisz.'s woodcuts are so detailed and so precise that they leave all former editions of such kind in the shade. Because of their impressiveness they remained unsurpassed for generations and set a virtually unattainable standard, partly until the end of the 18th century. Indeed, some of the coastal stretches, for example Westerlouwers Friesland, North Jutland, Hela and various other islands have never been so carefully drawn again. In these circumstances it is hardly surprising that the sailing manual in the 16th century received an unusually large printing and was translated into many languages. No less than five Dutch, six German (Fig. 105) as well as two Danish and English – total 15 – translations are known today.

Both the chart and the manual represent definitive watersheds in the development of maritime cartography in Northern Europe. These brilliant works of hydrography long outlived their creator and they deserve to be rescued from oblivion for ever (Fig. 107).

Résumé

Après avoir résumé la situation économique et politique des Pays-Bas au début du 16e siècle, alors que démarrait le trafic maritime d'Amsterdam avec les Provinces baltiques, l'auteur esquisse l'évolution de la cartographie marine et en particulier celle de la plus ancienne d'Europe du Nord. Celle-ci est caractérisée par le fait que, jusque dans les premières décennies du 16e siècle, les cartes marines telles que nous les connaissons aujourd'hui, y étaient encore inconnues, dans quelque domaine pratique que ce soit. L'aide la plus précieuse alors, pour trouver le bon cap, était, outre l'emploi de la sonde, la consultation de textes descriptifs et d'ouvrages directifs sur la navigation à voile.

C'est dans le but d'empêcher les autorités impériales de prélever une nouvelle taxe d'exportation sur les céréales importées de l'Est, que la ville d'Amsterdam chargea l'artiste amsterdamois Cornelis Anthonisz de dessiner une carte marine, à la fois de la mer du Nord et de la Baltique. Elle voulait en effet appuyer son argumentation sur des données figuratives concernant la longueur et les dangers d'une telle expédition, afin de prouver clairement aux autorités, combien la taxe prévue était une charge insupportable, étant donné le trajet dangereux à partir des Pays baltiques jusqu'à Amsterdam.

Après avoir retracé la vie et l'œuvre de l'artiste amsterdamois, l'auteur fait une description générale de la carte marine qu'il a dessinée en 1543, carte que nous conservons en tant qu'original dans la Critique de l'éditeur anversois Nicolai (1560 environ) (Wolfenbüttel). En plus des indications concernant sa dimension, (96 x 112), on y trouve des détails sur: le contenu d'ensemble, le partage en 9 billots de bois, sur les conditions de conservation et le coloriage, sur les signes utilisés ... et sur bien d'autres points encore.

Le paragraphe suivant apporte un regard critique sur les particularités de chaque secteur côtier, des îles britanniques à la baie finlandaise. Il dévoile, que pour plusieurs secteurs, le tracé principal et les distances sont étonnament proches de la réalité, tandis qu'on note pour d'autres des erreurs considérables. Ceci est particulièrement vrai pour le bassin Est de la Baltique, la côte Ouest de la Norvège et la partie Nord de la Grande-Bretagne, pour lesquels l'auteur a manqué, soit de connaissances géographiques soit des sources d'informations. Par contre, la représentation des eaux néerlandaises, de la côte Sud de la mer du Nord et de la Kattegat, témoigne d'une connaissance étonnante de détails.

Un des chapitres qui suit explique les différences existants entre l'édition anversoise de la «Caerte van oostlant» et les autres reproductions de l'époque. Une étude précise montre avec surprise, que pas moins de 3 éditions de la «Cartes» ont existé: la première de 1543, de laquelle on n'a conservé aucun original, mais que nous connaissons à travers la «Septentrionalium regionum ... descriptio» (1558) de l'éditeur vénitien Michaele Tramezzino (et de ses copistes); une autre, remaniée par Anthonisz lui-même, et achevée au plus tard en 1553, et enfin l'édition anversoise (de nouveau remaniée à plusieurs endroits), publiée vers 1560 à Anvers par Arnold Nicolai et ses collaborateurs à l'imprimerie. Des modifications dans le contour des côtes Ouest de la Norvège, un apport important de noms de localités et de lieux-dits sur le littoral Est anglais, ainsi qu'une structure tout à fait nouvelle des Pays-Bas, sont les caractéristiques essentielles des deux dernières éditions de la «Caerte van oostlant».

Le paragraphe suivant porte sur les sources de documentation, peu nombreuses, en partie bien insuffisantes et riches en erreurs, auxquelles Anthonisz a eu recours pour faire sa carte: c'est à dire, fondamentalement, un manuel de navigation pour la voile, paru à Amsterdam en 1541, et peut-être aussi, une vieille carte routière, ainsi que des observations personnelles et des témoignages de gens de la mer expérimentés.

Vient ensuite une explication approfondie de la méthode de travail d'Anthonisz. On peut y trouver la preuve, qu'en grande partie, il juxtapose les différents secteurs de côtes en évaluant données de direction et de distance (provenant des directives contemporaines sur la voile), les prend comme base de construction, et complète ensuite ce «squelette» par de nombreux détails, pour finallement composer une carte.

L'auteur enchaîne ensuite avec une appréciation critique de la «Caerte van oostlant», conçue donc d'après ces sources et cette méthode de travail.

Les chapitres suivants sont consacrés au manuel de voile, non moins important, rassemblant les diverses informations recueillies par Anthonisz, et duquel ont paru trois tirages. Le plus vieux date probablement de 1544, le suivant de 1551 peut-être, et le troisième, publié à Amsterdam sous le titre «Caerte van die Oosterse See», de 1558. Dans cet ouvrage, composé de deux parties, – une information nautique et un ensemble de directives pour la voile –, la critique porte avant tout sur cette dernière. Certaines descriptions des eaux, qui s'étendent depuis le Sud des Pays-Bas jusque dans la région de Narwa, sont – autant que cela semblait nécessaire –, traduites en langue allemande, tandis que de nombreuses pages originales sont reproduites et commentées avec des vues de coupe en fac-similé. La grande dissemblance entre les vues en coupe de la première édition (disparue), et celles talentueuses de la troisième, est la preuve concluante que Anthonisz a parcouru les eaux de la Baltique non seulement en 1543, mais plus tard encore à une ou plusieurs reprises.

Après une discussion sur les sources dont aurait pu se servir Anthonisz pour écrire son manuel de voile en 1558, et après une présentation du contenu probable des deux premières éditions, un passage expose les divers points abordés dans son ouvrage instructif sur le nautisme, le «Onderwijsinge vander zee». Une vision critique sur le contenu de ce livre, c'est à dire entre autres, sur les conseils se rapportant à la voile dans l'embouchure de l'Elbe (conseils restés jusqu'alors inconnus), ainsi que sur des indications pour s'orienter en mer par rapport à la terre et aux astres. Cette critique en arrive à la conclusion, qu'en raison des nombreuses fautes et du manque de clarté, le «Onderwijsinge» ne devrait pas être considéré comme un abécédaire de nautisme au sens propre, mais simplement comme un ouvrage informatif sur le nautisme.

Afin de faciliter l'identification des noms souvent très déformés, on trouve en annexe un inventaire de toutes les localités citées sur la carte, dans la mesure où celles-ci peuvent avoir quelque importance pour la navigation. Elles sont reproduites dans la forme usée par Anthonisz et dans la forme moderne.

Avec son travail hydrographique, la préparation de sa «Caerte van oostlant» et de son manuel pour la navigation à voile «Caerte van die Oosterse See», Cornelis Anthonisz a atteint deux performances surpassantes. Sa recherche, bien que minutieuse, révèle pourtant à certains endroits de la carte de grandes insuffisances, de nombreuses fautes, plus ou moins graves, ou quelque autre défaut. Mais, même en ayant une opinion des plus sévères à ce propos, vous ne pourrez nier la valeur d'ensemble de la carte.

Comme personne avant lui, l'Amsterdamois a en effet réussi, en se basant sur l'expérience anonyme de plusiers générations de gens de la mer, – appréciation de distances et de directions –, à représenter terres et eaux de la mer du Nord et de la Baltique dans de justes proportions, et en même temps à les accompagner, à certains endroits de la côte, d'une foule vraiment écrasante de détails importants pour la navigation. Avec la parution de sa carte, il a permis à ses contemporains d'étendre leurs connaissances dans le domaine géographique et hydrographique de la mer du Nord et de la Baltique (délimitation, emplacement et aspect), aide qui est devenu mémorable pour la cartographie du Nord de l'Europe.

Cette œuvre exemplaire représente une étape décisive dans l'histoire de la cartographie terrestre et maritime. Avec la publication de la «Caerte van oostlant», toutes les vieilles représentations cartographiques de la moitié Nord de l'Europe, y compris la «Oosterscher zee» de Hoirne de 1527, ainsi que la «Schondia» de Ziegler de 1532 qui fit à l'époque sensation, et même la «Carta marina» du savant Olaus Magnus (écclésiastique notable), carte très représentative éditée en 1539, ont été largement dépassées.

Il n'y a donc pas de miracle à ce que la «Caerte» de notre auteur ait servi de modèle à de nombreux cartographes du 16e siècle ou bien que l'on en ait prélevé de petits morceaux pour tracer de nouvelles cartes. Les rassembler ensuite pour n'en faire plus qu'un exige une étude particulièrement poussée. Quelques éditeurs et auteurs importants s'en elèvent au-dessus: dans le Sud, ce furent les grandes maisons d'édition italiennes Tramezzino et Gastaldi qui lancèrent leur propres reproductions. De nombreux cartographes importants, tels Zeno, Contarini, Vopel, Musinus et d'autres, appuyèrent leur travail sur celui du grand Amsterdamois. Mais plus que les auteurs des premiers atlas, Ortelius, Mercator et Quad, qui eurent recours à la «Caerte van oostlant» comme point d'appui pour leur représentation du Danemark et pour celle de l'Europe, notre homme cartographe acquit une réputation très grande dans le monde entier jusqu'à la fin du 16e siècle (fig. 104).

Son ouvrage sur la voile ne mérite pas moins d'éloges. La «Onderwijsinge», qui est un guide pour le repérage en mer rapport à la terre et aux astres, et qui se situe dans le livre avant l'ensemble d'informations sur la voile, doit être considérée comme une des œuvres imprimées instructives les plus anciennes qui aient jamais existé en Europe du Nord.

Les instructions sur la voile de la «Caerte van die Oosterse See» traitent, – en omettant des nombreuses eaux territoriales –, presque exclusivement des commentaires des principales voies de circulation pour la grande navigation. Toutefois, elles communiquent une foule de connaissances nouvelles: elles fournissent non seulement les directions et les distances fondamentales pour traverser la mer du Nord et la Baltique, mais surtout, – en plus d'itinéraires inconnus pour la navigation à voile jusqu'alors entre Lübeck et les ports baltiques, des descriptions d'une exactitude exemplaire, du «Vaart op kleine Oost», c'est à dire les voies d'accès dans l'Ems, la Jade/Weser, et l'Elbe, ainsi que dans les ports Ouest et Sud de la Norvège et ceux de l'Ouest de la Suède, ce jusqu'au Øresund.

Anthonisz a de nouveau accompli une performance en introduisant des vues de coupe pour les côtes, dans son ouvrage sur la voile en Europe du Nord. Pas moins de 74 vues, – un certain nombre d'entre elles s'étalant sur plusieurs colonnes – représentent des silhouettes très détaillées de secteurs côtiers situés entre Flandre et Réval, chacune avec ses caractères particuliers. Les gravures sur bois de notre artiste amsterdamois font preuve d'un tel scrupule d'observation et de précision, qu'elles dépassent de loin tout ce qui, dans ce genre, était apparu jusqu'alors en Europe. Par leur force de persuasion et leur qualité, elles sont restées pendant des générations sans pareilles. Et c'est la raison pour laquelle, – jusqu'à la fin du 18e siècle – elles furent des modèles inégalés. Pour certaines parties de la côte, comme celle du Westerlouwers Friesland, Nordjütland, Hela et d'autres îles encore, une représentation aussi scrupuleuse que celle d'Anthonisz n'a jamais été retentée. Dans ce cas, on comprend pourquoi le manuel de voile connut au 16e siècle un tirage extraordinaire et pourquoi il fut traduit en plusiers langues. On connait aujourd'hui pas moins de 5 tirages en néerlandais, 6 en allemand (fig. 105), plus 2 en danois et 2 en anglais (fig. 106).

Ce manuel pour la navigation à voile et cette carte marine constituent donc une étape des plus décisives dans le développement de la cartographie marine d'Europe du Nord! Ce sont des travaux d'hydrographie tout simplement géniaux, qui ont survécu à des générations de cartographes et ont gagné à être tirés pour jamais de l'oubli (fig. 107).

Обобщение

Следуя общему обзору экономических и политических условий в Нидерландах начала XYI столетия и морских сообщений Амстердама с Прибалтикой (в труде) обрисовывается в общих чертах развитие картографии и, в первую очередь, ранней морской картографии в районе северной части Европы. Она выделяется тем, что вплоть до первых десятилетий XYI века морские карты как таковые были неизвестны в мореходстве. Главным вспомогательным навигационным средством для нахождения курса служили наряду с лотом главным образом описательные тексты - лоции.

Поводом для создания „Карты восточных земель" (Caerte van oostlant) явилось то обстоятельство, что город Амстердам, желая предотвратить намечаемый императорскими канцеляриями налог на ввозимое с Востока зерно, поручил амстердамскому художнику Корнелису Антонисц.-у (Cornelis Anthonisz.) составить объемистую морскую карту Северного и Балтийского морей, чтобы, опираясь на зто картинно-чертежное изображение всей длины морского пути и его опасностей, наглядно убедить императорские канцелярии, что предусматриваемый дополнительный налог на перевозку зерна из Прибалтики в Амстердам явиться невыносимым бременем.

Краткому очерку жизни и трудов амстердамского художника следует общее описание созданной им в 1543 году морской карты, сохранившейся нам (в г. Вольфенбюттель) только в рецензии антверпенского издателя Николая (Nicolai), датируемого около 1560 года. Наряду с указаниями на объем (96 × 112 см) здесь более подробно рассматривается общее содержание, подразделение на девять деревянных печатных форм, степень сохранности и красочное оформление, использование картографических символов и т.д.

Второй раздел содержит критическое обозрение важнейших подробностей каждого берегового отрезка от Британских островов вплоть до финского залива. Из него исходит, что частично удивительно близкое к действительности воспроизведение главных контуров и расстояний некоторых отрезков побережья чередуется со значительными ошибками в конфигурации других отрезков побережья в некоторых районах. Последнее относится в первую очередь к восточной части Балтийского бассейна, к западному побережью Норвегии и к северовосточной части Великобритании, где географические сведения автора или доступные ему источники были недостаточны. В то же время, описание нидерландских вод, южного побережья Северного моря и Каттегата свидетельствует о частично удивительных знаниях подробностей.

в дальнейшей главе речь идет о различиях между составительными работами антверпенского издания „Карты восточных земель" и репродукциями, совпадающими по времени с изданием рецензии. Подробное исследование неожиданно выявляет, что в то время существовали по крайней мере три издания „Карты": первое от 1543 года, оригиналы которого не сохранились, но известны нам из „Septentrionalium regionum... descriptio" (1558 г.) венецианского издателя Микаеле Трамеццино (Michaele Tramezzino) и его копировщикв; другое издание, переработанное самим Антонисц. ем и законченное не позднее 1553 года, и, наконец, антверпенское издание Арнольда Николая, переработанное им самим или сотрудниками его мастерской и вышедшее в свет в Антверпене около 1560 года. Наиболее существенными отличительными чертами обеих более поздних изданий „Карты восточных земель" является измененное изображение конфигурации побережья западной Норвегии, дополнения в районе восточного побережья Англии путем включения дополнительных названий населенных пунктов и угодий, а так же полностью ревидированное подразделение Нидерландов.

Следующий раздел обсуждает те немногие, частично еще недостаточные и содержащие ошибки источники, использованные Антонисц. ем при составлении своей „Карты". В основном этими источниками служили: вышедшая в Амстердаме в 1541 году лоция, возможным образом старая карта сухопутных дорог, а так же собственные наблюдения и указания опытных мореплавателей.

Этому разделу следует подробное обсуждение метода построения, использованного Антонисц. ем при построении карты. Исходя из этого обсуждения, можно доказать, что, „выписывая" систематически указания направлений и расстояний из существовавших лоций, он выяснял конфигурацию важнейших отрезков побережья и их положение относительно друг к другу, используя результаты как основу для построения своей карты и пополняя их затем многочисленными подробностями для оформления общей карты.

Примыкающий раздел содержит основанную на этих первоисточниках и методе конструкции критическую оценку „Карты восточных земель".

Последующие главы подробно обсуждают в равной мере важную, составленную Антонисц. ем, лоцию, изданную в трех тиражах. Первое издание появилось в Амстердаме по всей вероятности в 1544 году, второе возможно в 1551 году, а третье под титулом „Карта восточных земель" в 1558 году. При разборе труда, состоящего из двух частей - навигационного поучения и собрания наставлений для кораблевождения -, сначала рассматривается критически, раздел за разделом, вторая часть. Его описания морских районов, начиная от нидерландского Юга и кончая районом Нарвы, приводятся, по мере необходимости, в виде выписок в немецком переводе. К этому прилагаются многочисленные воспроизведения оригинальных оттисков с точной передачей красочного оформления. Принципиальное отличие общего вида страниц первого (потерянного) издания от виртуозно выполненного красочного оформления третьего издания может служить убедительным доказательством тому, что Антонисц. не только побывал в Балтийских водах около 1543 года, но и совершил еще один или несколько рейсов в Балтийское море.

Обзору источников, стоявших возможным образом в распоряжении Антонисц. а при составлении его лоции 1558 года, и обсуждению предпологаемого содержания его первых двух изданий следует обсуждение проблем, стоявших перед ним при создании навигационного поучения „Мореходное руководство" (Onderwijsinge vander zee) 1558 года. Криттический разбор содержания книги, содержащей, между прочим, и одну до сих пор неизвестную инструкцию для захода в реку Эльба, а так же поучения относительно практики навигации по береговым предметам и астрономической ориентировки, приходит к выводу, что ввиду многих неправильностей и неясностей „Руководство" не заслуживает названия навигационный учебник в полном смыслк слова.

Для облегчения идентификации часто искаженных названий в Приложении приведен список всех местностей и населенных пунктов, упомянутых в „Карте восточных земель", поскольку они имели значение для мореплавания. Они приведены в правописании, использованном Антонисц. ем, и в современном правописании.

Своим гидрографическим трудом, составлением карты „Карта восточных земель" и лоции „Карта восточного моря" (Caerte van die Oosterse See) Корнелис Антонисц. создал два труда огромного значения. Конечно, подробный разбор выявил значительные недостатки во многих местах карты, многочисленные более или менее серьезные неправильности и другие ошибки. Но как бы серьезны они ни были в общем, они не ущемляют общее значение „Карты".

Основываясь на анонимных практических сведениях – приблизительных определениях расстояний и указаниях направлений многих поколений мореплавателей, амстердамскому художнику удалось, как первому, привести земельные массивы и морские бассейны Северного и Балтийского морей в приближенно правильное соотношение друг с другом и одновременно обогатить, как никто перед ним, свою картину почти необозримым количеством важных для навигации детелей в некоторых отрезках побережья. Изданием своей „Карты" он внес очень важный вклад для обогащения знаний современников о границах, положении и виде географической и гидрографической действительности в районе Северного и Балтийского моря, вклад, ставший эпохальным в картографии европейского Севера.

Его беспримерный труд представляет собой новую главу в развитии морской и наземной картографии. Издание „Карты восточных земель" превратило более ранние описания севернй половины Европы, включая „Восточное море" (Oosterscher zee)

Хойрна (Hoirne) от 1527 года, в свое время сенсационную „Schondia“ Циглера (Ziegler) от 1532 года и даже так представительно изданную в 1539 году по гравюре на меди „Carta marina“ знатного церковного ученого Олауса Магнуса (Olaus Magnus), в далеко устаревший материал.

Не удивительно, что „Карта“ нашего автора копировалась бесчисленными картографами XУI столетия и что отдельные части карты использовались для составления новых карт. Для их перечисления необходимо специальное исследование. Среди них выделяется несколько издателей и авторов: на юге это были в первую очередь большие итальянские издательства Трамеццино (Tramezzino) и Гастальди (Gastaldi), выпустившие в свет несколько переизданий. Многие выдающиеся картографы как Цено (Zeno), Контарини (Contarini), Фопель (Vopel), Музинус (Musinus) и т.д. опирались в своих рабоих работах на знаменитого амстердамца. Но мировое распространение до конца XУI века наш тип карты получил с помощью создателей первых атласов: Ортелиуса (Ortelius), Меркатора (Mercator) и Квада (Quad), использовавших „Карту восточных земель“ как основу для карты Дании или для описания Европы (Рис. 104).

Не менее высокую оценку заслуживает его лоция. Предидущее лоции как таковой „Руководство“ (Onderwijsinge) с его инструкциями для навигации по береговым предметам и астрономической ориентировки следует считать как одну из старейших мореходных поучительных публикаций Северной Европы.

Несмотря на то, что составленная в „Карте восточного моря“ (Caerte van die Oosterse See) лоция состоит почти исключительно из пояснений, касающихся главных морских путей далекого плавания, и выпускает из виду многие прибрежные воды, она все же содержит массу новых познаний. Они относятся не только к принципиально важным данным о направлениях и расстояниях морских путей, пересекающих Северное и Балтийское море, но так же – наряду с до тех пор неизвестными морскими путями между Любеком и прибалтийскими портами – к тщательно выработанным описаниям „Плавания по Малому Востоку“ (Vaart op kleine Oost), а именно к заходам в реки Эмс, Яде-Везер и Эльба, а так же подходам к западным и южным норвежским и западным шведским портам вплоть до Зунда.

Включив в издания лоции северной Европы очертания берегов, как они представляются глазу мореплавателя, Антонисц. совершил еще одно эпохальное дело. На не менее чем 74 красочных рисунках, охватывающих частично несколько книжных полос, он воспроизводит силуэты иногда коротких, иногда более длинных отрезков берега между фландрией и Ревалем с их характерными приметами. Гравюры на дереве нашего амстердамского художника свидетельствуют о такой зорькости наблюдения и точности воспроизведения, что они далеко превосходят все издания этого рода, вышедшие до тех пор в Европе. Своей убедительностью и силой выражения они оставались непревозойденными в течение нескольких поколений и являлисьпоэтому – частично вплоть до конца XУIII столетия – редко достигаемым примером. Более того, до нашего времени точность воспроизведения некоторых берегвых отрезков, как например части Фризии (Westerlouwers Friesland), северной Ютландии, полуострова Хеля, а так же некоторых островов, редко достигала тщательности Корнелиса Антонисц. а. Поэтому понятно, что его лоция достигла в XУI столетии необычайно высокого тиража и была переведена на несколько языков. До сих пор нам стали известными не менее чем пять нидерландских, шесть немецких (Рис. 105), а так же два датских и два английских (Рис. 106) издания – всего 15.

Таким образом, оба сборника – лоция и морская карта – представляют собой новые главы в развитии картографии европейского Севера, значительные гидрографиеские работы, эффект которых надолго пережил смерть их создателя и которые заслуживают быть вызванными из забвения (Рис. 107).

Anhang: Küstennahe Orts- und Flurnamen der »Caerte van oostlant«

Nordsee (I)

Kattes	Duncansby Head[1]	Scakenes	Kilnsea (?)
Abberduin	Aberdeen		Skegness (?)[5]
Noorfoert	Montrose (?)[2]	Sintemnes	Skitterness, S von
D Sonson	Bell Rock[3]		Kingston[6]
Eerdenburch	Edinburgh	D Homcs	Humber[7]
sWituort	Wemyss[4]	Barleton	Barton[8]
liet	Leith	Blancken	Blakeney
T Foert	Firth of Forth	Scilt	The Shelde[9]
barwic	Berwick	Lit F	Linn Deeps[10]
tinwinth	Tynemouth	Vuinterduin	Winterton
nicassteel	Newcastle	Leistaf	Lowestoft
Hardepol	Hartlepool	Krakelne	Koklin[11]
D tees	Tees	Orfornes	Orfordness
Witboi	Whitby	Jerrinden	Yarmouth[12]
Rotenboersbui	Robin Hoods Bay	Ypswick	Ypswich
Scardenburch	Scarborough	Herwick	Harwich
vylo	Filey	S Ocsens	St. Osyth
Vlambergherhooft	Flamborough Head	Noortweel	Orwell-Fluß

1 Einige Örtlichkeiten im Bereich der Ostküste Englands und Schottlands lassen sich nur schwer identifizieren, da sie sehr entstellt und oft auf der »Caerte« gänzlich falsch situiert angegeben werden, zumal u.a. Anthonisz. den Wash mit dem Humber verwechselte. »Kattes«, in niederländischen Segelhandbüchern des 16. Jahrhunderts zumeist als »Cateneszе« bezeichnet. Vgl. DAMSTEEGT (1942), S. 138.

2 Mit der markanten Örtlichkeit zwischen Aberdeen und dem Firth of Tay dürfte am ehesten der bedeutende Handelsort Montrose gemeint sein.

3 Als wichtige Insel oder Klippenbildung zwischen Aberdeen und Edinburgh im Bereich des Firth of Tay kommen am ehesten die auf dem Wege zum Firth of Tay oder Firth of Forth liegenden Inchscaper Schären (Bellrock) in Frage, nach LOWTZOW: Die Nordsee. Hamburg 1857. S. 300 seit je eine der gefährlichsten Klippen der ganzen Ostküste.

4 Am ehesten dürfte Wemyss gemeint sein, und zwar entweder die weit auf See sichtbaren Ruinen eines Schlosses oder der alte Hafen Westwemyss.

5 Es ist naheliegend, hier Kilnsea bei Spurnpoint anzunehmen. Nicht ausgeschlossen bleibt freilich, daß Anthonisz. Skegness am Nordufer des Wash genannt haben wollte, da er auf seiner Seekarte eindeutig die breitgelagerte Wash-Bucht mit der Humbermündung verwechselte.

6 Wahrscheinlich ist das Humber aufwärts gelegene Skitterness, eine niedrige runde Huk südlich von Kingston, vielleicht aber auch Kingston upon Hull selbst gemeint.

7 Humber und Wash sind auf der Seekarte miteinander verwechselt.

8 Barton? (Südufer des Humber). Vielleicht eher Bridlington südwestwärts Flamborough Head.

9 Bei Cromer. Vgl. hierzu: J. GAIRDNER and E. DELMER MORGAN: Sailing directions for the circumnavigation of England (= Works of the Hakluyt Society, 79). London 1889. S. 25 und S. 33.

10 Linn Deeps vom Wash.

11 Covehite? Wahrscheinlicher dürfte die östlich Winterton gelegenen »Koklijn«, heute »Cockle« genannte Untiefe gemeint sein.

12 Die Lage von Yarmouth und Lowestoft sind auf der Karte miteinander verwechselt.

D Nuts	The Naze	Briel	Den Briel
Malden	Maldon	Mosa	Maas
Teems	Thames	Vlarding	Vlaardingen
Queenburch	Queanborough	rott'dam	Rotterdam
ly	Leigh	Gravesant	s'Gravenzande
Londi	London	hage	Den Haag
tuoerlant	North Foreland	Haerlem	Haarlem
ent	Thanet	Alcmar	Alkmaar
Santwick	Sandwich	Huysduynen	Huisduinen
Kantelberch	Canterbury	Meersdiep	Marsdiep
Goeien	Goodwin Sands	Wieringen	Wieringen
Doueren	Dover	Medenblik	Medemblik
Kamer	Camber	Eynchuysen	Enkhuizen
Rye	Rye	Hoorn	Hoorn
laenfif	Fairlight	Edam	Edam
D Hoofden	Enge von Calais	Monickedam	Monikendam
Enghelant	England	muyden	Muiden
Calis	Calais	Amsterdam	Amsterdam
Greueling	Gravelines	harderwyck	Harderwyk
Duinkerck	Dünkirchen	elburg	Elburg
nieupoort	Nieuwpoort	Campen	Kampen
oostende	Oostende	Geel	Genemuiden
Vueren	Veurne	Volleho	Vollenhove
oudenburg	Oudenburg	lem	Lemmer
Brugghe	Brügge	Sloten	Sloten
Sluys	Sluis	Staueren	Stavoren
Ardenburg	Aardenburg	Hindelopen	Hindeloopen
Cadzant	Kadzand	Worckum	Workum
Vlissingen	Vlissingen	Bolsward	Bolsward
Middelburg	Middelburg	Hariinge	Harlingen
Veer	Veere	Dockum	Dockum
armu	Arnemuiden	Collum	Kollum
oostburg	Oostburg	Groeningen	Groningen
biruliet	Biervliet	Texel	Texel
Axel	Axel	Westvlielandsdiep	Westvlielandsdiep
Hulst	Hulst	Burg	Burg
De hol	Honte	Vlielant	Vlieland
Andwerpen	Antwerpen	t' Vlie	Vlie
lillo	Lilloo	Schellinck	Terschelling
Bergen op zoom	Bergen op Zoom	Grind	Griend
Steenbergen	Steenbergen	Boerdiep	Boerdiep
Oubos	Oudenbosch	Amelandt	Ameland
Braeda	Breda	Scolbalg	Scholbalg[13]
7 berg	Zevenbergen	Schiermonnicoge	Schiermonnikoog
Sgertruberg	s'Geertruidenberg	Lauwers	Lauwers
Dordrecht	Dordrecht	Bosch	Den Bosch
Worcum	Woudrichem	Rottumoge	Rottum
bommel	Zaltbommel	Eems	Ems
Gorcum	Gorinchem	Borckum	Borkum
iselmond	Ysselmonde	Oost eems	Osterems
Spui	jetzt Volkerak/Hellegat	d Iuyst	Juist
Olckensplaat	Ooltgensplaat	Ninorderd	Norderney
tolen	Tholen	Balerom	Baltrum
Rumersval	Reimerswaal	Ackeme	Ackumer Ee
goes	Goes	Langheroch	Langeoog
Zirczee	Zierikzee	Ossebalg	Ossebalje
scouen	Schouwen	Spikeroech	Spiekeroog
Browershauen	Brouwershaven	Oldeoch	Oldeoog

[13] »Scholbalg« nannte sich ein ehemaliges Seegat zwischen Schiermonnikoog und Ameland.

Harle	Harle
Wangeroge	Wangeroog
Eemden	Emden
t'huis te cout	Leerort
Steckhuis	Stickhausen
Appen	Apen
d eems F	Emsfluß
D Lae F	Ledafluß
dornen	Dornum
eessens	Esens
Aurick	Aurich
geverden	Jever
D Jade F	Jadefluß
Jaborcy[14]	Vrijade
Missen	Minsen
Langenede	Lengen
Hont	Hunte
Oldenborch	Oldenburg
Belgennigerlant	Butjadingerland
D Weser F	Weserfluß
blixen	Blexen
Bremen	Bremen
Alna F	Lunefluß
t lant te worst	Wurtfriesland
dornerdiep	Dorumertief
t nuewerck	Neuwerk
Heiligelant	Helgoland
te had	Hadeln
Aterdor	Otterndorf
t lant te Keiding	Kedingen
Staden	Stade
D Elft	Elbe
Hamborch	Hamburg
d stuer F	Stör
Itzho	Itzehoe
Bruinsbut	Brunsbüttel
Mildorp	Meldorf
Rotmeer[15]	Marne
Rotmer	Wöhrden[16]
tersch	Heide
londen	Lunden
Ditmers	Dithmarschen
D heeuer F	Heverfluß[17]
toe nighen	Tönning
t lant te eider	Eider
Huisem	Husum

D eyder F	Eiderfluß
Strantvriesen	Nordstrand
lutketonder	Møgeltønder
Ripen	Ribe
slot	Riberhus
hensberch	Lønborggård[18]
swartberch	Vosborg[19]
Rijnkoepen	Ringkøbing
Bouenberghen	Bovbjerg
D holms	Hanstholm
limwick	Lemvig
Moors	Mors
Robeknut	Rubjerg Knude
hartshals	Hirtshals
Skaghen	Skagen
Fux	Föhr
Ameren	Amrum
salt	Sylt
Rinn	Rømø
Manu	Mandø
fanu	Fanø
uthoe	Utholm[20]
Munnit	Holmslands Klit[21]
Seebuy	Sæby
lakeren	Flade Gjerum[22]
Aelburch	Ålborg
hallenbro	Hobro
stevenshooft	Stavnshoved
Ranberhuis	Randers
Harsenes	Horsens
Weel	Vejle
Nipen	Nibe
Nicopen	Nykøbing
Wenshuis	Vendsyssel
Colin	Kolding
Haderslue	Haderslev
Openra	Åbenrå
flensborch	Flensburg
Sleeswyck	Schleswig
Gotdorp	Gottorf
Hekeluorde	Eckernförde
Kiel	Kiel
lutkeborch	Lütjenburg
Heiligerhaue	Heiligenhafen
Lubick	Lübeck

14 Von Oldenburg im 15. Jahrhundert angelegte befestigte Anlage im Süden des Jadebusens.

15 »Rotmeer«, auch »Roodemarrel« genannt. Es handelt sich um eine – nicht nur in seemännischen Kreisen – im 16. und 17. Jahrhundert wiederholt nachweisbare altertümliche Bezeichnung für die Ortschaft Marne mit hochaufragendem Kirchturm. Vgl.: »Romarder plaat«, in: Leeskaartboek van Wisbuy, 1920, S. 21 und »Romerne« in L.J. WAGHENAER: Spieghel der zeevaert. Leiden 1585.

16 Sofern es sich nicht um ein Versehen handelt, dürfte Altenwöhrden, ein zwischen Büsum und Heide gelegenes Dorf mit einem im 16. Jahrhundert markanten Kirchengebäude gemeint sein.

17 Name verwechselt mit der Eider.

18 Nach KNUDSEN (1915), S. 257.

19 Ebd., S. 274.

20 Von Anthonisz. versehentlich nordwärts verlegter – ursprünglich selbständiger – NW-Distrikt von Eiderstedt »Utholm«. Vgl. den vom Festland getrennten Landrest »Utto« auf älteren Seekarten, wie z.B. bei W.J. BLAEU: Zeespiegel. Amsterdam 1623.

21 Nach KNUDSEN (1915), S. 264.

22 KNUDSEN (1915), S. 260.

Dänische Inseln und dänische Gewässer (I)

trintel	Trindelen	Roescilt	Roskilde
lesou	Læsø	elsenuer	Helsingør
Anout	Anholt	D. Sont	Sund
sansoe	Samsø	Coppenhauen	København
Wederoe	Vejrø	Amck	Amager
Belt	Store Belt	Drackoer	Dragør
zcirue	Sejerø	Kallenborch	Kalundborg
Risones	Refsnæs	Healbeeck	Holbæk
Hulshom	Hindsholm	Corsuer	Korsør
D haersont	Horsensfjord[23]	Kuick	Køge
D Miluars zcont	Middelfart Sund	scelsoer	Skælskør
Als	Als	Nestweel	Næstved
Sonderburch	Sønderborg	Warenborch	Vordingborg
Langhelant	Langeland	Faxoo	Fakse
Wrees	Vresen	preslo	Præstø
ome	Omø	steden	Stevns
spro	Sprogø	tuolfs gat	Ulvsund
Rijns	Romsø	Muen	Møn
Fuinen	Fyn	steck	Stege
Cortsur	Kerteminde	Golber sont	Guldborgsund
buenos	Bogense	Valster	Falster
Miluort	Middelfart	sascopen	Sakskøbing
Oesel	Odense	Nicopen	Nykøbing
Assens	Assens	Loeilant	Lolland
Niborch	Nyborg	maribue	Maribo
Knutshooft	Knudshoved	Roebuel	Rødby
slijpshauen	Slipshavn	gestro rif	Gedser rev
Foburch	Fåborg	Femeren	Fehmarn
Suyburch	Svendborg	stabul	Staberhuk
Selant	Sjælland	pietershor	Petersdorf
Nicopen	Nykøbing	derberch	Burg

Ostsee

Wismer	Wismar	golnau	Gollnow
bock	Landspitze Buk	Casseroe	Koserow
Warmont	Warnemünde	liuwenhont	Dievenowfluß
D.gelle F	Gellenfluß	Ruighen	Rügen
Rostuyck	Rostock	trepton	Treptow
Misonde	Stralsund	Camin	Kammin
Doerenbos	Dornbusch	Kolberghen	Kolberg
Witmo	Wittow	Casselin	Köslin
Jasmont	Jasmund	Poemeren	Pommern
Niediep	Landtief[24]	terslogels	Schlawe
Damgarden	Damgarten	Terstolp	Stolp
Gripsvolt	Greifswald	Reefkol	Revekol
Wiidgast	Wolgast	Rijshoeft	Rixhöft
Stettin	Stettin	Aexernes	Heisternest

23 Gemeint sind offenbar die Gewässer westlich der – falsch situierten – Insel Samsø.

24 »Landtief« zwischen Thiessower Haken und der Insel Ruden. Möglicherweise ist aber auch das »Osttief« zwischen »Gänsegrund« und einer Sandbank vor dem Greifswalder Bodden gemeint, zwei Fahrwasser sehr geringer Tiefe.

heel	Hela
poest	Putzig
dasuuick	Danzig
Wijscel	Weichsel
Mottelou	Mottlaufluß
Mariburch	Marienburg
Termun	Weichselmünde
thaf	Frisches Haff
Meluen	Elbing
Vishuis	Fischhausen
balghe	Balga
Koenigsberghen	Königsberg
Oldebaghe	Allenburg
Nane	Natangen
Der meml	Memel
Vintbol	Windenburg
hanboc	Heiligen Aa
seuenberghen	Sewenberg[25]
derwinda	Windau
Luiseroert	Lyserort
biscopsberch	Blaue Berge
domesn	Domesnäs
Ruin	Runö
Vexko	Üxkull
duina	Dwina
Rij	Riga
lemsel	Lemsal
Osel	Ösel
abrik	Abro
Wick	Hundswik (?)[26]
soneberch	Sonneburg[27]
parnou	Pernow
Willes	Virtsu (?)
	Wittensten (?)[28]
hantsoe	Hundsort
daegeroerth	Dagerort
sibunes	Simpernäs
skilesont	Soela Sunt
hapsael	Hapsal
leefal	Leal
Woetsholm	Odensholm
Roghe	Roogö
Kaerel	Karlö
Reuel	Reval
lede	Lode
brigita	St. Brigitta[29]
narghen	Nargö
borcholm	Brochlem[30]
telsborch	Tolsburg
Naruen	Narwa
Helsinge	Helsinge
Rastenborg	Rasaborg
Kars	Karis
Cuis	Kustö[31]
Viga	Viga
Aboe	Åbo
val	Vahto
Laio	Lojo
tenasael	Tövsala
luplant	Lumparland
Alant	Åland
Korpa	Korpo
ekre	Eckerö
Limlant	Lemland
Finmarckse sceren	Finnische Schären
zevit Fine	Südfinnland
D. Swetsce zee	Schwedische See
trosser	Torsåker
elkerbui	Älfkarleby
gheueel	Gåfla
Loedest	Lövsta
boristel	Börstil
orgronde	Öregrund
vede	Väddö
Stockholm	Stockholm
d meller F	Mälaren
steck	Stäket
upsal	Uppsala
eencopen	Enköping
Arboe	Arboga
erboe	Örebro
Trosselue	Torshälla
strones	Strängnäs
Nicopen	Nyköping
Tellie	Södertälje
Norcopen	Norrköping
d' Brawick	Bråviken
Egbuei	Egby
Steckberch	Stegeborg
Suercopen	Söderköping
Oest-Gotlant	Östergötland
Steckholm	Stäkeholm

25 Nach DAMSTEEGT (1942), S. 31, ehemals zwei kleine südlich Libau gelegene Inseln, die – zunächst vereinigt – später das Haff abschlossen(?).

26 Nach RICHTER (1967), S. 147, Wexholm. Vielleicht ist aber auch Hundswik gemeint (KLINT [1816], S. 121), ein »geräumiger Ankerplatz«. Nach DAMSTEEGT (1942) Aristeni Bucht(?).

27 Ehemaliger »wichtiger Hafen« am »kleinen Sund« gelegen. Vgl. hierzu: J.C. STUCKENBERG: Hydrographie des russischen Reiches. St. Petersburg 1844. S. 36.

28 Nach RICHTER (1967) Vittensten (Weißenstein). Der Ort ist schwer zu identifizieren (DAMSTEEGT [1942], S. 31). Möglicherweise ist Virtsu gemeint, einst Werder genannt (vgl. Karten von Veen, Bureus und Gedda bei BRATT, 1958). Hier befand sich in älterer Zeit eine Überfahrtstelle nach Ösel (STUCKENBERG [1844], S. 33f).

29 Kloster St. Brigitta, nordöstlich von Reval.

30 Kleiner Ort an der Monkswyk-Bucht.

31 Kustö, nach RICHTER (1967), S. 167, ein Schloß südöstlich von Åbo, errichtet Anfang des 14. Jahrhunderts, zerstört 1528.

Osbo	Östbo härad	Godtlant	Gotland
ioffron	Jungfrun	Vaeroe	Fårö
westerwick	Västervik	Slickhaue	Slite
Soneboe	Sunderbo härad	oesterge	Östergarn
Kalmer	Kalmar	Sandwick	Sandviken[33]
Kalmer sont	Kalmarsund	hoeborch	Hoburgen
Tuneien	Tuna län	Visbuei	Visby
Wee	Vä	westergarde	Västergarn
Soemerhaeuen	Simrishamn	vaersont	Fårösund
Zuhamer	Sandhammaren	sualagere	Salvoref[34]
Wista	Ystad	Kaerelso	Karlsö
bliecker	Blekinge	Oelanit	Öland
derelberich	Trelleborg	wtklipe	Utklipporna
Valsterbo	Falsterbo	hano	Hanö
Svedsche scare	Schwedische Schären	bordenholm	Bornholm
Grondelsten	Gunnar Stenarne[32]	eertholms	Erteholmene
Goedschsant	Gotska Sandön	D Oester.Zee	Ostsee

Dänisch-schwedische Gewässer (II)

Scoenen	Skåne	Munstersont	Mönster
Elleboch[35]	Malmö	Winghe	Vinga
southolm	Saltholm	heisinge	Hisingen
Londen	Lund	Kalfsont	Store Kalvsund
Landscroen	Landskrona	Nidin	Nidingen
Elfenborch	Hälsingborg	Maelesont	Malösund
Kol	Kullen	Reefsont	Räfsund
Suederoe	Hallands Väderö	Kerckesone	Kyrkesund
engelholm	Engelholm	Conel	Kungälv
halantsoe	Hallands Väderö[36]	bahuis	Bohus
Meitlant	Schäre im Malösund[37]	Mollesont	Mollösund
laholm	Laholm	Maestrant	Marstrand
Helmste	Halmstad	paternoster	Paternoster skär
Valckenburch	Falkenberg	bonster	Buskärene[39]
olleden	Oldby[38]	Suyderwiholm[40]	Soteskär
Wartsberghe	Varberg	Lunekiel	Dynekilen
elfsburch	Älfsborg	de boeser	Söstrene
Nilues	Lödöse	statberchen	Berg (?)[41]
		Katsberghen	Karlsborg

[32] Nach DAMSTEEGT (1942), S. 129.

[33] Nach DAMSTEEGT (1942), S. 165.

[34] Nach DAMSTEEGT (1942), S. 164.

[35] Anthonisz. verwechselt hier den Namen Malmös (niederländisch: »Malmuyen«) mit dem nördlich gelegenen Hälsingborg (»Elsingborch«).

[36] Verwechselt möglicherweise mit Göteborg, gelegen am – aus dem Vänersee strömenden – Götaälv, der hier nicht namentlich genannt ist.

[37] Mit »Meitland« hat Anthonisz. mit an Sicherheit grenzender Wahrscheinlichkeit das Vorgelände einer im Malösund gelegenen Klippe bezeichnen wollen. 1541 fanden sich auf ihr zwei große Warder, zwei Seezeichen in Form von Steinkegeln, die die Einfahrt nach Kungsbacka kennzeichneten. Anthonisz. bezieht sich hier offenbar auf das – wiederholt von uns zitierte – Segelhandbuch von 1541, das in der Beschreibung dieser Gewässer das wichtige »Meylant« ausdrücklich zitiert. Dem spricht nicht entgegen, daß »Meitlant« von C. Anthonisz. als Insel an falscher Stelle, zu weit südlich, gekennzeichnet ist, zumal Anthonisz. gerade im Bereich dieses Küstenabschnitts auffallend viele und schwerwiegende Fehler unterlaufen, die auf einen weitgehenden Mangel an zuverlässigen Informationen schließen lassen (vgl. Anm. 35 und 36). Siehe auch »Meylandit« in: »Søkartet« des L. Benedicht. Kopenhagen 1568 (Edit. KNUDSEN [1915], S. 120, Kap. 63/20).

[38] Nach KNUDSEN (1915), S. 266, ehemals auf »Gammelby«, nördlich des heutigen Ortes Varberg gelegen.

[39] Nach KNUDSEN (1915), S. 246.

[40] Nach KNUDSEN (1915), S. 274. Vgl. DAMSTEEGT (1942), S. 30.

[41] Möglicherweise Berg zwischen Fredrikshald und Fredrikstad.

Nordsee (II)

Roemerk	Romerike	Fleckeroer	Flekkerøy
fluisarp	Sarpen	Heilyghesont	Hellesund
swinesont	Svinesund	Otternes	Oddernes
Lauertles	Elsangen (?)[42]	Rypewik	Ryvingen (?)[48]
Stelsborch	Selsborg	Scersont	Skarvøsund
verno	Værne	Spar	Klippe östl. Lindesnes[49]
Ansloe	Oslo	Kalf	Kalven zwei Anhöhen unterschiedlicher Größe[50]
sont	Langesund	Koe	Kua
t soenwaeter	Oslofjord		
Aeckerhuis	Akershus	Mels	Molskjær (?)
Coeperwijck	Drammensfjord		Klippe östl. Lindesnes[51]
bast	Bastøy	biscopsbo	Klippe Bispen[52]
Tonsberghen	Tønsberg	Merku	Markøy
Terscie	Skien (?), Terneskjær	dernues	Lindesnes
	(?, Tønsbergfjord)	t'lant van liest	Lista
Wedero	Færder	zegh	Siggen
terscie	Skien (Langesundsfjord)[43]	eckisont	Egersund
d Laerwick	Larvik	t'lant van Gedderen	Jæren
baers	Skjæreg[44]	scerwoch	Sirevåg
Abbeuort	Åbyfjord[45]	Ruin	Rott, Klippe südwestl.
Tiofferlant	Jomfruland		von Feisteinen[53]
Oesterisen	Østerrisør	ijtigoch	Hvitingsø
Westerrisen	Vesterrisør	Staffanderen	Stavanger
droemsont	Tromøysund	t liet	Innre Leden
blindeklip	Blindt Skjær	Nuetow	Nautøy[54]
osseniwert	Oxefjord	Siutenes	Skudenes
drommels	Tromlingene	bomel	Bømlo
Graveholm	Gråholm	soutbom	Selbjørnsfjord[55]
Mardou	Mærdøy	Rodot	Rotø
Ripe	Ribevik[46]	Reyneknap	Grønningen[56]
Riiholm	Risholm	pardport	Eingang vom Møgster-
Kochnaghel	Kobbernaglen		fjord (»Papesont«)[57]
Kerckefort	Kyrkesund[47]	Bock	Bukken
hamersont	Homborsund	Erulfou	Herløfjord
Hessenes	Hesnes	Rister	Resteen[58]

42 Nach BJØRNBO/PETERSEN (1908) Lauersvælgen(?). Möglicherweise könnte auch Helleskiltangen gemeint sein.
43 Gemeint ist offenbar die Zufahrt nach Skien, der Langesundsfjord.
44 Nach DAMSTEEGT (1942), S. 30.
45 Nach DAMSTEEGT (1942), S. 113, Fossingfjord (bei Kragerø).
46 Ribevik, an der Ostseite des Kvåsefjord. Nach KNUDSEN (1915), S. 268, alter Ankerplatz.
47 Nach KNUDSEN (1915), S. 259.
48 Möglicherweise liegt eine Verwechslung (und Verlegung) mit Ribevik (Anm. 46) vor. Wahrscheinlicher sind »Lille Ryvingen« und »Store Ryvingen«, zwei Klippen im Vestregap bei Flekkerøy (im Fahrwasser zu der 1641 gegründeten Stadt Kristiansand gelegen) gemeint (Abb. 22 im »Handbuch Skagerrak/Kattegat II«. Hamburg 1961. S. 106. Deutsch. Hydrogr. Institut).
49 Vgl. hierzu DAMSTEEGT (1942), S. 29.
50 Nach WAGHENAER: Spieghel der zeevaert. Leiden 1585, und dem Thresoor der zeevaert (1592) des gleichen Autors handelt es sich um zwei in Küstennähe auf dem Festland zu beobachtende unterschiedlich hohe »Berge«.
51 Vgl. Anm. 49.
52 Klippe Bispen am Ausgang des Grønsfjords (nach DAMSTEEGT [1942], S. 164).
53 Klippe oder Inselchen südwestlich von Feisteinen.
54 »Note«, nach RICHTER (1967), S. 142, ein Ort auf der Insel Karmøy.
55 Nach DAMSTEEGT (1942), S. 169.
56 Nach DAMSTEEGT (1942), S. 161, auch Grønholm (Schäre im Grøningsund) genannt.
57 Nach DAMSTEEGT (1942), S. 157, allgemein im 16. Jahrhundert auch »Papesont« genannt.
58 Nach DAMSTEEGT (1942), S. 161 und der Karte 7 (Nebenkarte) heute Stangen, ehemals Rister genannt.

Berghen	Bergen
Ask	Askøy
hillofort	Hjeltefjord
Kilstrom	Kilstrømmen
stat	Stadlandet
mulf	Molde (?) Moldefjord (?)[59]
di miter	Mifjord (?)[60]
scorp	Skorpen[61]
stoppelle	Oddene[62]
oldal	Gauldalen[63]
Romsdael	Romsdalsfjord[64]

59 Angesichts der zum Teil mißverständlichen Darstellung und der verschiedentlich sehr fehlerhaften Angaben lassen sich diese und ein Teil der folgenden Örtlichkeiten nicht immer eindeutig identifizieren. Da »Mulf« wahrscheinlich nordöstlich von Kap Stad zu suchen ist, wäre diese Ortsbezeichnung vielleicht am ehesten mit »Molde« oder mit dem »Moldefjord« gleichzusetzen, zumal ein Teil der nachfolgenden Namen auf denselben Küstenabschnitt hinweisen.

60 Für den nicht sicher zu identifizierenden Namen gilt das gleiche wie für »Mulf«. Nicht ausgeschlossen erscheint, daß unter Umständen die alte niederländische Bezeichnung »T'Simmer Leen« (WAGHENAER, 1592) gemeint sein könnte, d.i. Sondermor mit seinem Innenschärenfahrwasser. (BLAEU [1623], »t' Suidermerleen«).

61 Insel Skorpen in Nähe der – nördlich von Kap Stad vor dem Bredsund gelegenen – Insel Svinøy.

62 Inselgruppe vor der Einfahrt in den Romsdalsfjord im Bereich der Ortschaft Bud.

63 »Golduel« auf der zeitgenössischen Kopie der Erstauflage der »Caerte van oostlant« (1543) des Tramezzino.

64 Außerdem könnten die Romsdalsinseln gemeint sein.

Literaturverzeichnis

ASAERT, G.: De Antwerpse Scheepvaart in de 15. eeuw (1394–1480). = Verh. v. de k. Academie v. wetenschappen, Letteren en schone kunsten van Belgie, Klasse der Letteren, Jaargang XXXV, 1973, Nr. 72
BAGROW, LEO: A. Ortelii Catalogus cartographorum. In: Petermanns Geogr. Mitteilungen, Ergänzungsheft 199, Gotha 1928
DERS.: Die Geschichte der Kartographie. Berlin 1951
DERS. und RALEIGH A. SKELTON: Meister der Kartographie. Berlin 1963
BARBOSA, ANTONIO (Edit.): Primeiro Congresso da Historia da Expansao Portuguesa no Mundo. I, Seccao Discobrimentos. Lisboa 1938
BEEKMAN, ANTON ALBERT, en H. MOERMAN: Handboek der Middelnederlandsche Geographie. Den Haag 1949
BENSAUDE, JOAQUIM: L'astronomie nautique au Portugal à l'époque des grandes découvertes. Berne 1912
BJØRNBO, AXEL ANTHON, und CARL S. PETERSEN: Anecdota Cartographica Septentrionalia. Kopenhagen 1908
DIES.: Der Däne Claudius Claussøn Swart, der älteste Kartograph des Nordens. Innsbruck 1909
BLAEU, WILLEM JANSZ.: Zeespiegel. Amsterdam 1623
BOIE, KARL: Schleswig-holsteinische Siegel des Mittelalters. III/2. Neumünster 1931
BOTKE, JACOB: Fen Fryslâns Groun. Snits (Sneek) 1942
BRAMSEN, BO: Gamle Danmarkskort. Kopenhagen 1952
BRATT, EINAR: En Krönika om Kartor över Sverige. Stockholm 1958
BREUSING, ARTHUR: Das Seebuch in nautischer Beziehung: In: KARL KOPPMANN (Hrsg.): Das Seebuch. (= Niederdeutsche Denkmäler 1). Bremen 1876
BROWN, LLOYD A.: The story of maps. New York 1949
BRUGMANS, HAJO: Opkomst en bloei van Amsterdam. Amsterdam ²1944
BRÜNNER, EDUARD CHRISTIAN GERARD: De order op de buitennering van 1531. (Diss. phil.) Utrecht 1918
BURGER, COMBERTUS PIETER: Oude hollandsche Zeevaart-Uitgaven. In: Tijdschrift voor Boek- en Bibliotheekswezen VII, (Den Haag) 1909
VAN BUYTENEN, MARIA PETRUS: De Fries-Groningse grens in Lauwerszee en wadden. Drachten 1954
CARACI, GIUSEPPE: Italiani e Catalani nella primitiva cartografia nautica medievale. Roma 1959
CHRISTENSEN, ARNE EMIL: Dutch trade to the Baltic about 1600. Kopenhagen/Den Haag 1941
CORTESAO, ARMANDO, et AVELINO TEIXEIRA DA MOTA: Portugaliae Monumenta Cartographica. Vol I. Lisboa 1960
CRONE, ERNST C.: Het Gissen van vaart en verheid ... In: De Zee, (Den Haag), Jg. 1928/29
DAHLGREN, ERIK WILHELM: Om forntida Seglingsanvisningar för de nordiska Farvattnen. In: ADOLF E. NORDENSKIÖLD: Periplus. Stockholm 1896 (Reprint New York 1964)
DAHLGREN, PER, und HERMAN RICHTER: Sveriges Sjökarta. Stockholm 1944
DAHLMANN, FRIEDRICH CHRISTOPH (Edit.): Johann Adolfi's Chronik des Landes Dithmarschen, II. Heide 1900 (Reprint)
DAMSTEEGT, BOUDEWYN CORNELIS: Nieuwe Spiegel der Zeevaart. Amsterdam 1942
DENUCÉ, JAN: Oud Nederlandsche Kaartmakers in Betrekking met Plantin. Antwerpen 1912
DERS.: Geschiedenis van de Vlaamsche Kaartsnijkunst. Antwerpen 1941
VAN DILLEN, JOHANNES W.: Stukken betreffende den Amsterdamschen graanhandel. In: Econ. hist. Jaarboek III, (Den Haag) 1917
Dit is die Caerte vander zee: om Oost ende West te zeylen. Amsterdam 1541. Reimpression H.C. Rogge. Leiden 1885
DOCHARD, R.: Les galères Genoises dans la Manche et la Mer du Nord à la fin du 13.e et au début du 14.e siècle. In: Bulletin de l'institut hist. Belge de Rome 19, (Rom) 1938
DUBIEZ, F.C.: Cornelis Anthoniszoon van Amsterdam 1507–1553. Amsterdam 1969
DURAND, DANA BENNET: The Vienna Kloster Neuburg-Map Corpus. Leiden 1952
ECKERT, MAX: Die Kartenwissenschaft. Bd. II. Berlin 1925
GASPARRINI-LEPORACE, TULLIA: Il mappamondo di Fra Mauro. Rom 1956
GAIRDNER, JAMES, and E. DELMAR MORGAN: Sailing directions for the circumnavigation of England. (= Works of the Hakluyt Society 79). London 1889
GERNEZ, DÉSIRÉ: Les periples des anciens Grecs et leurs rapports avec les livres d'Instructions nautiques. In: Communications de l'Académie de marine IV, (Antwerpen) 1947/49

GERRITSZ, ADRIAEN: De zeevaert ende onderwijsinge der gantscher Oostersche ende Westersche zeevaer-water. Amsterdam 1588
Ges. f. Erdkunde in Berlin (Edit.): Drei Karten von Gerard Mercator. Europa, Britische Inseln, Weltkarte. Berlin 1881
GOETZE, JOCHEN: Hansische Schiffahrtswege in der Ostsee. In: Hansische Geschichtsblätter 93, (Köln) 1975
GORIS, J.A.: Etude sur les colonies marchandes méridionales (Portugais, Espagnols, Italiens) à Anvers de 1488 à 1567. Contribution à l'histoire des débuts de capitalisme moderne. (= Université de Louvain, recueil de travaux, 2. série). Leuven 1925
GOTTSCHALK, MARIA KAROLINA ELISABETH: Het verval van Brugge als Wereldmarkt. In: Tijdschr. voor Geschiedenis 66, Afl. 1, (Groningen) 1953
GOUDSMIT, MARINUS THEODORUS: Geschiedenis van het Nederlandsch Zeerecht. Den Haag 1882
TER GOUW, JOHANNES: Geschiedenis van Amsterdam. V. Amsterdam 1886
GROSJEAN, GEORGES (Edit.): Der Katalanische Weltatlas aus dem Jahre 1375. Dietikon/Zürich 1978
GÜNGERICH, RUDOLF: Die Küstenbeschreibung in der griechischen Literatur. (= Orbis antiquus 4). Münster 1950
HAASE, YORK: Alte Karten und Globen in der Herzog-August-Bibliothek, Wolfenbüttel. Wolfenbüttel 1972
HAGEDORN, BERNHARD: Betriebsformen und Einrichtungen des Emder Seehandelsverkehrs in den letzten drei Jahrzehnten des 16. Jahrhunderts. In: Hansische Geschichtsblätter 16, 1910
DERS.: Entwicklung der wichtigsten Schiffstypen. Bremen 1914
HANSEN, REIMER, und WILLERS JESSEN: Quellen zur Geschichte des Bistums Schleswig. Kiel 1904
HÄPKE, RUDOLF: Die Regierung Karl V. und der europäische Norden. Lübeck 1914
DERS.: Niederländische Akten und Urkunden zur Geschichte der Hanse. II. Lübeck 1923
HEUSSEN, H.F., und H. VAN RHYN: Oudheden en gestichten van Vriesland. I. Leiden 1723
HEYER, A.: Drei Mercator-Karten in der Breslauer Staatsbibliothek. In: Zeitschrift für wissenschaftliche Geographie 7, (Weimar) 1890
VAN 'T HOFF, BERND: Jacob van Deventer. Den Haag 1941. Begleittext
DERS.: Jacob van Deventer, keizerlijk-koninklijk Geograaf. Den Haag 1953
DERS.: The oldest maps of the Netherlands (1524). In: Imago Mundi 16, (Amsterdam) 1962
DERS. en L.J. NOORDHOFF: Een kaart van de Nederlanden en de »Oosterscher zee«. In: Het Boek 31, (Den Haag) 1953
VAN HOUTTE, JAN A.: Economische en sociale geschiedenis van de lage landen. Boek 3. Zeist/Antwerpen 1964
JOHNSEN, ARNE ODD: Norwegische Wirtschaftsgeschichte. Jena 1939
Das Kartenbild der Renaissance. (Ausstellungskatalog Herzog-August-Bibliothek, Wolfenbüttel). Wolfenbüttel 1977
KETNER, FRANS: Handel en Scheepvaart van Amsterdam in de 15. eeuw. Leiden 1946
KEUNING, JOHANNES: Cornelis Anthonisz. In: Tijdschrift v. h. K. Nederl. Aardrijkskdg. Gen., D 67, 1950 Nr. 6
DERS.: Cornelis Anthonisz. In: Imago Mundi 7, (Leiden) 1950
DERS.: XVIth Century Cartography in the Netherlands. In: Imago Mundi 9, (Leiden) 1952
KLINT, GUSTAF AF: Beschreibung von den Küsten an der Ostsee und dem Finnischen Meerbusen, zum Schwedischen Seeatlas gehörend. Stockholm 1816
KNUDSEN, JOHANNES: Søkartet. In: Tidsskrift for Søvæsen 86, (Kopenhagen) 1914
DERS.: Inledning og Oplysninger til Søkartet 1568. In: Tidsskrift for Søvæsen 86, (Kopenhagen) 1915
DERS. (Edit.): »De caert vander zee« (1532). Kopenhagen/Den Haag 1914
DERS. und COMBERTUS PIETER BURGER: Het Leeskaartboek van Wisbuy (1566). Kopenhagen/Den Haag 1920
KOEMAN, CORNELIS: Atlantes Neerlandici. IV. Amsterdam 1970
KOPPMANN, KARL: Das Seebuch (= Niederdeutsche Denkmäler 1). Bremen 1876
KRETSCHMER, KONRAD: Die italienische Portolane des Mittelalters (= Veröffentl. des Inst. f. Meereskunde, Heft 13). Berlin 1909
KRÜGER, HERBERT: Des Nürnberger Meisters Erhard Etzlaub älteste Straßenkarte Deutschlands. In: Jahrbuch für fränkische Landesforschung 18, (Kallmünz) 1958
LANG, AREND: Untersuchungen zur älteren Darstellung der ostfriesischen Inselkette, insbesondere Juist, Bant, Buise und Norderney. Norderney 1950. (Ms. Forschungsstelle Norderney)
DERS.: Helgoland auf alten Karten. In: »Helgoland ruft« (Edit. J. PACKROSS und P. RICKMERS). Hamburg 1952
DERS.: Cornelis Anthonisz., der Begründer der Hydrographie Niedersachsens. In: Neues Archiv für Niedersachsen, H. 5/6, 1953
DERS.: Das Juister Watt. Bremen 1955
DERS.: Traces of lost North European sea charts of the 15th century. In: Imago mundi 12, (Leiden) 1955
DERS.: De ældste trykte fremstillinger af de danske kyster. In: Handels- og Søfartsmuseet på Kronborg, Årbog, (Helsingør) 1955
DERS.: Gestaltungswandel des Emsmündungstrichters. Bremen 1958
DERS.: Entwicklung, Aufbau und Verwaltung des Seezeichenwesens an der deutschen Nordseeküste. Bonn 1965
DERS.: Seekarten der südlichen Nord- und Ostsee. (= Dt. Hydr. Zs., Ergänzungsheft, Reihe B, Nr. 10). Hamburg/Berlin/Stuttgart 1968
DERS.: Untersuchung zur morphologischen Entwicklung des südlichen Elbe-Ästuars von 1560–1960. (= Hamburger Küstenforschung, Heft 12). Hamburg 1970

DERS.: On the Beginnings of the Oldest Descriptions and Sea-charts by Seamen from North-West Europe. In: Proceedings of the R. Society of Edinburgh, Sect. B, Vol. 73, (Edinburgh) 1972
DERS.: Untersuchungen zur morphologischen Entwicklung des Dithmarscher Watts von der Mitte des 16. Jahrhunderts bis zur Gegenwart. (= Hamburger Küstenforschung, Heft 31). Hamburg 1975
LOWTZOW, LOUIS VON: Die Nordsee. Hamburg 1857
MEILINK, PETRUS A.: Rapporten en betoogen nopens het Congégeld op granen 1530–1541. In: Bijdragen en Mededeelingen v. h. Hist. Gen. 44, (Amsterdam) 1923
MENDOCA DE ALBUQUERQUE, LUIS: Os Guias Nauticos de Munique e Evora. Lisboa 1965
DERS.: Les aspectes internationaux de la découverte océanique aux XVe et XVIe siècles. In: Actes du cinquième Colloque internat. d'Histoire maritime, Paris 1966
MOES, ERNST WILLEM: De Amsterdamsche boekdrukkers en uitgevers in de 16. eeuw. I. Amsterdam 1900
MORCKEN, ROALD: Den nautiske mil gjennom tusen år. In: Årshefte Bergens Sjøfartsmuseum, (Bergen) 1964
DERS.: Lengden av den norske navigasjonsfot i sagatiden. In: Sjøfartshistorisk Årbok, (Bergen) 1965
DA MOTZO, BACCHISIO RAIMONDO: Il compasso da Navigare. Cagliari 1947
NØRLUND, NIELS ERIK: De gamle danske Længdeenheder. (= Geodætisk Inst. Skrifter, 3. Række 3). Kopenhagen 1944
OBERMÜLLER, CHRISTIAN: Die deutschen Stämme. Bielefeld/Leipzig 1941
OLAUS MAGNUS: Ain kurze Auslegung ... der neuen Mappen von den alten Goettenreich ... Venedig 1539
ORTELIUS, ABRAHAM: Theatrum orbis terrarum. Antwerpen 1570
Ostseehandbuch, Südlicher Teil. (Hrsgg. vom Reichsmarineamt). Berlin 1911
Ostsee-Handbuch III. (Hrsgg. vom Deutschen Hydrographischen Institut). Hamburg 1955
POSTHUMUS, NICOLAAS WILHELMUS: De Uitvoer van Amsterdam 1543–1545. Leiden 1971
DERS.: De oosterse handel te Amsterdam. Leiden 1953
VAN RAVESTEYN, WILLEM: Onderzoekingen over de economische en sociale ontwikkeling van Amsterdam gedurende de 16de en het eerste kwart der 17de eeuw. (Diss. phil. Utrecht). Amsterdam 1906
REINHARD, HEINRICH: Küstenveränderungen und Küstenschutz der Insel Hiddensee. Berlin 1956
RICHTER, HERMAN: Geografiens historia i Sverige intill år 1800. (= Lychnos-Bibl. 17,1). Uppsala 1959
DERS.: Olaus Magnus. Carta Marina 1539. Lund 1967
RISTOW, WALTER, and RALEIGH SKELTON: Nautical Charts on Vellum in the Library of Congress. Washington 1977
RÖHLK, OTTO: Hansisch-norwegische Handelspolitik im 16. Jahrhundert. Neumünster 1935
RÖHRIG, FRITZ: Zur Rechtsgeschichte der Territorialgewässer. (= Abhandlungen der Deutschen Akademie der Wissenschaften zu Berlin, Phil. hist. Kl. 1942, Nr. 2). Berlin 1949
ROHR, HEINZ: Die Entwicklung des Kartenbildes Westeuropas. (Diss. phil.). Leipzig 1939
RUGE, WALTER: Älteres kartographisches Material in deutschen Bibliotheken. Reisebericht I. (= Nachrichten d. kgl. Ges. d. Wiss. zu Göttingen, Phil. hist. Kl., 1904). Göttingen 1904
SCHAUBE, ADOLF: Die Anfänge der Venetianischen Galeerenfahrt nach der Nordsee. In: Historische Zeitschrift 101, 1908
SCHNALL, UWE: Navigation der Wikinger. (= Schriften des Deutschen Schiffahrtsmuseums 6). Oldenburg/Hamburg 1975
DERS.: Bemerkungen zur Navigation auf Koggen. In: Jahrbuch der Wittheit zu Bremen 21, (Bremen) 1977
SCHNELBÖGL, FRITZ: Life and work of the Nuremberg Cartographer Erhard Etzlaub. In: Imago Mundi 20, (Amsterdam) 1966
SCHREINER, JOHAN: Nederland og Norge, Trelastutförsel og Handelspolitik. Oslo 1933
SCHÜTTE, GUDMUND: Ptolemy's maps of Northern Europe. Copenhagen 1917
SCHWARTZENBERG EN HOHENLANDSBERG, GEORG FREDERIK: Groot Placcaat – en Charterboek van Vriesland, III. Leeuwarden 1778
Skagerrak/Kattegat II. Handbuch Deutsch. Hydrogr. Institut. Hamburg 1961
STECHE, THEODOR: Altgermanien im Erdkundebuch des Claudius Ptolemaeus. Leipzig 1937
STEGER, ERNST: Untersuchungen italienischer Seekarten des Mittelalters auf Grund der kartometrischen Methode. (Diss. phil.). Göttingen 1896
STEPPES, OTTO: Cornelis Anthonisz. Onderwijsinge vander zee (1558). (= »Nordseeküste« – Volkstümliche Vorträge und Abhandlungen des Küstenmuseums Juist, Heft 9). Juist 1966
STUCKENBERG, J.C.: Hydrographie des russischen Reiches. St. Petersburg 1844
TAYLOR, EVA G.R.: The Haven-Finding Art. London [2]1958, 1971
Tegenwoordige Staat van alle volkeren. XXV/3. Friesland. Amsterdam 1788
TEIXEIRA DA MOTA, AVELINO: A evolucao da ciencia nautica durante os seculos XV–XVI. Lisboa 1961
THEISSEN, JOHAN SAMUEL: De Regeering van Karel V in de noordelijke Nederlanden. Amsterdam 1912
TOOLEY, RONALD VERE: Maps in Italien Atlases of the sixteenth Century. In: Imago Mundi 3, 1939
TRAP, JENS PETER: Kongeriget Danmark. VIII. Kopenhagen 1928
VOGEL, WALTHER: Geschichte der deutschen Seeschiffahrt. I. Berlin 1915
VOLLBEHR, FRIEDEL: Die Holländer und die Deutsche Hanse. (= Pfingstblätter des Hansischen Geschichtsvereins XXI). Lübeck 1930
WAGHENAER, LUCAS JANSZ.: Spiegel der zeevaert. Leiden 1585
DERS.: Thresoor der Zeevaert. Leiden 1592
WATERS, DAVID W.: The Rutters of the Sea. The sailing-directions of Pierre Garcie. New Haven/London 1967

Abb. 1 C. Anthonisz.: Selbstporträt. Ausschnitt aus dem Gemälde »Schützenmahlzeit«, 1533. (Amsterdam, Amsterdams Historisch Museum)

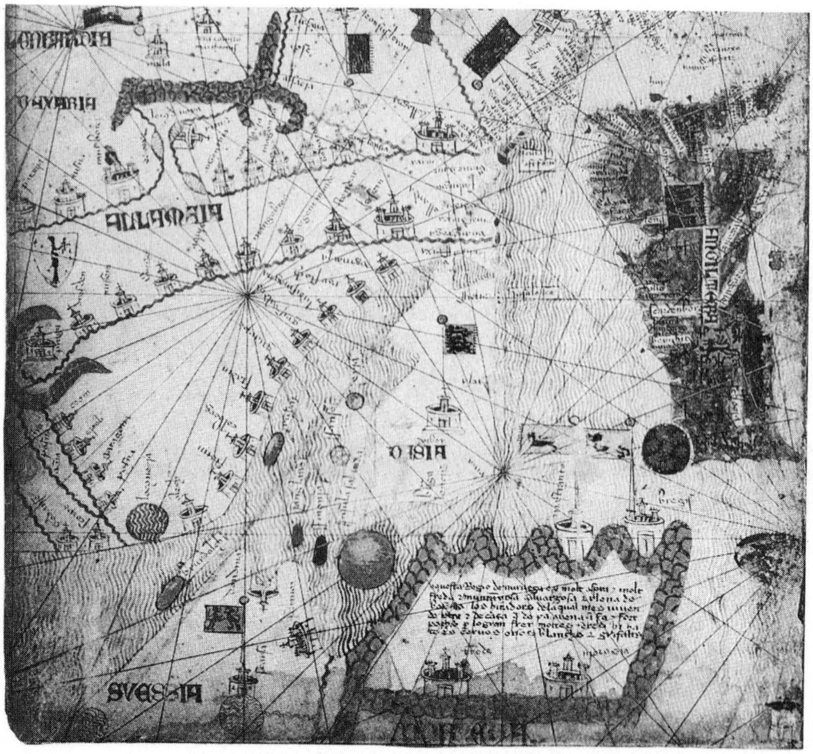

Abb. 2 Darstellung der Nord- und Ostsee auf der Portolankarte des sog. Katalanischen Atlas von 1375. (Nach Bjørnbo/Petersen). (Paris, Bibliothèque Nationale)

Gegenüberliegende Seite:

Abb. 3 (oben) Die Jütische Halbinsel mit einem Teil der Nord- und Ostsee aus der ersten deutschen Ptolemaeus-Ausgabe, Ulm 1482, bearbeitet von Nicolaus Germanus. (Wolfenbüttel, Herzog August Bibliothek)

Abb. 4 (unten) Die Jütische Halbinsel mit einem Teil der Nord- und Ostsee auf einer »Neuen Tafel von Europa« der Straßburger Ausgabe des Ptolemaeus (Edit. Waldseemüller 1520). (Wolfenbüttel, Herzog August Bibliothek)

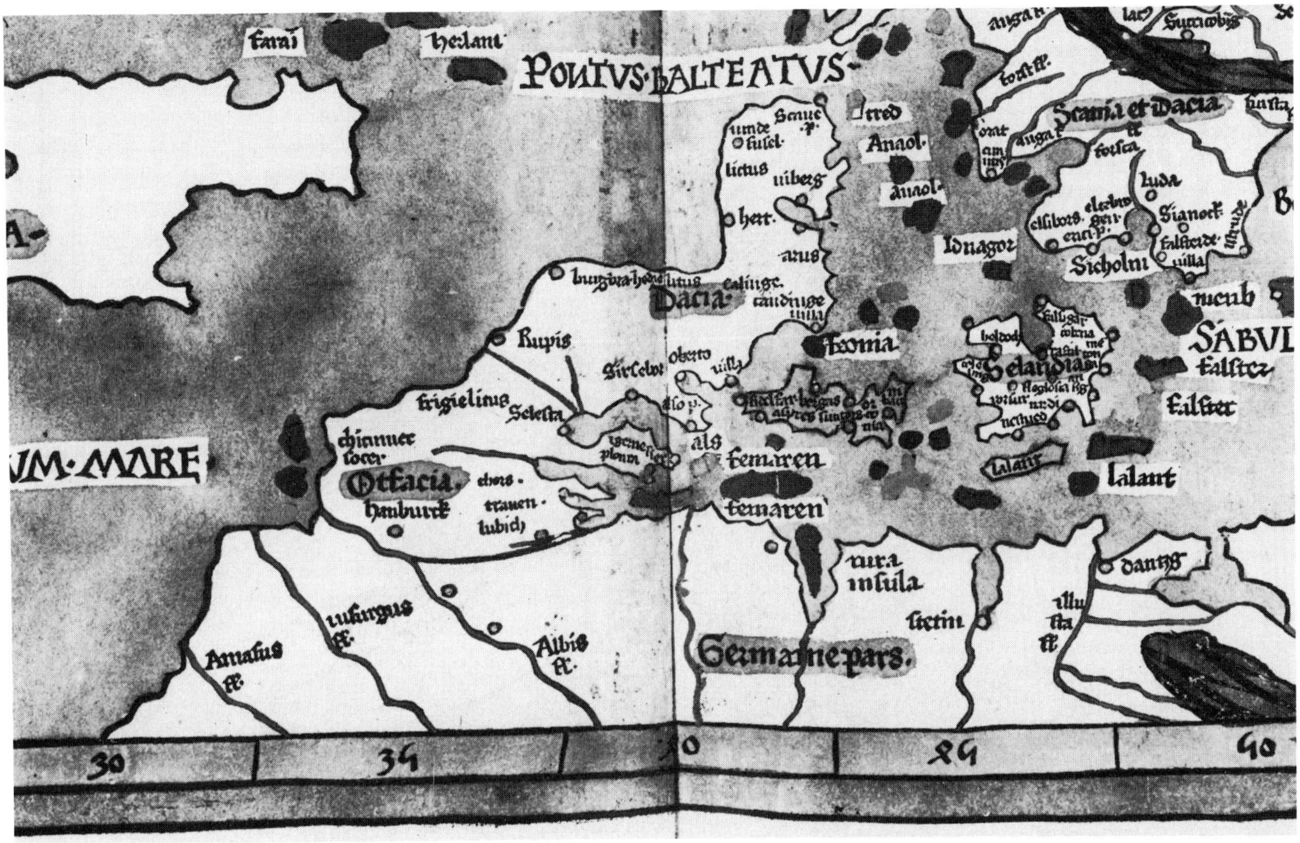
farai
herlant
PONTVS BALTEATVS
Scania et Dacia
Anaol
Idnagor
Sicholm
Dacia
Rupis
Selesta
frigielinus
Teonia
Selandia
als
femaren
Otfacia
hamburck
lubich
tura insula
Amasus fl.
Albis fl.
Germanie pars
Stetin
falster
lalant
dantzg
SABVL
VM. MARE
30
34
40

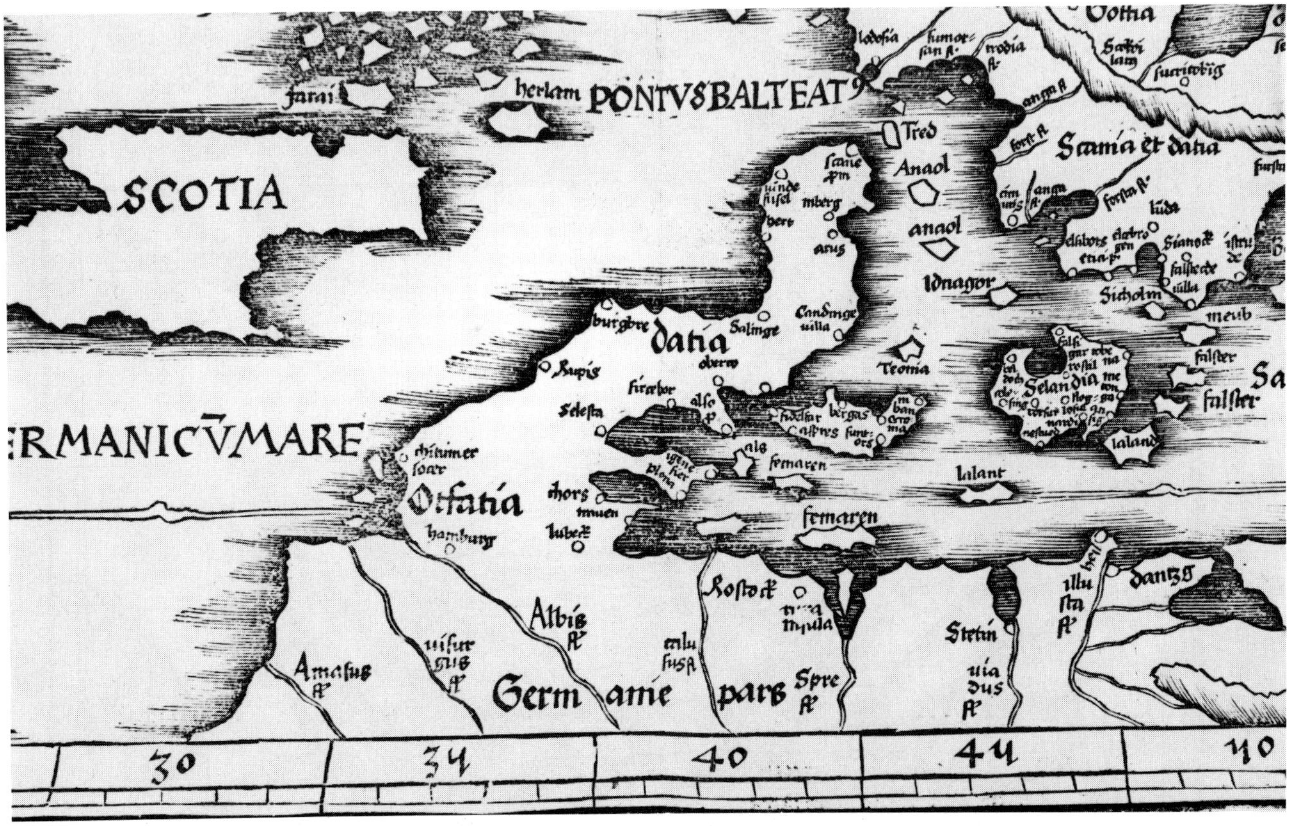
farai
herlam
PONTVS BALTEAT
SCOTIA
ERMANICVMARE
Tred
Anaol
anaol
Idnagor
Scania et datia
Sicholm
datia
Rupis
Selesta
Teonia
Selandia
femaren
lalant
Otfatia
hamburg
Rostock
Albis fl.
Amasus fl.
Germ anie pars
Stetin
dantzg
falster
30
34
40
44

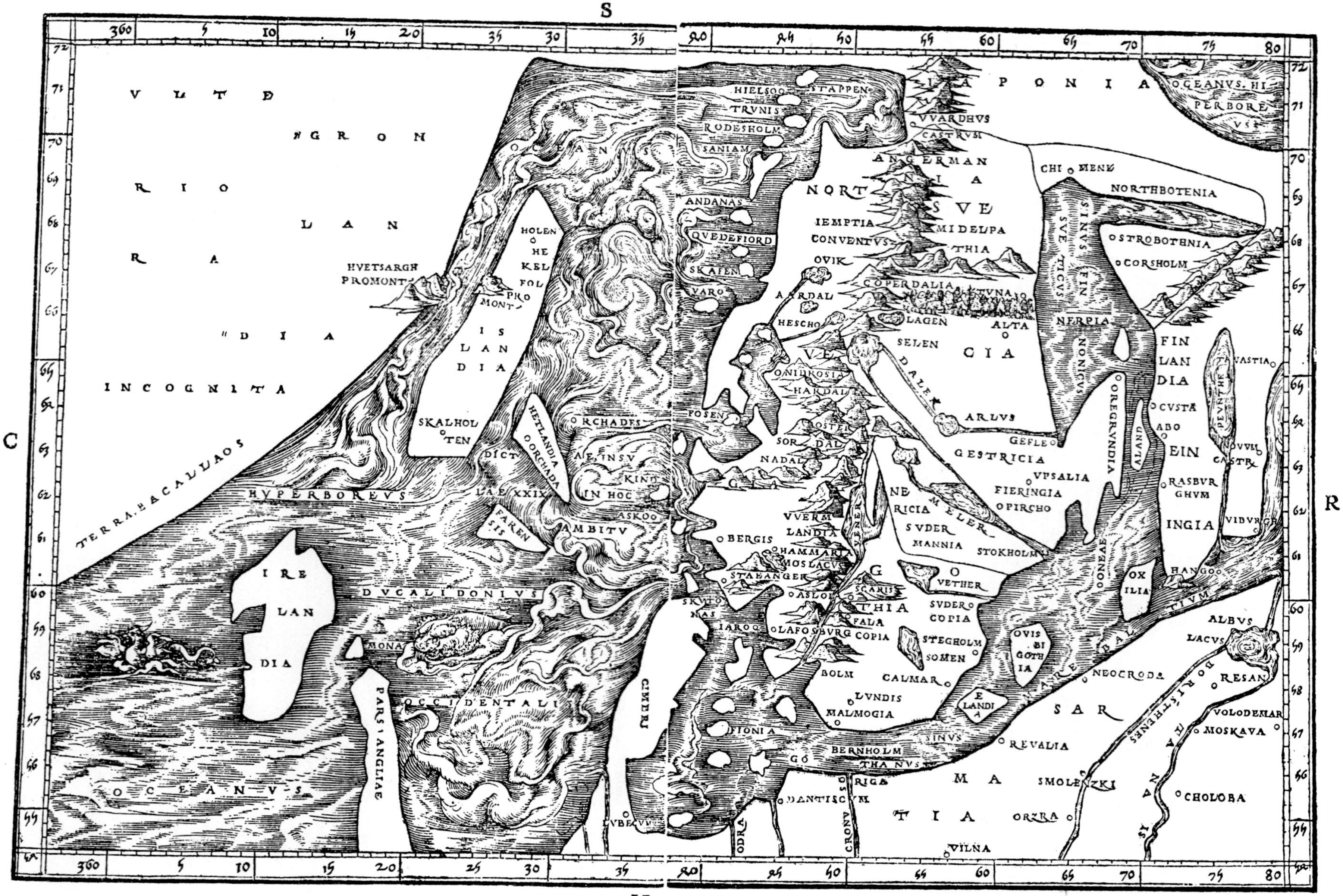

Abb. 5 J. Ziegler: »Schondia«. Straßburg 1532. Trotz starker selbständiger Züge in der Gestaltung Skandinaviens ist aufgrund erheblicher Verzeichnungen die Karte zum praktischen Gebrauch nicht geeignet. (Wolfenbüttel, Herzog August Bibliothek)

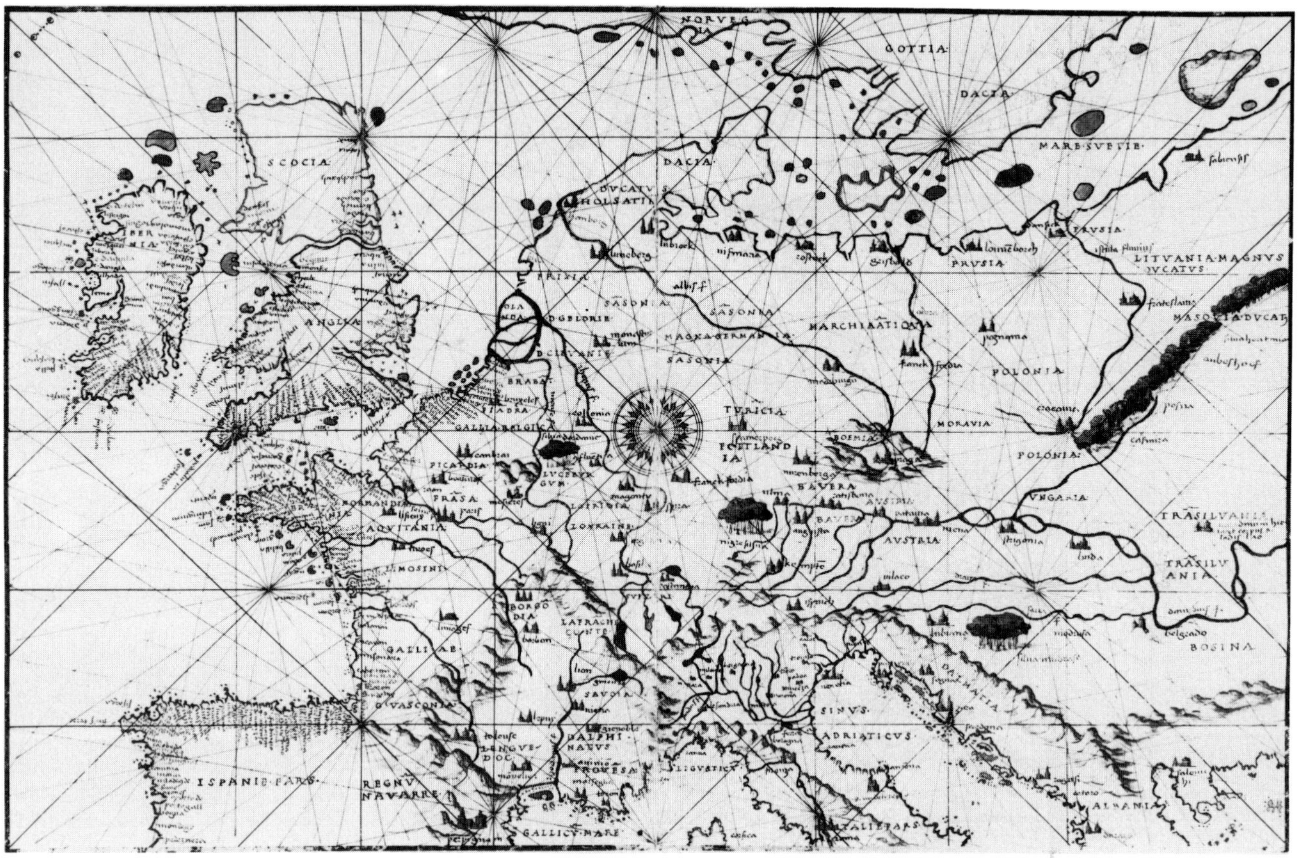

Abb. 6 B. Agnese: Nordwest-Europa. Portolankarte (nach 1540). Die Küste verläuft in ptolemaeischer Manier von der Rheinmündung in nordöstlicher Richtung bis Kap Skagen. (Wolfenbüttel, Herzog August Bibliothek)

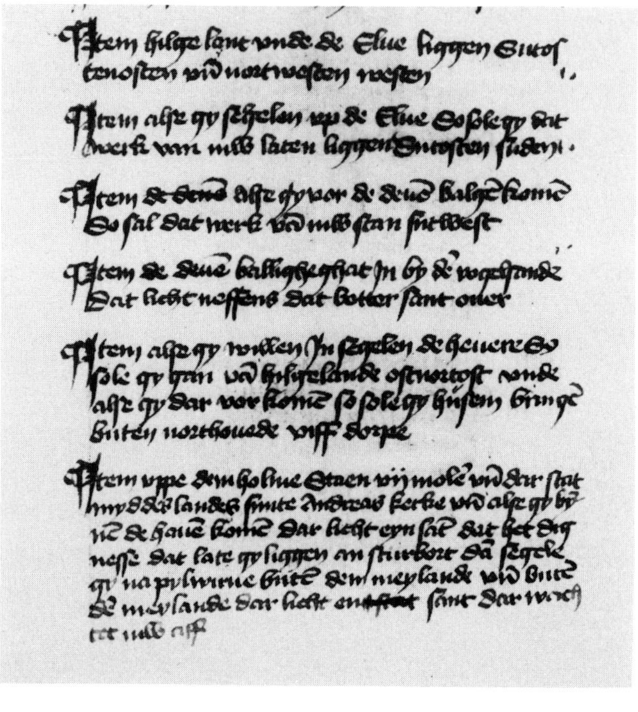

Abb. 7 Beschreibung der Einfahrt in die Elbmündung. Ausschnitt aus dem sog. »Seebuch«, Mitte des 15. Jahrhunderts. (Hamburg, Commerzbibliothek). Text: »Helgoland und die Elbe (-Mündung) liegen in Richtung SOzO und NWzW voneinander. Wollt Ihr auf die Elbe segeln, so müßt Ihr Neuwerk in Richtung SOzO von Euch liegen lassen. Seid Ihr vor der Dänenbalge, dann muß Neuwerk SW von Euch liegen. Die Dänenbalge führt beim Vogelsand einwärts und liegt gegenüber dem Buttersand ...«

Abb. 8 »Dies ist die Beschreibung der See«. Titelblatt des ältesten gedruckten, zu Amsterdam 1532 erschienenen niederländischen Segelhandbuchs. (Brüssel, Bibliothèque Royale)

Abb. 9 J. Horen (gen. Jan van Hoirne): »Caerte van de Oosterscher zee«. Antwerpen 1526. Fragment. (Groningen, Gemeentearchief). Älteste gedruckte nordeuropäische Seekarte mit genähert richtiger Darstellung der Deutschen Bucht und der niederländischen Küste. In der Mitte Helgoland.

ZIPHIVS
NORMORIA
HVMO
SVDMORA
SVRENDAL
VACCA MARINA
MOS ALTISSIMVS HORNILLA RVX
GVDBRADSDAL
CAPERDAL
D
G
E
ORCADES XXXIII
HETLADIA
NORVEGIA
REGNVM
TOTEN
DETMARCHIA
TILEMARCHIA
VALDRES
SOLOGIA
VERMIS 40 PE LO
SCYTENES
HIELMELAND
HALSNE
POMONA
OLIM REGNVM
MARE
DEVCALIDONICVM
SECVRA AREA
IATRIA
LINDESNES
AMPLISSIMVM REGNV SCOTOR
CALIDONIA SILVA
METROPOLIS SCOTIE
S. ANDREAS
SCOCIE
PARS
GRAMPHMONS
MARCHIA
TVEDA
HOLLANDI
SCAGA PROVINCIA
H
DANIA
DACIA SIVE DENNEMARCA
FIONIA
IVTHIA SIVE
CINBRIA
SELADIA
MVNIMENTVM DANAVIRKE
OCEANVS
BRITANICVS
ANGLIE
PARS
G
MARE GERMANICVM
DANZIK
HOLSATHIA
DITMERSIA
FRISIA OCCIDE
FRISIA
HOLLADI PARS
SAXONIA INFERIOR
MAGNOPOL
SCALA MILLIARIVM
10 20 30 40 50 60 70 80 90 100 110 120 130 140 150 160
14 15 16 17 18 19 20 21 22 23 24 25 26 27 28 29 30 31 32 33 34 35
ALBIS

Abb. 10 Olaus Magnus: »Carta marina«. Venedig 1539. Ausschnitt. (München, Bayerische Staatsbibliothek). Die Gestaltung Schottlands und Jütlands zeigt deutlich ptolemäische Beeinflussung.

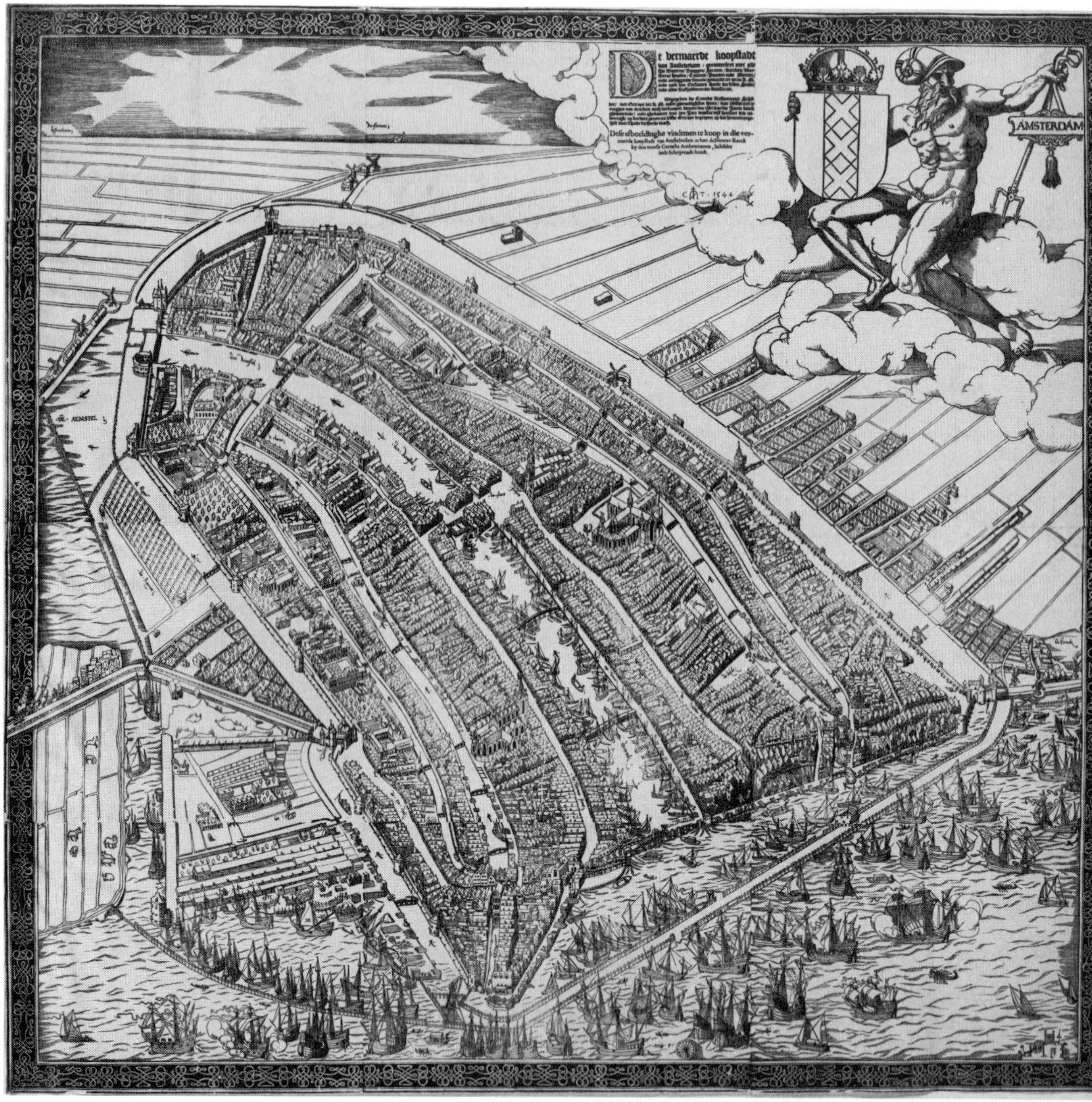

Abb. 11 C. Anthonisz.: Stadtplan von Amsterdam. Amsterdam 1544. (Amsterdam, Rijksmuseum, Rijksprentenkabinet). Links unten die »Lastadie« – der Platz der Schiffswerften. Im Vordergrund links Het Y.

Abb. 12 C. Anthonisz.: Die Belagerung von Thérouanne. Amsterdam 1553. Holzschnitt. (Amsterdam, Rijksmuseum, Rijksprentenkabinet)

Abb. 13 C. Anthonisz.: Allegorie auf die Vergänglichkeit. Amsterdam 1537. Holzschnitt. (Amsterdam, Rijksmuseum, Rijksprentenkabinet)

Abb. 14 C. Anthonisz.: Christian III. Antwerpen (?) 1545. Holzschnitt. (Amsterdam, Rijksmuseum, Rijksprentenkabinet)

Abb. 15 C. Anthonisz.: Der Einsturz des Turmes zu Babel. Amsterdam 1547. Kupferstich. (Braunschweig, Herzog Anton Ulrich-Museum, Museumsfoto B.P. Keiser)

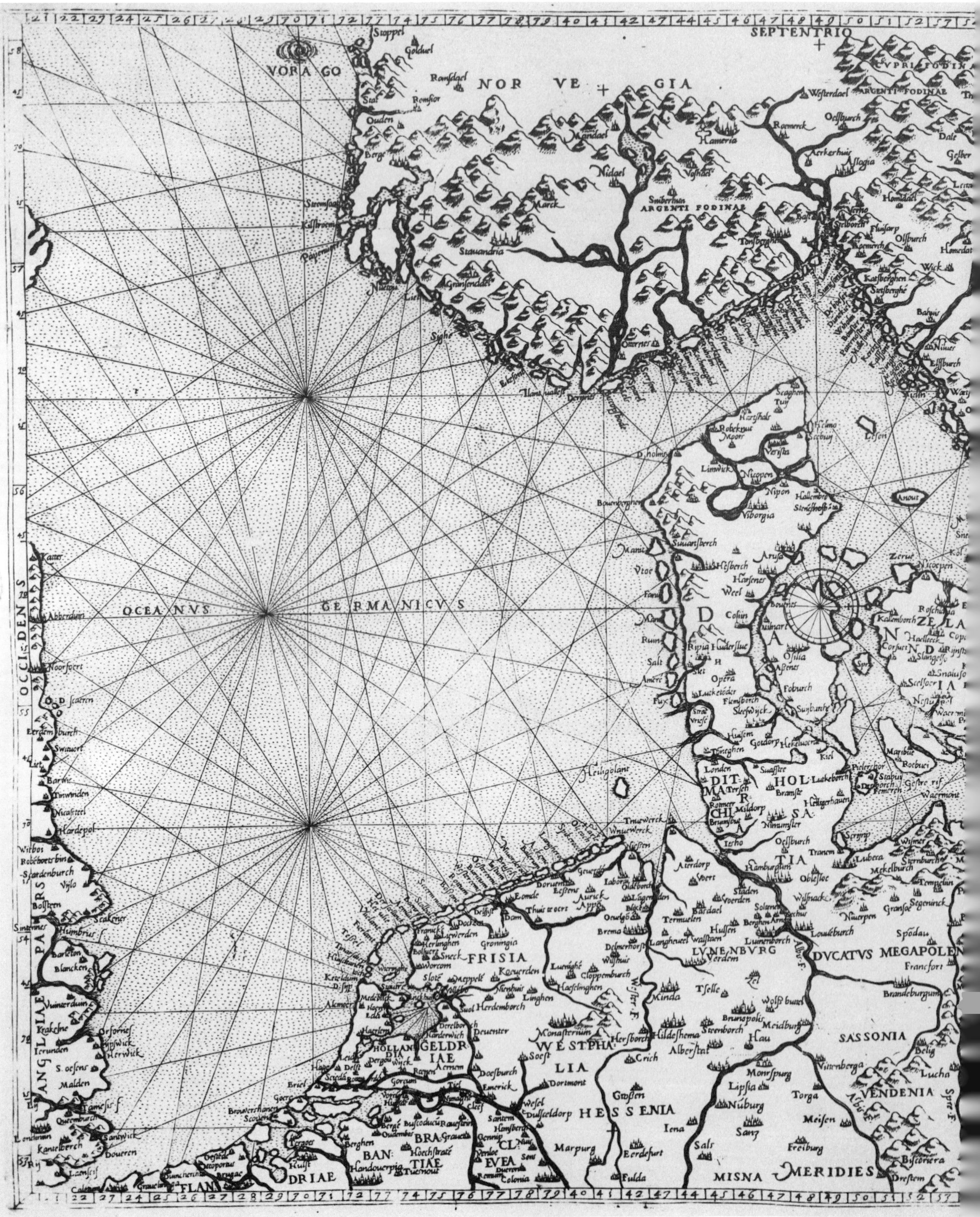
SEPTENTRIO
VORA GO
NOR VE GIA
ARGENTI FODINAE
OCEA NVS
GE RMA NICVS
OCCIDENS
ANGLIAE PARS
D A
ZE LA N D IA
DIT MA R CHI A
HOL SA TIA
FRISIA
HOLLAN DIA
GELDR IAE
WESTPHA LIA
LVNENBVRG
DVCATVS MEGAPOLEN
SASSONIA
VENDENIA
HES SENIA
MISNA
MERIDIES
BRA BAN TIAE
CL EVEA
FLAN DRIAE

Abb. 16 M. Tramezzino: »Descriptio septentrionalium regionum«. Venedig 1562. Kupferstich. Kopie der Erstausgabe der »Caerte van oostlant« des C. Anthonisz. von 1543. (Rostock, Universitätsbibliothek)

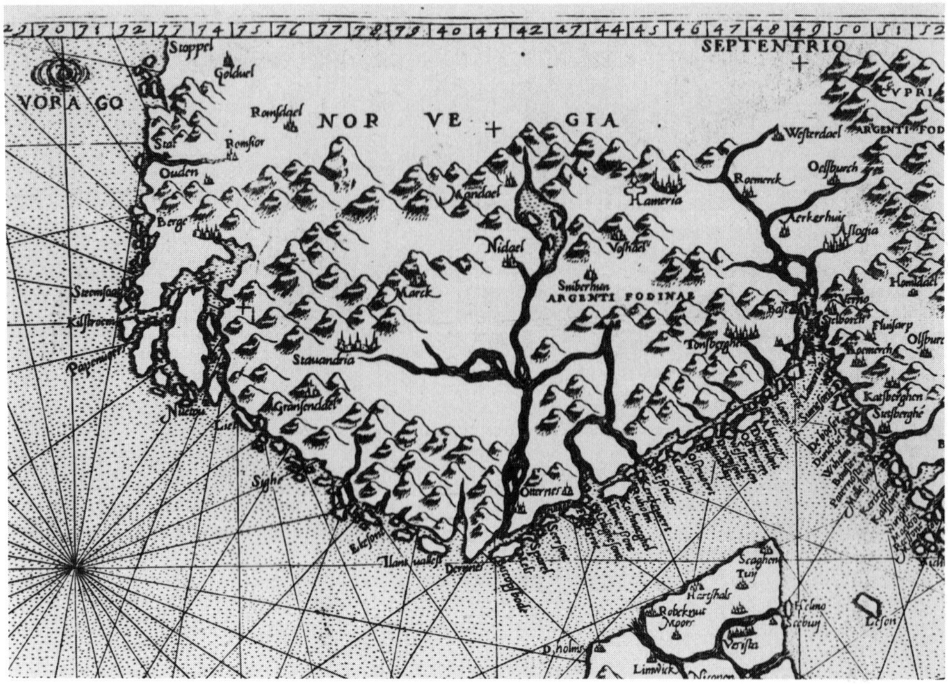

Abb. 17 M. Tramezzino: »Descriptio septentrionalium regionum«. Venedig 1562. Kupferstich. Ausschnitt Südwest-Norwegen. (Rostock, Universitätsbibliothek). Kopie der Erstausgabe der »Caerte van oostlant« des Jahres 1543.

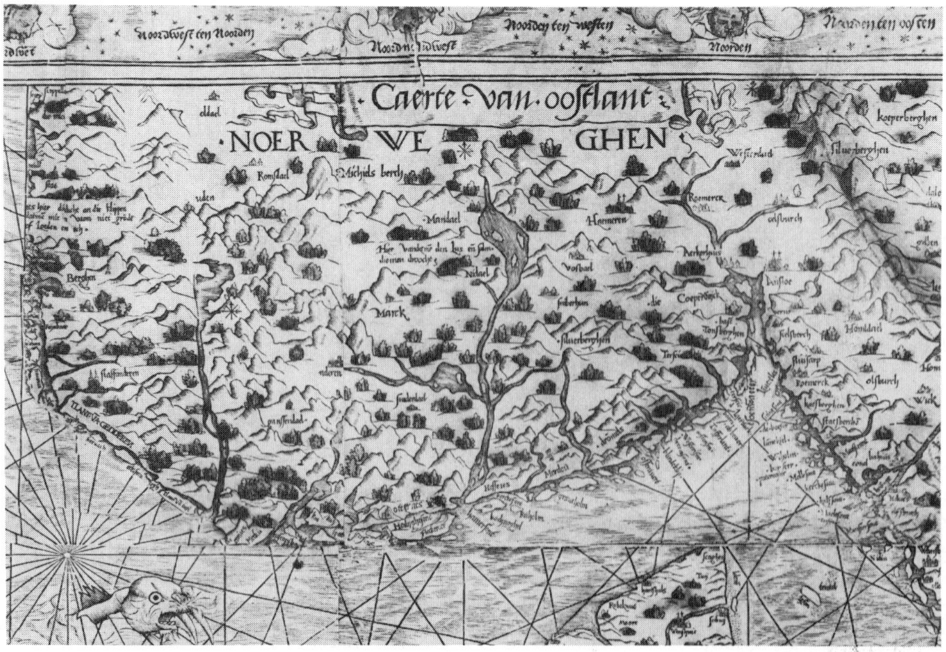

Abb. 18 C. Anthonisz.: »Caerte van oostlant«. III. Auflage. Antwerpen um 1560. Ausschnitt Südwest-Norwegen. (Wolfenbüttel, Herzog August Bibliothek). Gegenüber der Kopie der Erstausgabe durch Tramezzino (oben) zeichnen sich deutlich starke Veränderungen in der Gestaltung der Küste ab.

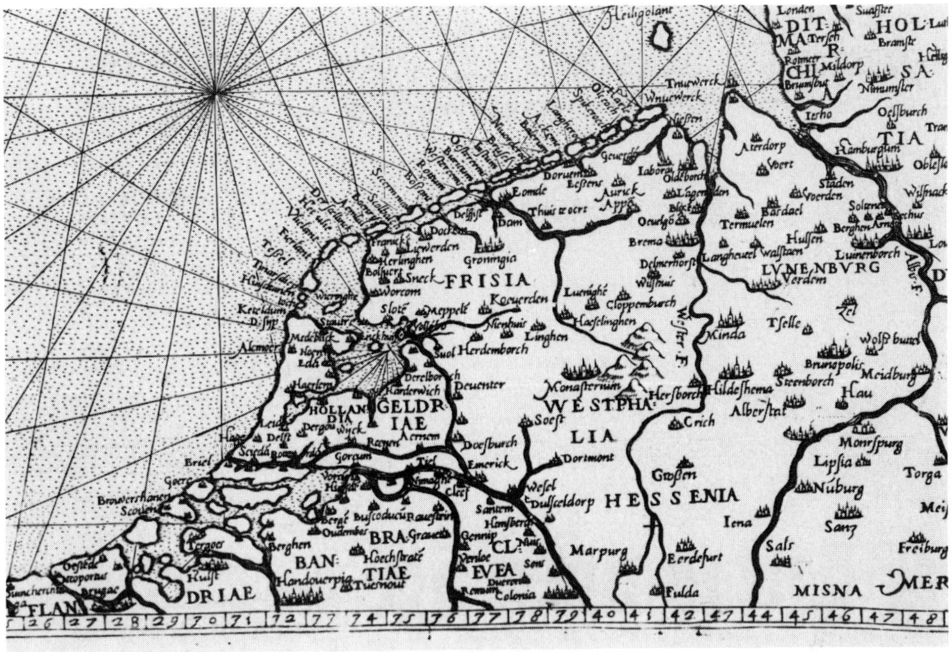

Abb. 19 M. Tramezzino: »Descriptio septentrionalium regionum«. Venedig 1562. Kupferstich. Ausschnitt Niederlande bis Elbe. (Rostock, Universitätsbibliothek)

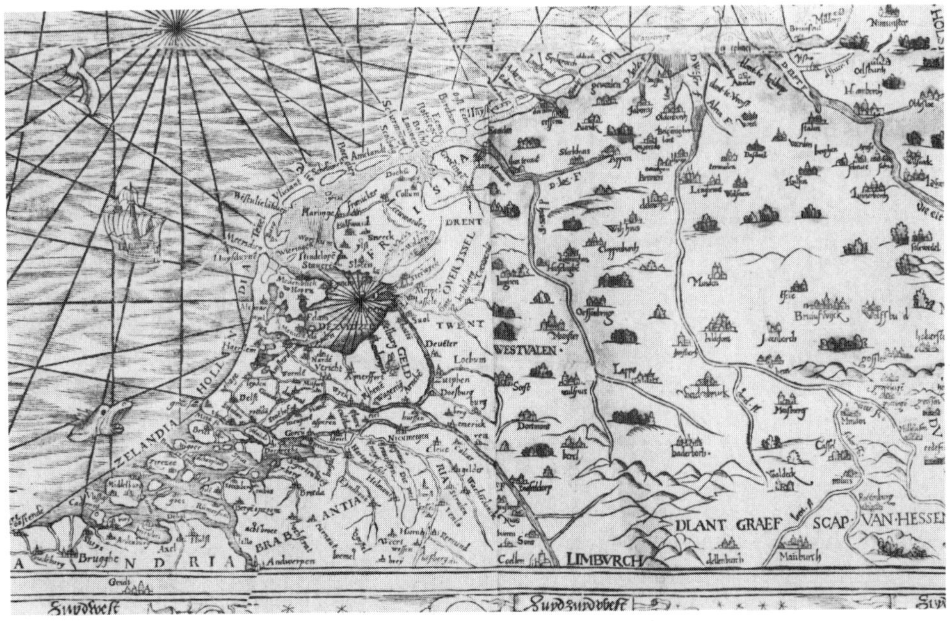

Abb. 20 C. Anthonisz.: »Caerte van oostlant«. III. Auflage. Antwerpen um 1560. Ausschnitt Niederlande bis Elbe. Die gegenüber der I. Auflage (oben) wesentlich wirklichkeitsnähere Abbildung der Niederlande ist auf Verwendung von Provinzkarten des Jacob van Deventer zurückzuführen.

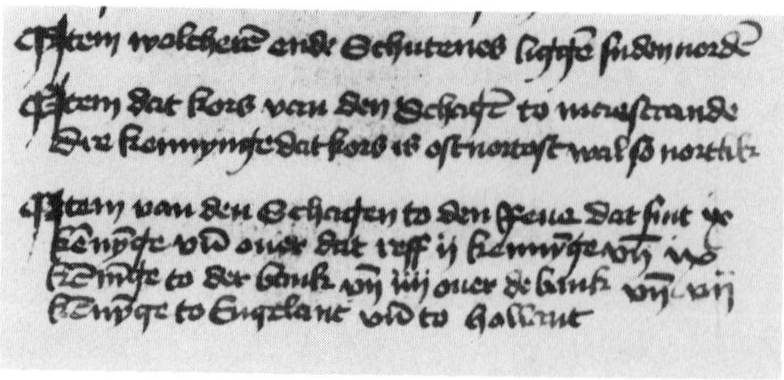

Abb. 21 »Walcheren und Skudesnes liegen in Richtung S und N voneinander ...« Textausschnitt aus dem um die Mitte des 15. Jahrhunderts entstandenen sog. »Seebuch«. (Hamburg, Commerzbibliothek)

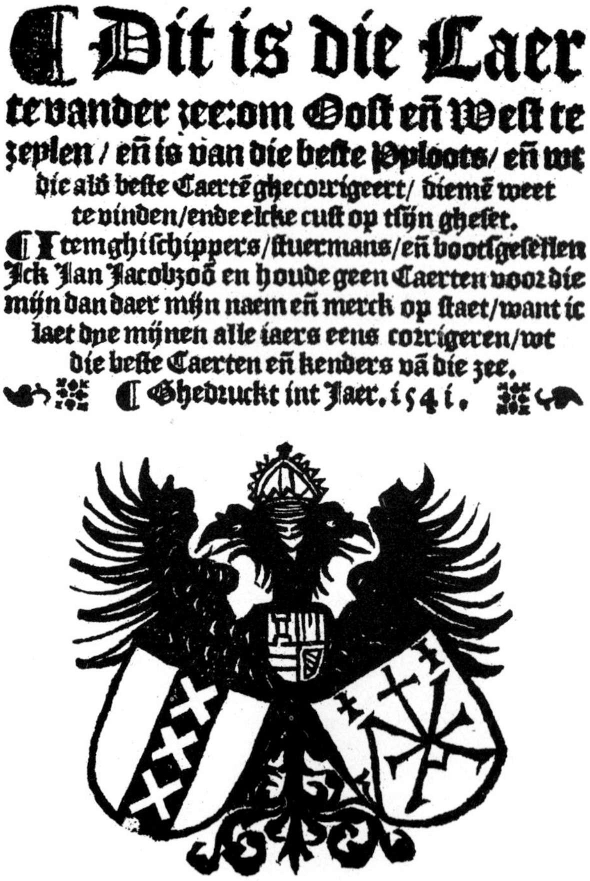
Dit is die Caer
te vander zee: om Oost eñ West te
zeylen / eñ is van die beste Pyloots / eñ wt
die als beste Caertē ghecorrigeert / diemē weet
te vinden / ende elcke cust op tsijn ghesett.
Item ghi schippers / stuermans / eñ bootsgesellen
Ick Jan Jacobzoō en houde geen Caerten voor die
mijn dan daer mijn naem eñ merck op staet / want ic
laet dye mijnen alle iaers eens corrigeren / vot
die beste Caerten eñ kenders vā die zee.
Ghedruckt int Jaer. 1541.

Abb. 22 »Dies ist die Beschreibung der See, um nach Osten und Westen zu segeln«. Titelblatt eines 1541 zu Amsterdam erschienenen Segelhandbuchs. (Amsterdam, Universiteitsbibliothek)

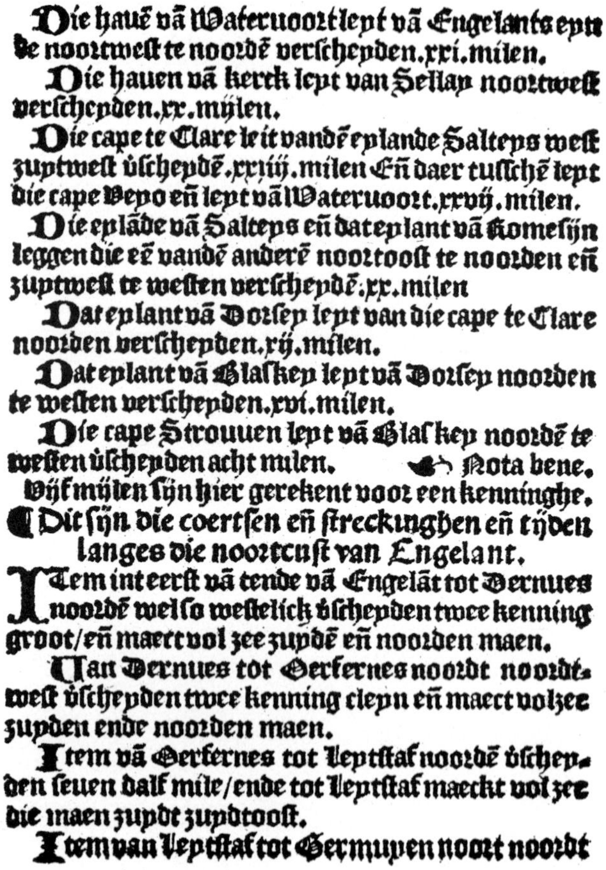
Die hauē vā Wateruoort lept vā Engelants ept
de noortwest te noordē verscheyden.xxi.milen.
Die hauen vā kerck lept van Sellay noortwest
verscheyden.xx.mijlen.
Die cape te Clare leit vandē eylande Salteys west
zuytwest vñscheydē.xxiij.milen Eñ daer tusschē lept
die cape Weyo eñ lept vā Wateruoort.xxvij.milen.
Die eylādē vā Salteys eñ dat eylant vā Romesijn
leggen die eē vandē anderē noortoost te noorden eñ
zuytwest te westen verscheydē.xx.milen
Dat eylant vā Dorsey lept van die cape te Clare
noorden verscheyden.xij.milen.
Dat eylant vā Blaskey lept vā Dorsey noorden
te westen verscheyden.xvi.milen.
Die cape Strouuen lept vā Blaskey noordē te
westen vñscheyden acht milen. Nota bene.
Vijf mijlen sijn hier gerekent voor een kenninghe.
Dit sijn die coertsen eñ streckinghen eñ tijden
langes die noortcust van Engelant.
Item inteerst vā tende vā Engelāt tot Dernues
noordē wel so westelick vñscheyden twee kenning
groot / eñ maect vol zee zuydē eñ noorden maen.
Van Dernues tot Oerfernes noordt noordt-
west vñscheyden twee kenning cleyn eñ maect vol zee
zuyden ende noorden maen.
Item vā Oerfernes tot Leytstaf noordē vñschey-
den seuen half mile / ende tot Leytstaf maeckt vol zee
die maen zuydt zuydtoost.
Item van Leytstaf tot Germuyen noort noordt

Abb. 23 Textseite aus dem 1541 zu Amsterdam erschienenen Segelhandbuch »Dies ist die Beschreibung der See, um nach Osten und Westen zu segeln«. (Amsterdam, Universiteitsbibliothek). Unten: Beschreibung der Südost-Küste Englands »... Von the Naze nach Orfordness NNW [statt – richtig – NNO] zwei kleine Kenninge weit ... Von Orfordness bis Lowestoft $7^1/_2$ Meilen N ...«

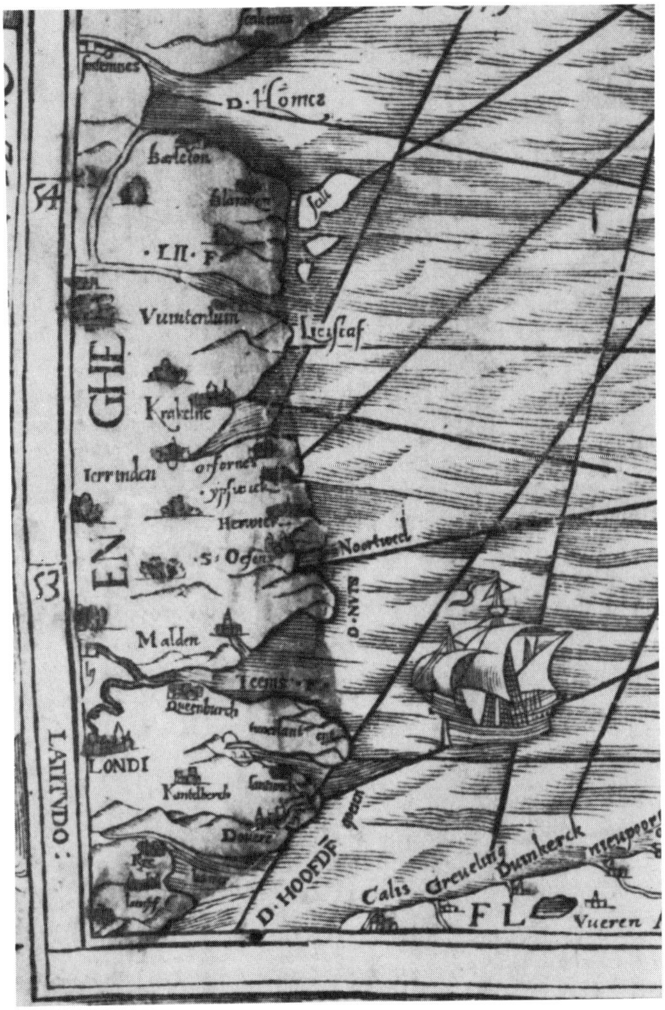

Abb. 24 C. Anthonisz.: »Caerte van oostlant«. III. Auflage. Antwerpen etwa 1560. Ausschnitt. Starke Verzeichnung der Küste Südost-Englands. Man vergleiche die nebenstehende moderne Karte.

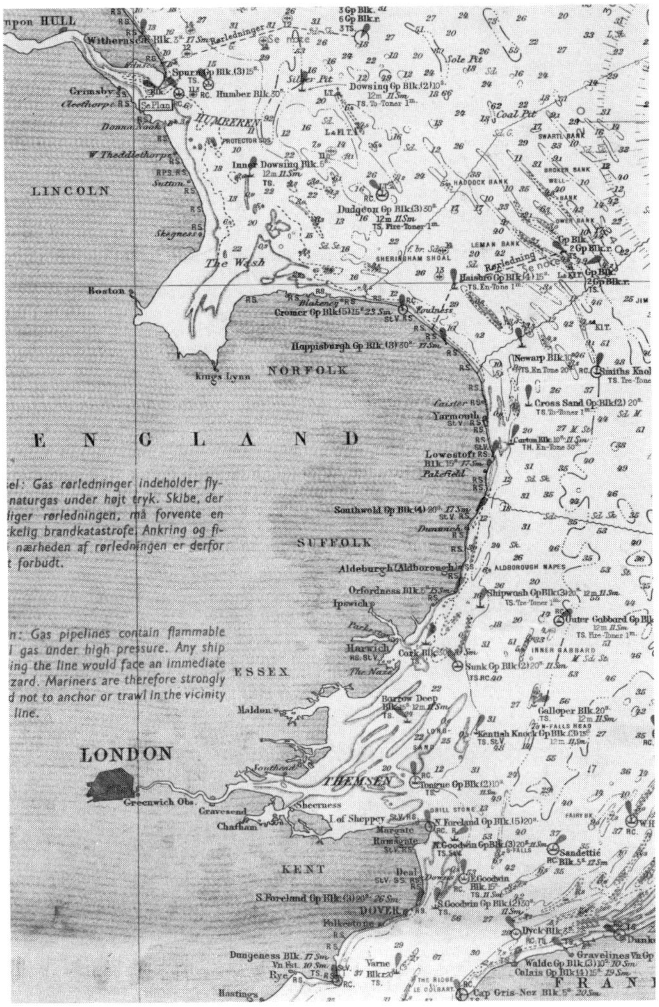

Abb. 25 Küstenverlauf Südost-Englands auf einer modernen Karte.

Abb. 26 C. Anthonisz.: s'Gravezande (Niederlande). Etwa 1544. Holzschnitt

Abb. 27 C. Anthonisz.: Die Insel Ameland. Etwa 1544. Holzschnitt

Abb. 28 C. Anthonisz.: Die Kirche zu Minsen (Jeverland). Etwa 1544. Holzschnitt

Abb. 29 C. Anthonisz.: Kap Skagen. Etwa 1544. Holzschnitt

Abb. 30 C. Anthonisz.: Lyserort (Kurland). Etwa 1544. Holzschnitt

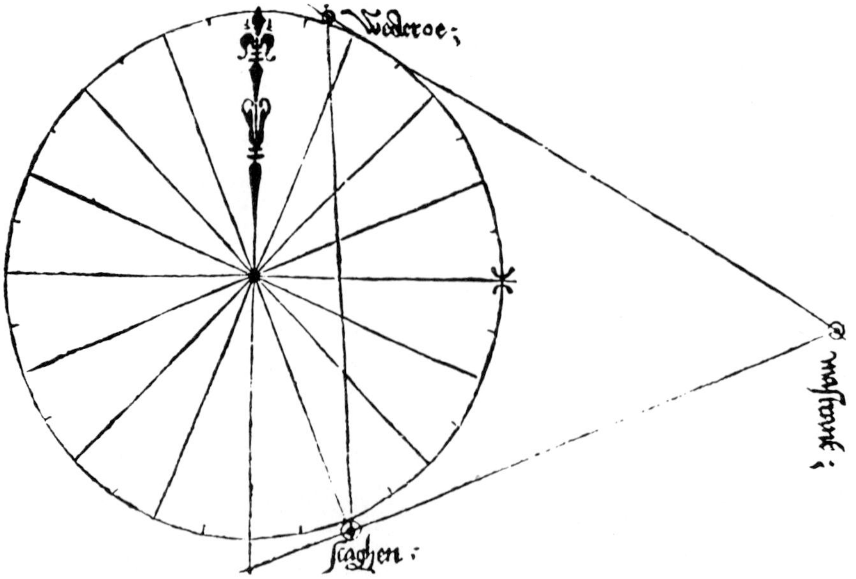

Van die paſkaerte hoemen die behoort te ghebruycken.

Abb. 31 C. Anthonisz.: Bildliche Erläuterung der Konstruktionsmethode einer Seekarte durch Anwendung von Richtungs- und Distanzangaben zwischen Kap Skagen, Marstrand (Südwest-Schweden) und Færder (Süd-Norwegen). Amsterdam 1558. Holzschnitt. (Yale University Library, Coll. Henry Taylor)

Lappeſant leyt een ſtuc bi noordē Elſincore an die weſt ſide vā die ſont eñ en comtdaer nz naeſt dan vij. vadem ſo en muechdi niet onder ſeylen.

Col eñ Elſincore leggē vier milen verſcheyden.

Vā Lappeſande tot Elſincburch ooſt zuytooſt.

Vā Elſincore tot dat ſteef hol zuydē ten ooſten verſcheyden vier halfmijle.

Van Draker tot Valſterbode tot Aenout is zuydē ten weſten/eñ als ghi niet ſien en moget tuſſchen dat ſlot tot Valſterbode ende die kercke ſo ſidi op dat droochſte vanden ſteue.

Dat coerts na Dantſick.

Item van Valſterbode reue tot Borneholm ooſt te zuyden.

Item langes Borneholm ooſt zuytooſt Vā Borneholm tot ſteuecolle ooſt te noorden.

Van ſteuecolle tot Rijſſehoofde ooſt noort ooſt vā Rijſſehoofde tot Aexſters neſſe ooſt zuytooſt.

Van Aexſters nes tot Buernoorde zuytooſt.

Van Buernoorde tot heel zuyt zuytooſt.

Item van heele voor die Wiſſel zuytwaert.

Dit is na Rijghe te ſeylen.

Item ſteſehoofde tot Domenes ſtrecket noordt ooſt te noorden eñ zuytweſt ten zuydē verſcheyden. lix. mijlen.

Item van ſtuyne tottē meylande van Lijflāt ooſt noortooſt tot Kina toe.

Vā Kina tot Sorcholm ſtrecket noortnoortooſt eñ zuyt zuytweſt.

Abb. 32 »Das ist der Kurs nach Danzig«. Textseite aus dem 1541 zu Amsterdam erschienenen Segelhandbuch »Beschreibung der See, um nach Osten und Westen zu segeln«

Hier beghint die Caerte van die Oosterse See/ende hoe hem die landen wter See opdoen/ende oock die coertsen/ende streckinghe vander Zee/vanden eenen hauen tot den anderen neerstelick ghecorrigeert ende verbetert Anno. M. C C C C C. lviij.

Abb. 33 C. Anthonisz.: »Hier beginnt die Beschreibung der östlichen Gewässer«. Titelblatt des zu Amsterdam 1558 erschienenen Segelhandbuchs. (Yale University Library)

Onderwijsinge vander zee/om stuermanschap te leeren/Derdewerf nu ghedruckt/neerstelijck ghecorregeerdt ende verbetert. Anno. M. CCCCC. ende. lviij.

Abb. 34 C. Anthonisz.: »Seefahrtkunde-Lehrbuch für Steuerleute«. Titelblatt der zu Amsterdam 1558 in III. Auflage erschienenen nautischen Unterweisung. (Yale University Library)

Abb. 35 P. Garcie: »Buch der Segelrouten«. Rouen (1502 bis 1510). Titelblatt. (Paris, Bibliothèque Nationale)

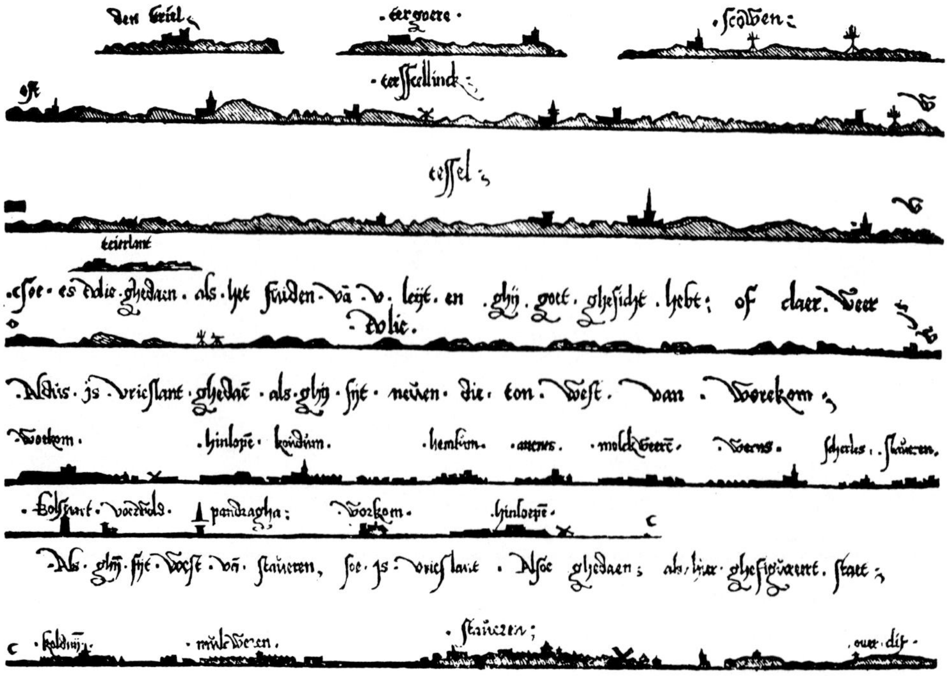

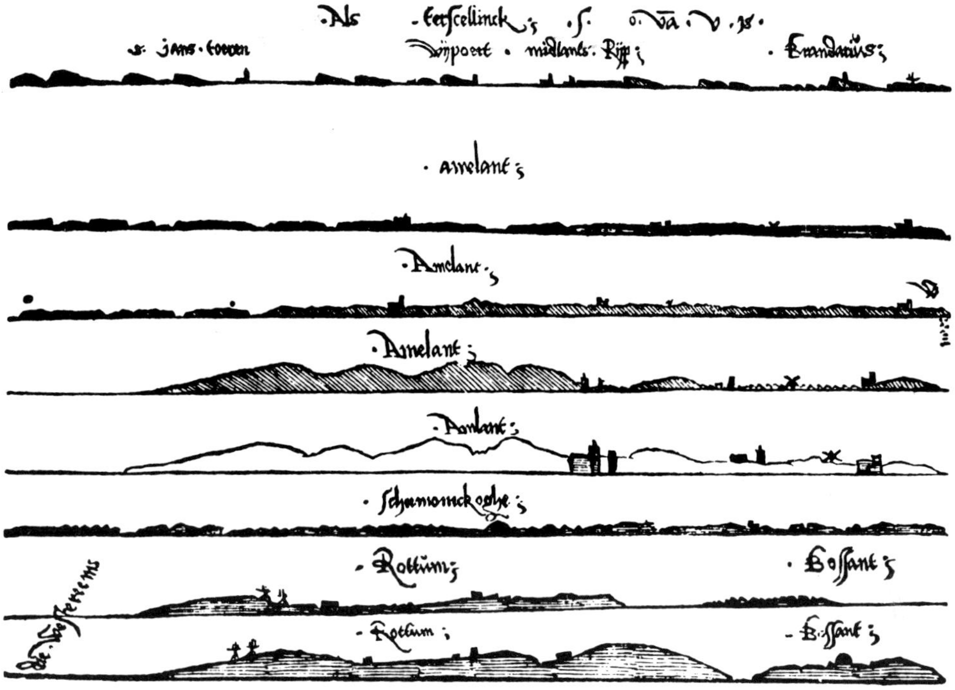

Abb. 37 Seitenansichten der Inseln Terschelling bis Rottum einschließlich der um 1650 aufgeriebenen Insel Den Bosch. Ameland von vier, Rottum und Den Bosch von zwei verschiedenen Schiffsorten aus gesehen. Aus: »Beschreibung der östlichen Gewässer« des C. Anthonisz. Amsterdam 1558.
Text: »Wenn Terschelling SO von Euch liegt«, ferner: »Die Westerems«

Gegenüberliegende Seite:
Abb. 36 Seitenansichten der südniederländischen Inseln Schouwen und Goeree sowie der Stadt Den Briel und der nordniederländischen Inseln Terschelling, Texel (mit Eierland) und Vlieland, ferner der westfriesischen Zuiderzee-Küste von Scharl bis Bolsward. Aus der »Beschreibung der östlichen Gewässer« des C. Anthonisz. Amsterdam 1558.
Texte: »So bietet sich Vlieland dar, wenn die Insel S von Euch liegt und Ihr gute klare Sicht habt.« – »Dieses Bild bietet Friesland, wenn Ihr querab der West-Workum-Tonne seid.« – »Befindet Ihr Euch westlich von Stavoren, so bietet sich Friesland dar, wie hier gezeichnet ist.«

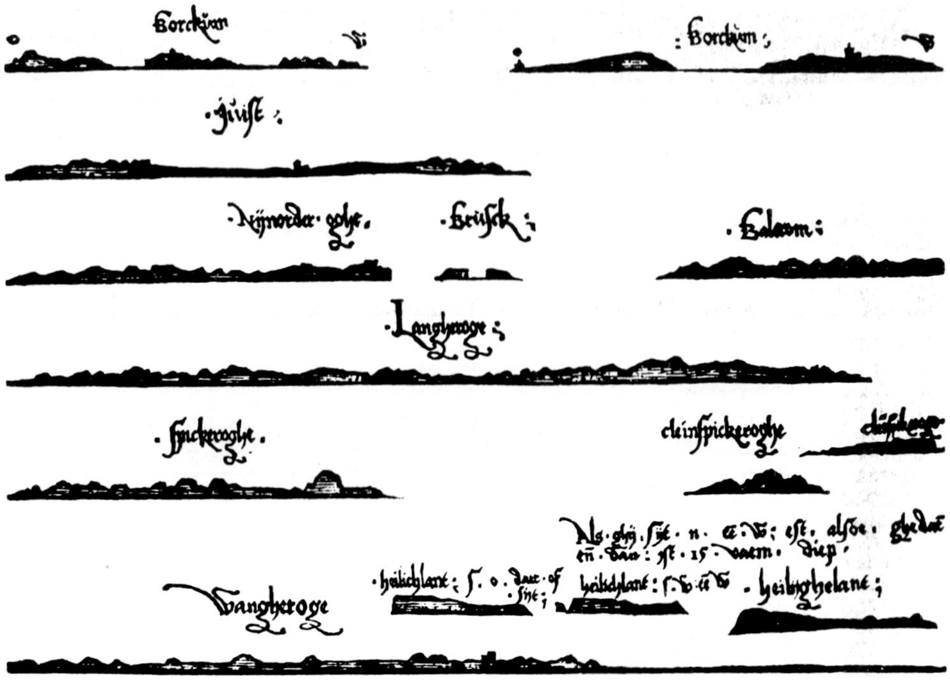

Abb. 38 Die ostfriesischen Inseln von Borkum bis Wangeroog einschl. der – inzwischen nicht mehr existierenden – Eilande Buise und Klein-Spiekeroog. Helgoland von drei verschiedenen Schiffsorten aus gesehen. Aus der »Beschreibung der östlichen Gewässer« des C. Anthonisz. Amsterdam 1558.
Text: »Befindet Ihr Euch NzW [von Helgoland], bietet sich [Helgoland] folgendermaßen dar. Ihr findet dort 15 Faden Wassertiefe.«

Item vant Marsdiep tot het Vlye

twe kenningē vant vlie tot Amlander nieuwe diep een kenning tusschen der schellinc/eñ Aemlander nieuwe diep leyt borrē Rif ontrent een mijle vandē lande/eñ street langes lants ontrent een vierendeel mijls eñ comt niet naer der dan op thien vaem/die lauersche leyt een kenninck van Aemlander nieuwe diep daer tusschen leyt scheermonnick ooch/ende Bossant/Item Rottum leyt by Oosten die lauersch/ende by Oosten rottom gaet die Westereems in/ende leyt een kenninck van de lawerzee bi Oosten Rottum leyt Boericum/ende by oosten boericum gaet die Oostereems in ende leyt een kenninck van die Westereems/ende tusschen beiden leyt Boericomer rif ontrent een mijl vanden lande een vierendel mijl lanck langes lants bi Oosten de Oostereems leyt Juyst/ende by Oosten Juyst leyt brusck ende daer aen Nincorderoch/ende daer aen Baltrom/by Oosten Baltrom gaet die ackeme in/ende by Oosten Baltrom leyt langheroóghe/dan spijckerooghe/dan cleyn spijckerooghe datmen oude ooghe noemt/ende by Oosten oude ooghe gaet die harel in/ende by oosten oude ooghe leyt Wangheroge/eñ by Oosten Wangerooghe gaet die weeser in/eñ van Wangeroghe twee kenninghen tot die Elft. ¶ Item heylich lande is al vuyl van dat w/n/w/tot n/n/o/Item van bouenberghen suytwert leit Suartsburch vier mijlen/ende van Suartsburch suydwaert leyt Hensburch/ende tusschen beyden loopt Rijncoperdiep in/eñ ontrent ten halven tusschen Rijncoperdiep eñ de heuer leyt rijpen/Item van Rijpen tot Suartsburch ist so verde vlack datmen op drie vaem dat landt niet wel sien en mach. Item die witte banck leyt .ix. kenninghen vant Vlie n/ten/w/.

Item

Abb. 39 Beschreibung der friesischen Küste mit ihren Inseln, Fahrrinnen und Untiefen von Marsdiep bis Wangeroog und bis zur Elbe, ferner der westjütischen Küste zwischen der Hever und Bovbjerg einschl. Helgoland. Textseite aus der »Beschreibung der östlichen Gewässer« des C. Anthonisz. Amsterdam 1558

Item die op die Elue wil seylen die sie wel
toe mit een diep gaende schip dat drie vadē diep gaet wāt by die ton Warbalch ist op een leech
water geē drie vadē diep want dat diepte verloopt daer seer eñ ghy moet daer harde bi die ton hene varē

❡ Dit is het coers nae die Elue te seylen.

Die op die Elue seylen wil die brenghe
die Cape eñ dat Nyeuwerck ouer een so sal hy vinden die schoerton op die Elue/eñ die tonnen
legghen altemael aent suydtlant/ende die Bakens oock eñ dat baecxken staet by oosten/ dat nyeuwerck
als ghy comet van by westen seylen/ende dat Nyeuwerck leyt suyt oost ten suyden van die schoer ton.
Item vā die schoerton tot die Botter ton is dat coers oost tē suidē/eñ voort tot de and ton oost tē suydē
Item van die ander ton tot die Warbalch s/o/ten o/ Itē van die Warbalck tot die Moster ton oost
Itē van die Moster ton/tot die ton bi Kosbackē tē oost suydē. Itē van Kosbaken na dat Baken in die
Mems suyt oost tē oosten eñ neemt dē slach vant suytlant op.vij.viij.vadē. Item van dat Baken op die
Meme na die ton op die Oest oost ten noordē. Item van die Ton op die Oeest na Brunbuttel oost ten
n/eñ hebt dat noort lant tot die stoer toe. Item van Heylighelant na die Elue s/o/ten oosten verscheyden twee kenninck. ❡ Item als ghy seylen wilt op die Elue ende van by Westen aensoecken wilt
ende soe loopt op.xiiij.vadem aent suydtlandt/ende die Elue is xv.vadem diep ende is steech gront.
Item een schip dat van by westen comt eñ die wil wesen op die Elue eñ hy heeft een suydelicken wint
ofte een west suydtwesten wint die loopt aen dat suytlant op.xij.vadem so veer als hy dat suytlant leyden wil om die Elue/Want als hy beneuen die Elue is so moech hy dat suytlant leyden op.vij. ofte.viij.
vadem eñ die diepte van die Elue is.xv.vadem eñ die.vij.ende.viij.vadem van dat suytlant moech hy ley-
B i. den alsoe

Abb. 40 Ansteuerung der Elbe mit Vertonung der Nordbake und des Turms auf Neuwerk. Aus: »Beschreibung der östlichen Gewässer« des C. Anthonisz. Amsterdam 1558

den also langhe als dat werck suyden oft daer ontrent van is ende wijcket dan noortwaerts ouer in die
Elue op.x.ofte.xi.vadem eñ gaet dan weynich oost eñ oost ten zuyden in na die Botter ton so lange als
dat werck suyt suytwest van v is ofte ghy sult die Botterhoeck onder seylen op.vij.vaedem/eñ als dat
werck s/s/w/van v is so wijcket voort weder na dat suydtlant om die nieuwe gronden want het is daer
seer enghe eñ hout dat suydtlant tot die Waerbalch toe ende als ghy neuen die Warbalck sijt so is dat
werck/s/w/van v eñ dan gaet o/ten/n/in waert so bent ghy die nieuwe gronden gepasseert eñ nemet die
slach van dat noortlant op vijf vadem eñ loopet so langhe so ghy crijghet.x.ofte.xi.vadem eñ so siet ghy
een molen eñ een swart hoochte oftet een huys waer int lant toe halen als die molen bi oosten dat huis
staet soe bint ghy binnen die Kos ton eñ voort oost ten suyden nae die Kosbaecken als ghy neuen Kosbaken sijt so staet daer int lant te halen een cleyne kerck mit een cleyne spitse thoren als die kercke coemt
ouer een lange huys ofte een cabel lanck te by oosten/Ketsebetel so sijt ghy by dat Kosbaecken dan gaet
suytoost ten oosten op na die Meem eñ hout dat suytlant op.vij.ofte.viij.vadem ofte.ix.vadem so lange
als daer compt loopen van by westen toe eenen scherpen thooren eñ loopt verby twee thoren die op een
kerckhof staen int landt te halen ende hieten Oldenbroeck/ende die eenen thooren so verby oosten comt
daer staen een coppel bomen als die thooren compt in die bomen soe sijt ghy Komarder ghepasseert/ende
dan ghaet oost nae Brunsbuttel ende houdt dan liever dat noordt landt op vijf ofte ses vaedem/niet het
suydtlandt ons Pelgerem sandt wille dat sult ghy onder seylen.
Item moget ghi doen so hout dat noortlant hen tot Billenborch toe/eñ als ghi toe Billenborch comt
so hout noch dat nootlant op.vij.ofte.viij.vadem eñ gaet oost suytoost in/also lange als ghy Stadē brenget in die bomen van Kugeroort so hebt ghi dat oost lant/so moet ghy wat suytlicker op na Stader sant

∴ ❡ Dit is dat coers nae die Weser toe seylen. ∴

Item die van west coemt eñ wil op die Weser met een noortwesten ofte
noort noortwestē wint die comt Wanger ooge niet naerder dan.xi.vadem eñ gaet dan ant oost/so
lange dat hi die werste tonne siet/dā so leyt daer een sant an backboort eñ hiet die Mitplaet de leit op eē
hooch water niet dieper dan twe vadē eñ licht open voor die Weser dan vā die ton na die ander ton oost
Item ofte die wint waer suytlick soe nemet die slach van Wangher ooghe op.viij.of.ix.vadem/Dan
wacht v behulpich op die acht vadem dat ghy die steen balghe niet onder seylen/so langhe dat Wangherooghe leyt suytwest van v/eñ Menser kerck suyden ten oosten dan comt ghy by die buytensten tonne.
Item

Abb. 41 Kurs auf der Unterelbe. Ansteuerung der Weser. (1558)

Menser kerck.

Item Menser kerck is een plat te kerck sonder thooren eñ licht int vroukenolandt van die uterste ton nae die ander ton oost soe lichdt Mensen van v suyden als ghy die .ix. vadem crÿchdt dan wacht v voor die wester Weser/ die gaet .ix. vadem in/ ende gaet doen in Jaede dat drooechste is twee vadem in die Wester weser van die ander ton na die derde ton o/ soe licht Mensen van v suyt ten westen. Item van die derde ton naet hooft vant roede sandt is dat coers oost wel soe noordt lick/ cavelt altÿt v stromen, daer dan soe leyt Mensen van v suyt suyt west ende die Baken die daer staet op die witte gront oost suytoost die moet ghy aen Backboort laten staen van die ton opt roede sant na die ton oppet koertsis dat coers suytoost wel so suydelick ende is daer diep neghenthien oft elf vadem.

Itẽ van die ton oppet coers na die ton op die stert van die Bollensiel/ is die coers suytoost wel so oostelick als ghi die ton om sÿt van Bollen siel so sedt v coers an/ suydẽ aent westlant staen twee baeckens op.

Item als ghy by die ander Baecken comet soe is daer ghoede reyde op westen windt.

Lanwoerdẽ kerck

Lande Lanwoorden kerck leyt in Botiaer lant ende wilt ghy voort aen soe set v coers suydtoost na die ton oppet vlacke als ghy die ton omme ;ÿt so neemet die slach vandt westlandt op drie ofte vier vadem alte met comet ghy dicht aent groen landt hendt tot Blersem kerck toe daer is die reyde van die schepen die op den wint ligghen ende willen utwaert seylen nae die zee.

Blersem kerck.

G ij. Item als

Abb. 42 Ansteuerung der Weser – Kurs im Bereich der Butjadinger Küste. Vertonungen der Kirchen zu Minsen (Jeverland), Langwarden und Blexen (Nord-Butjadingen). (1558)

Item als dat nyeuwe werck s/o/ten suyden van v leyt soe zÿn die beyde capen over een. Item als Mensen kerck suyden van v leyt so siet ghy open voor die Weeser. Item als die thooren op Borkum suyden van v leyt soe siet ghy open voor die Ooster Eems. Item als die thooren op Just noordtoost/ van v leyt soe sÿt ghy beneven die beyde Juster reven in die Westereems.

Item als die Capen op Rottum suyt oost/ten oosten van v leyt soe binnense beyde over een.

Item als die Capen op Shirmerkooch oost suyt oost van v legghen soe sietmense beyde over een.

Dit is in die Jaede toe seylen.

Item wilt ghy in die Ja/ als ghy dan dat Roodesant ghepasseert sÿt soe ghaet suyden in soe verde als ghy dan wesen wilt/ Menser kerck sult ghy laten aenstuerboordt / wilt ghy opt Wat soe laet aenbackboort die kerck ligghen.

Item dit is in die wester Eems te seylen.

Item die tonnen sult ghy nu legghen laten aen stuerboort als ghy nu in comt in die Wester Eems ende die langhe Caep is die looper.

Item die in die Wester Eems seylen wil die houde twe capen over een eñ houtse s/o/ten oostẽ van v eñ lopet recht na Rottum toe also lange als ghi diep water hebt .vij. ofte .viij. vadẽ eñ seylt dan lancx Borkum rif in eñ buytẽ bi die tonnẽ ist op eẽ leech water vierdehallef vadẽ diep eñ binnẽ Borkum rif eñ tusschẽ Rottum ist .x. eñ .xi. eñ .xij. vadẽ diep eñ seilt bi dat rif al heẽ tot Borkum toe.

Item in die ooster Eems eñ in die wester Eems maket hooch water suydt oost eñ noort west ende die Wester Eems streckt oost eñ west. Item wilt ghy binnen die Wester Eems laveren soe comet dat rif van Borckum niet nader dan seven vadem eñ herde by Borckum hebdy sesthien eñ seventhien vaedem.

Item als ghy die Wester Eems op wilt seylen van Borkum of soe hout die thooren op Borkum by oosten die grote duyn een winboem lanck want Dransont by dat Oostlant moechdy op seven vadem onder seylen dat Baecken op die Rut staet aent west landt ende die Ransondt leyt daer teghens over op dat Oostlandt ende tusschen die Ransondt ende dat Baecken op die Rut ist thien ende elf vaedem diep.

Item van

Abb. 43 Ansteuerung der Jade. Beschreibung der Einfahrt in die Westerems. (1558)

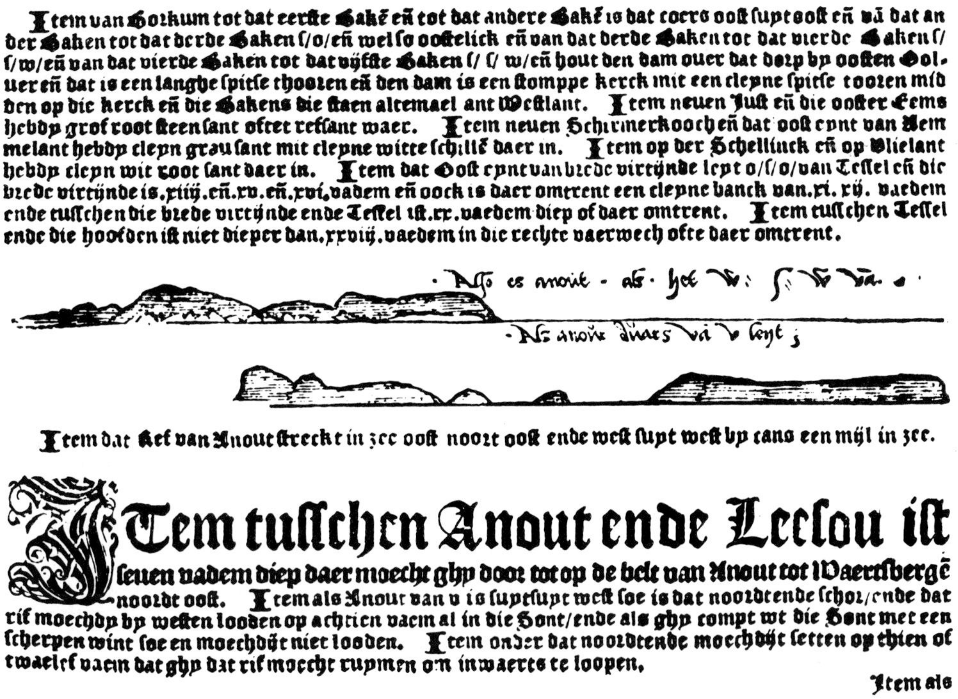

Item van Borkum tot dat eerste Bakē eñ tot dat andere Bakē is dat coers oost suyt oost eñ vā dat ander Baken tot dat derde Baken s/o/eñ wel so oostelick eñ van dat derde Baken tot dat vierde Baken s/s/w/eñ van dat vierde Baken tot dat vijfste Baken s/s/w/eñ hout den dam ouer dat dorp by oosten Doluer eñ dat is een langhe spitse thooren eñ den dam is een stompe kerck mit een cleyne spitse tooren midden op die kerck eñ die Bakens die staen altemael ant Westlant. Item neuen Just eñ die ooster Eems hebdy grof root steen sant ofte rets sant waer. Item neuen Schirmerkooch eñ dat oost eynt van Aemmelant hebdy cleyn grau sant mit cleyne witte schillē daer in. Item op der Schellinck eñ op Vlielant hebdy cleyn wit root sant daer in. Item dat Oost eynt van brede virtijnde leyt o/s/o/ van Tessel eñ die brede virtijnde is .xiiij. eñ .xv. eñ .xvi. vadem eñ oock is daer omtrent een cleyne banck van .xi. xij. vaedem ende tusschen die brede virtijnde ende Tessel ist .xx. vaedem diep of daer omtrent. Item tusschen Tessel ende die hoofden ist niet dieper dan .xxviij. vaedem in die rechte vaerwech ofte daer omtrent.

Item dat Ref van Anout streckt in zee oost noort oost ende west suyt west by cans een mijl in zee.

Item tusschen Anout ende Leesou ist seuen vadem diep daer moecht ghy door tot op de bele van Anout tot Waertsbergē noordt oost. Item als Anout van u is suytsuyt west soe is dat noordtende schor/ende dat rif moechdy by westen looden op achtien vaem al in die Sont/ende als ghy compt wt die Sont met een scherpen wint soe en moechdyt niet looden. Item onder dat noordtende moechdyt setten op thien of twaelef vaem dat ghy dat rif moecht ruymen om inwaerts te loopen.

Item als

Abb. 44 Kurs auf der Westerems von Borkum bis querab Appingedam. Vertonungen von Anholt im Kattegat.
Texte: »So bietet sich Anholt dar, wenn die Insel WSW von Euch liegt« – »Wenn Anholt querab von Euch liegt«. (1558)

Item als ghy zijt ten haluen tusschen Robbeknupt eñ Harthals ontrent twe mijlē van den lande is Robbeknupt alsoe ghedaen alst bouenste van dese drie/ende die twee hompelen heeft opt hoechste (te weten) die tweede berch leyt tusschen Robbeknupt ende Harthals maer se leyt Robbeknupt naest ende Harthals is dan alsoe ghedaen als hier beneden staet/ende aen dat suydt suydt west ende is een homplick duynich landt ende alsmen van by westen toe coempt ende men soe nae byden lande is datmen Harthals siet buyten Robbeknupt/maer dat men tusschen Harthals eñ Robbeknupt niet duer en mach sien soe isser een glop in Harthals.

Item als ghy sijt van Harthals west ten noorden also verde als ghy Harthals bestrijdelick wt den hol sien moecht/eñ ghijt dan wt den mersse sijt soe ist alsoe ghedaen als hier bouen staet/ende den berch die tusschen Robbeknupdt ende Harthals leyt zijn dan met Robbeknupt te samen alsoe als het benedenste.

Item om

Abb. 45 Beschreibung der Küste Nordjütlands mit Vertonungen der Strecke Rubjerg Knude / Hirtshals, jeweils von verschiedenen Schiffsorten aus gesehen. (1558)

Item om dese Caerte van Oostlandt te leeren kennen voor die Jonghe zeeluyden niet slaperich door die zee en varen/maer mit lusten begherich zijn om die kennisse ende kunde vander zee te weten ende stuermanschap te leeren soe beghin ick eerst die Noortzee te schrijuen (te weten) van Hollandt ende Zeelandt/of nae Noorweghen Jutlant Oostvrieslandt eensdeels die custe van Enghelandt.

Item Vernuese ende Borenrif suydē eñ noorden/ontrent.lxxvij.mijlen Walcheren ende Vernuese s/ten/w/ende n/ten o/ ontrent eenentneghentich mijlen Walcheren ende Schutenes s/eñ n/ hondert eñ vier mijl Vernuese ende Farto o/n/o/ende west suyt west verschepden seuentseuentch mijlen.
Item Vernuese ende die holms voor Germuyden n/n/o/eñ s/s/w/lxxxi.mijlen Hollant strecket n/n/o/ eñ s/s/w/ Item die kuste van Vrieslant streckt o/n/o/tot Boren rif toe alle die Seelantsche side strecke s/w/ende n/o/Die Vlaemse side strecke o/n/o/ende w/s/w/ Item als ghy dat suyen in laueren wilt/soe neemt een achteruloet eñ een voor ebbe/en gaet l/o/aentlant. Item van die hoofden tot het Marsdiep omtrent veertich mijlen/dat coers is suytwest ten suyden/wel so westelick. Item van Bouenbergen tot die Elue streect dat landt/n/n/w/eñ s/s/o/verschepden.xxxviij.mijlen/ende maect vol zee op alle hauen op Jutlandt suydt ende noorden maen dit zijn die zeuen eylanden van Jutlandt/Fur/Amer/Falt/Ruym/ Mau/Fann/Numit. Die eyder ende heylige lande o/ten n/twee kenningen. ¶ Item Rijpen leyt van heylighe lande n/o/ten n/neghentien mijl/die Elft ende heylighe lande s/o/ten o/seuen mijl.
Item als ghy wilt seylen vant suyen naeden steen als ghy coemt buytens lants soe gaet noorden op dat rif/eñ voort tot op dat opgaende vanden steene n/n/o/ende dat noort oost ten oosten nae Schaeghen
Item van heylich lant na Bouenberghen s/s/o/eñ n/n/w/ Item vander Nues tot die holm s/o/eñ n/ w/vier kenninck.xij.mijlen. Item heylichlande der schellinck n/o/ten o/eñ s/w/ten w/heylichlandt en suldy niet naerder comen dan op neghen of thien vadem van by noorden/eñ heylighelant eñ die Elf twee kenninghen. Item als ghy seylen wilt op die Elue van by westen/eñ aen soecken wilt so loopt op veerthien vadem aent suytlant so langhe als ghy stick gront crijcht/soe sijt ghy op die Elue.
Item heylighe

Abb. 46 Beschreibung einzelner Punkte und Küstenstrecken der Nordsee. (1558)

¶ Item heylighe landt nae die Elue suyt oost ten oosten verschepden.vi.mijlen. ¶ Item om Borcom te kennen/want tusschen elcke eylandt is een slach van slecht santsonder duynen/eñ op middelste eylant staet een kercke met een groeuen stompen thooren eñ staet opt oost eynde vander kerck.
Item van die n/w/ hoeck van Borkum daer leyt een Rif of west in zee wel anderhalf mijl ende daer moecht ghy langhes by in seylen in die Westereems/eñ gaet oost ten suydē aen. Item die oostereems streect w/n/w/en als die thooren op Borkum s/w/van v is/so loopt aen die strant op die vierdehallef vaē.
Item wt het Marsdiep na die hoofden s/w/ten suyden eñ wel soe westelick. Item tusschen alle die kusten van Vlaenderen inden rechten vaerwech en is niet dieper dan vierentwintich vaem.
Item vant ent van Enghelant tot Nuts n/wel so westelick twee grote kenninck maect vol zee s/eñ n/ maen van die Nuts tot Orfornes n/n/w/verschepden vier mijl maect vol zee s/eñ n/maen van Orfornes tot leystafn/ verschepdē seuē mijl vol zee s/s/o/eñ n/n/w/maen vā leystaf tot Germuydē n/n/w/vier mijl vol zee suytoost eñ noortweste maē vā Germuydē tot winterduyn n/n/w/vier mijl van Winterduyn tot schilt n/w/seuen mijl oost eñ west/maen vol zee van schilt na die hommer n/w/ten w/drie kenninck in die hommer maect vol zee die maen w/s/w/ Item die Noortuaert van Calis is vier mijlen eñ die wil seylen naden steue die sal gaen n/n/o/in eñ wel so noordelick tot op dat rif op.xx.vadem eñ dat is verschepden.lxxxij.mijlen eñ voort noord oost ten oosten na Schaghen op die noort cant van Enghelandt coemt die vloet van by noorden. Item van tschilt na Vlaemberghen hooft n/w/vijf kenningen van die hommer naet hooft noorden ten w/twee kenninck van thooft tot Wijls n/w/ten w/twee mijlen.
Item van Wijls tot schaerdenburch n/w/ten w/twe mijl van Schaerdenburch tot witbuy noortwest vier mijl. Item tusschen schaerdenburch en witbuy daer leyt Robbenhoets hey/eñ maeckt vol zee die maen suydtwest/eñ noortoost. ¶ Van witbuy tot die tees west noordtwest ses mijlen die tees leyt by hardepol van hardepol nae tinwinden n/n/w/seuen mijlen eñ maect vol zee die maen s/w/ende noortoost
Item van Robbenhontsbay tot tijnwinden of nyeuwe casteel noortwest. Item van Vlissingen tot het voorlandt achtien mijlen. Item vant Marsdiep tot Vlamberghen hooft west noortwest ende oost suydtoost. Item die wil seylen wt dat Vlie nae hitlandt dat koerts is noort noort west/ende wel soe westlick ende is vierdehalf Etmael voor die wijnt te seylen.

Hier begint hoemen in Noorwegē seilē sal

Abb. 47 Beschreibung der Umgebung Borkums und der englischen Ostküste. (1558)

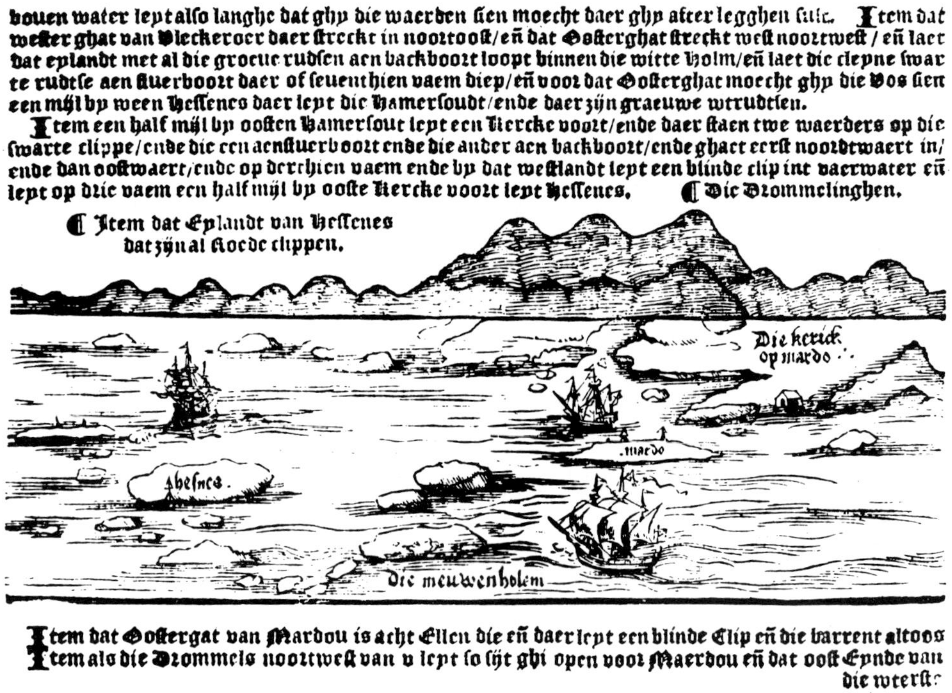
bouen water lept also langhe dat ghy die waerden sien moecht daer ghy after legghen sulc. Item dat wester ghat van Bleckeroer daer streckt in noortoost/ eñ dat Oostergat streckt west noortwest / eñ laet dat eylandt met al die groene rudsen aen backboort loopt binnen die witte Holm/ eñ laet die cleyne swarte rudtse aen stuerboort daer of seuenthien vaem diep/ eñ voor dat Oosterghat moecht ghy die Vos sien een myl by ween Hessenes daer lept die Hamersoudt/ ende daer zijn graeuwe wtrudtsen.
Item een half myl by oosten Hamersout lept een Kercke voort/ ende daer staen twe waerders op die swarte clippe/ ende die een aenstuerboort ende die ander aen backboort/ ende ghaet eerst noordtwaert in/ ende dan oostwaert/ ende op derthien vaem ende by dat westlandt lept een blinde clip int vaerwater eñ lept op drie vaem een half myl by ooste Kercke voort lept Hessenes. Die Drommelinghen.

Item dat Oostergat van Mardou is acht Ellen die eñ daer lept een blinde Clip eñ die barrent altoos
Item als die Drommels noortwest van u lept so sijt ghi open voor Maerdou eñ dat oost Eynde van die wterste

Abb. 48 Vertonung der norwegischen Südküste im Raum Tromlingerne. Panoramaartige Gestaltung des Bereiches Mærdøy. (1558)

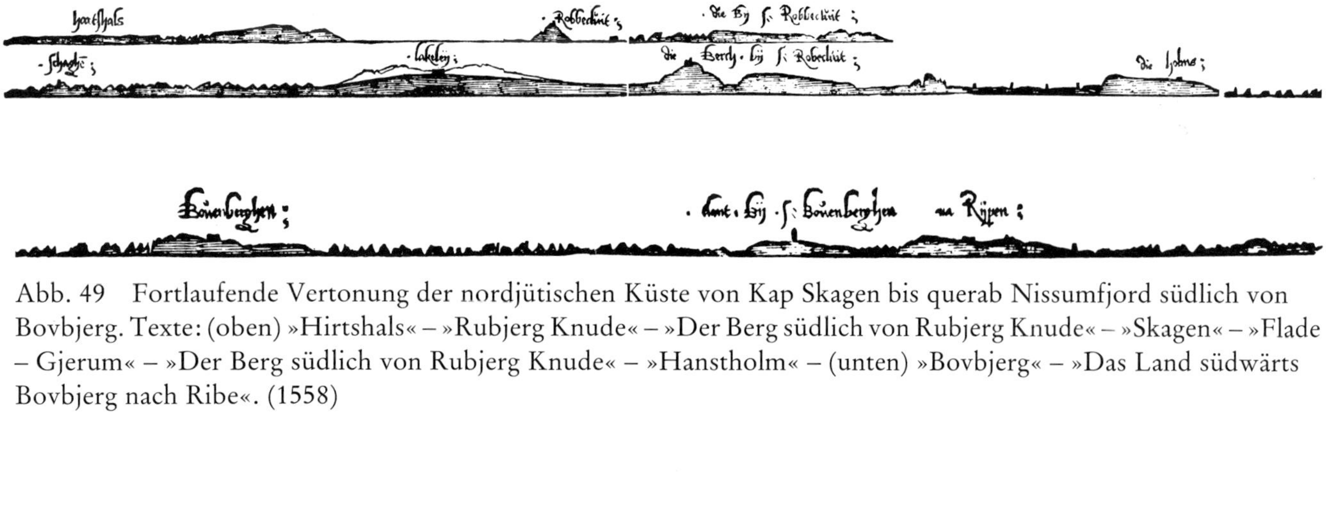

Abb. 49 Fortlaufende Vertonung der nordjütischen Küste von Kap Skagen bis querab Nissumfjord südlich von Bovbjerg. Texte: (oben) »Hirtshals« – »Rubjerg Knude« – »Der Berg südlich von Rubjerg Knude« – »Skagen« – »Flade – Gjerum« – »Der Berg südlich von Rubjerg Knude« – »Hanstholm« – (unten) »Bovbjerg« – »Das Land südwärts Bovbjerg nach Ribe«. (1558)

· Bornehohn ;

· Bornholm ;

Alsoe dat cleynste Borneholm is doet hē op als ghi eerst van Valsterbo comt alst goet gesicht is eñ dat ander grootste Borneholm is so gedaē als ghy daer als het n/n/w/van v lept eñ ghy redelick daer na by sijt. Eñ als ghi van Bordenholm na Kōn wilt seylen eñ ghy by noordē Bordenholm loopt dan moet ghi wat oostelicker loopen dat ghy dat n/o/eñ s/w/van v hebt so gaet dan noordoost ten oosten aen eñ dat noortoost eñ van Bordenholm eñ der windey si vandē anderē noortoost ten oostē/eñ suptwest tē westē verschepdē. lrviij. mijlē

Van dat west ende van Bordenholm na Doorenbos suptwest verschepden vierthien mijlen/eñ van Bordenholm nae Keeskol oost ten noorden verschepden twintich mijl/van Bordenholm nae Colbergen suydt oost verschepden twaelef mijl.

Die streckinghen rondt om Bordenholm.

Item van Rottum tot dat slodt/street dat lant zuyden ende noorden ende Haesel lept recht tusschen beyden van elcr een mijl als dat slot oost van v is da is die beste reede een weynich by suyden Haesel voor die Sandtbay die beste reede ende al die suyt sijde ist ghoet setten op :thien/of twaelef vaem.

Item van

Abb. 50 Vertonungen der Insel Bornholm. Beschreibung der Kurse von Bornholm u.a. nach Rügen und Kolberg. (1558)

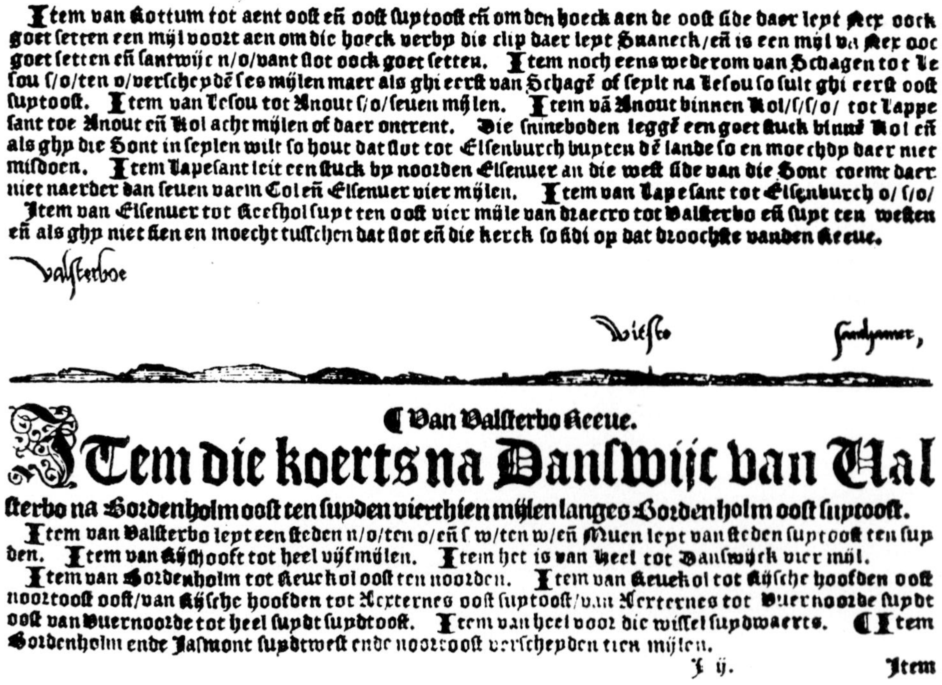

Item van Rottum tot aent oost eñ oost suytoost eñ om den hoeck aen de oost side daer lept Mer oock goet setten een mijl voort aen om die hoeck verby die clip daer lept Svaneck/eñ is een mijl va Mer ooc goet setten eñ santwijc n/o/vant slot oock goet setten. Item noch eens wederom van Schagen tot Lesou s/o/ten o/verschepdē ses mijlen maer als ghi eerst van Schagē of seylt na Lesou so sult ghi eerst oost suytoost. Item van Lesou tot Anout s/o/seuen mijlen. Item vā Anout binnen Kol/s/s/o/ tot Lappesant toe Anout eñ Kol acht mijlen of daer ontrent. Die snineboden leggē een goet stuck binnē Kol eñ als ghy die Sont in seylen wilt so hout dat slot tot Elsenburch buyten dē lande so en moechdy daer niet misdoen. Item Lapesant leit een stuck by noorden Elsenuer an die west side van die Sont coemt daer niet naerder dan seuen vaem Col eñ Elsenuer vier mijlen. Item van Lapesant tot Elsenburch o/s/o/ Item van Elsenuer tot Keesholsupt ten oost vier mijle van draecro tot Valsterbo eñ supt ten westen eñ als ghy niet sien en moecht tusschen dat slot eñ die kerck so sidi op dat droochste vanden Reeue.

Valsterboe

Wiesto

Sandhamer,

Van Valsterbo Reeue.

Item die koerts na Danswijc van Valsterbo na Bordenholm oost ten suyden vierthien mijlen langeo Bordenholm oost suytoost.

Item van Valsterbo lept een steden n/o/ten o/eñ s w/ten w/eñ Muen lept van steden suytoost ten suyden. Item van Kōshooft tot heel vijf mijlen. Item het is van Heel tot Danswijck vier mijl.

Item van Bordenholm tot Reuckol oost ten noorden. Item van Reuekol tot Kōsche hoofden oost noortoost oost/van Kōsche hoofden tot Rerternes oost suytoost/van Rerternes tot Buernoorde suydt oost van Buernoorde tot heel suydt suydtoost. Item van heel voor die wissel suydwaerts. Item Bordenholm ende Jasmont suydtwest ende noortoost verschepden tien mijlen.

J ij.

Item

Abb. 51 Beschreibung dänischer Gewässer – Vertonung der südschwedischen Küste zwischen Falsterbo und Sandhammaren – Kursbeschreibung Falsterbo–Bornholm–Danzig. (1558)

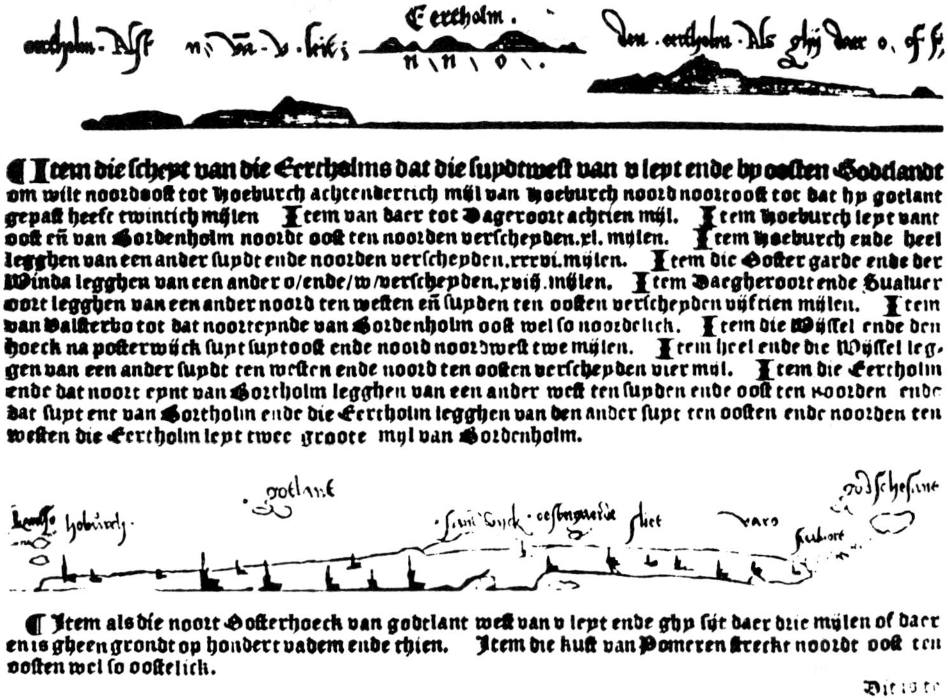

Item die schepe van die Eertholms dat die suydtwest van v lept ende by oosten Godlandt om wilt noordoost tot Hoeburch achtenderrich myl van Hoeburch noord noortoost tot dat hy gotlant gepast heeft twintich mylen Item van daer tot Dageroort achtien myl. Item Hoeburch lept vant oost eñ van Bordenholm noordt oost ten noorden verschepden.xl. mylen. Item Hoeburch ende heel legghen van een ander suydt ende noorden verschepden.xxxvi.mylen. Item die Gotter garde ende der Winda legghen van een ander o/ende/w/verschepden.xvii.mylen. Item Daegheroort ende Hualuer oort legghen van een ander noord ten westen eñ suyden ten oosten verschepden vyftien mylen. Item van Valsterbo tot dat noorteynde van Bordenholm oost wel so noordelich. Item die Wyssel ende den hoeck na posterwyck suyt suytoost ende noord noordwest twe mylen. Item heel ende die Wyssel leggen van een ander suydt ten westen ende noord ten oosten verschepden vier myl. Item die Eertholm ende dat noort eynt van Bortholm legghen van een ander west ten suyden ende oost ten noorden ende dat suyt ent van Bortholm ende die Eertholm legghen van den ander suyt ten oosten ende noorden ten westen die Eertholm lept twee groote myl van Bordenholm.

Item als die noort Gosterhoeck van godtlant west van v lept ende ghy syt daer drie mylen of daer en is gheen grondt op hondert vadem ende thien. Item die kust van Pomeren strecht noordt oost ten oosten wel so oostelick.

Dit is te

Abb. 52 Vertonungen der Inselgruppe Erteholmene, von verschiedenen Schiffsorten aus beobachtet. Texte: »Erteholmene, wenn sie N von Euch liegen« – »Erteholmene NNO« – »Erteholmene, wenn Ihr östlich davon ab seid« – Kurse von Gotland und in die Danziger Bucht – Vertonung Gotlands und Umgebung (Kombination einer Seitenansicht mit Darstellung aus der Vogelschau, links die Inseln Karlsö, rechts Gotska Sandön). (1558)

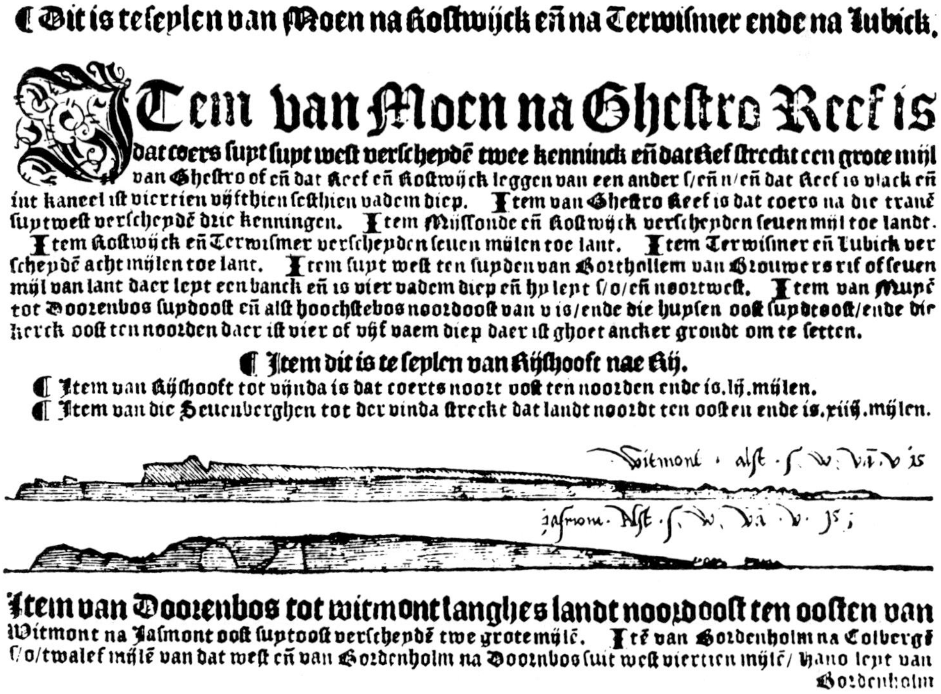

Dit is te seylen van Moen na Rostwijck eñ na Terwismer ende na Lubick.

Item van Moen na Ghestro Reef is dat coers suyt suyt west verschepdē twee kenninck eñ dat Reef strecht een grote myl van Ghestro of eñ dat Reef eñ Rostwyck leggen van een ander s/eñ n/eñ dat Reef is vlack eñ int kaneel ist viertien vyfthien sesthien vadem diep. Item van Ghestro Reef is dat coers na die travē suytwest verschepdē drie kenningen. Item Myssonde eñ Rostwyck verschepden seuen myl toe landt. Item Rostwyck eñ Terwismer verschepden seuen mylen toe lant. Item Terwisiner eñ Lubick verschepdē acht mylen toe lant. Item suyt west ten suyden van Borthollem van Grouwers rif of seuen myl van lant daer lept een banck eñ is vier vadem diep eñ hy lept s/o/eñ noortwest. Item van Muyē tot Doorenbos suydoost eñ alst hoochstebos noordoost van v is/ende die huysen oost suydeoost/ende die kerck oost ten noorden daer ist vier of vyf vaem diep daer ist ghoet ancker grondt om te setten.

Item dit is te seylen van Ryshooft nae Ry.

Item van Ryshooft tot vynda is dat coerts noort oost ten noorden ende is.lij.mylen.

Item van die Seuenberghen tot der vinda strecht dat landt noordt ten oosten ende is.xiij.mylen.

Item van Doorenbos tot witmont langhes landt noordoost ten oosten van Witmont na Jasmont oost suytoost verschepdē twe grote mylē. Itē van Bordenholm na Colbergē s/o/twalef mylē van dat west eñ van Bordenholm na Doornbos suit west viertien mylē/ Hano lept van Bordenholm

Abb. 53 Vertonungen von Rügen. Texte: »Wittow, wenn es SW von Euch liegt« – »Jasmund, wenn es SW von Euch liegt« – Kurse nach Lübeck, Wismar, Stralsund, Kolberg und Windau. (1558)

Gordenholm n/ of daer ontrent/eñ daer bi westẽ leit somer hauẽ van Gordenholm omtrent.viij. mylẽ.
Item Moen eñ Jasmont legghen van een ander s/o/ten o/eñ n/ten w/ verschepden twee kenninck.
Item van Falsterboen toe Jasmondt is dat coers suydt oost ende is.xij.mylen. Item van dat Oost endt van Gordtholm nae Witmondt suytwest ten westen verschepden neghen mylen.

Item dit is te seylen nae Reuel van Bordt hollem of.

(.·.) (.·.)

Item van by noorden Borthollem

om tot Hobburch op godtlant is dat coerts noortoost verschepden seuenendertich mylen. Item van Hobburch tot die oostgaerde streckt dat landt noortoost ten noorden eñ suytwest ten suydẽ verschepdẽ thien mylen. Item van die Oostergaerde tot Faro dat eyndt van Godtlandt streckt dat lant noorden ten oosten eñ suyden ten westẽ verschepdẽ acht mylen. Item van die oostergarde tot Dagheroort/ is dat coerts noort oost ten noorden/ ende wel soe noordtlick verschepden.xxvi.mylen. Item van Daegheroort nae Syhernes is dat coerts noordt oost/wacht v wat voor Syhernes/verschepden vijf mylen.
Item van Syhernes tot Oedesholm is dat coerts noordt oost ende wel soe oostelick/verschepden ses mylen Oedesholm is een eylandt.
Item van Oedesholm nae dat eylandt van Marghen oost noordt oost ende wel soe oostelick verschepden ses mylen ende Marghen laet ghy legghen aen Backboort
Item voort ist drie myl tot Reuel.
Item van Marghen na die ton die op ses ellen leyt ende dat coerts is oost verschepden een myle ende die ton sult ghy leggen laten aen stuerboort tusschen die ton ist vijfthien sesthien eñ seuentien vadem diep
Om na

Abb. 54 Segelanweisungen aus nördlichen Richtungen nach Rügen, ferner von Bornholm nach Reval und Narwa. (1558)

Item dit is nae Rij te seylen van Bordtholm.

Item vã bi noorden Bordthollem om

is dat coers tot der winda noortoost ten oosten eñ is.lxvij.mylen eñ is twe Etmaels ofte twe dagen seylens voor die wint allso veel als dat schip lijden mach tot Domenes toe als dat schip geballast is. Item vander winda tot Domenes is dat coerts n/o/ten o/eñ is.xij.mylẽ Item van Domenes tot Rij is dat coerts s/o/eñ wel so oostelick eñ is.xv.mylen Item o/n/o/ strect Domenes van die hoeck of een myl in zee Item Domenes eñ Runen legghen van een ander o/ten n/ eñ west ten s/eñ is.vi.mylen Item Runen ende Rij legghen van een ander suytoost eñ noortwest ende is.xij.mylen
Item Runen moechdy om loeden sonder misdoen op vijf vadem.

Item dit is te seylen na Parno van Runen of.

Item van Runen na Kijn is dat coerts o/n/o/ende is.viij.myl ende Kijn is een eylant dat laet ghy legghen aen backboort. Item van Kijn na sorchholm is dat coerts n/o/ is drie myl ende is een cleyn eylant/eñ dat laet ghy oock legghen an backboort. Item van Sorcholm na Parno noortoost ten noorden ende is vier mylen. Item die wil setten voor een s/w/ten w/wint die loopet dat rif van Swaluer oort van bi w/niet nader dan acht vadem dat rif van Swaluersoort dat strect twe mylen in zee recht van die kerck op Oessel of eñ het leyt op sommige steden bouen water eñ loopt so lange by suyden dat rif hene als die kerck op Oessel west van v leyt ende settet dan op seuen vaedem of daer ontrent da er ist goet steeck gront Eñ als ghy legget tot Oessel op die reet so leyt die hoeck van Domenes s/o/ van v ofte daer ontrent verschepden twee groote mylen.

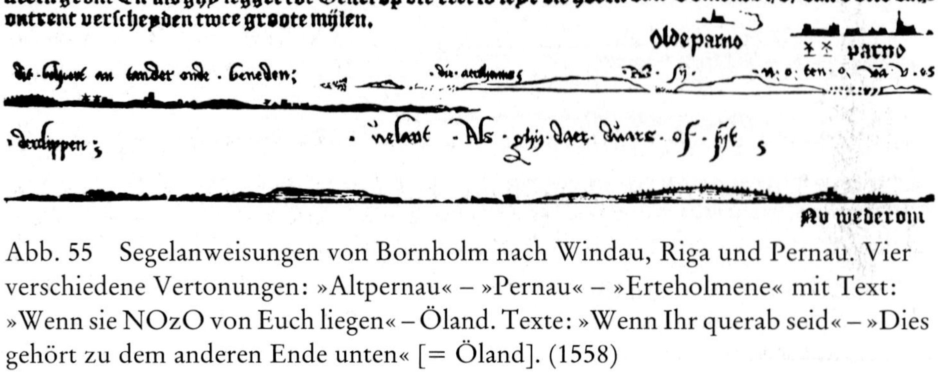

Abb. 55 Segelanweisungen von Bornholm nach Windau, Riga und Pernau. Vier verschiedene Vertonungen: »Altpernau« – »Pernau« – »Erteholmene« mit Text: »Wenn sie NOzO von Euch liegen« – Öland. Texte: »Wenn Ihr querab seid« – »Dies gehört zu dem anderen Ende unten« [= Öland]. (1558)

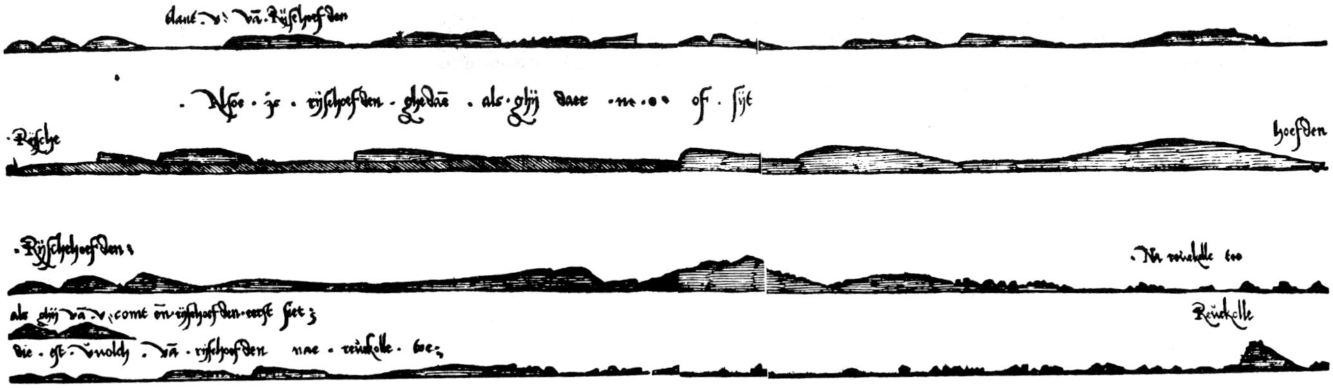

Abb. 56 und 57 Vier Vertonungen. Oben: die preußisch-pommersche Küste aus weiter Distanz. Text: »Das Land W von Rixhöft« – die Küste aus geringerer Entferung. Text: »So ist Rixhöft gestaltet, wenn Ihr in Richtung NzO Euch befindet« – die preußisch-pommersche Küste von Rixhöft bis Revekol. Text: »Rixhöft« – »nach Revekol zu« – »Dies ist die Fortsetzung von Rixhöft nach Revekol zu« – dazwischen: kurze Vertonung von Rixhöft mit dem Text: »Wenn Ihr von W heransegelt und erstmals Rixhöft ausmacht«. (1558)

Abb. 58 und 59 Vertonung der kurländischen Küste von Domesnäs über Windau bis Siebenbergen/Liebau. Text: »Wenn Ihr [hier] entlang segelt, ist [die Küste] so gestaltet«. (1558)

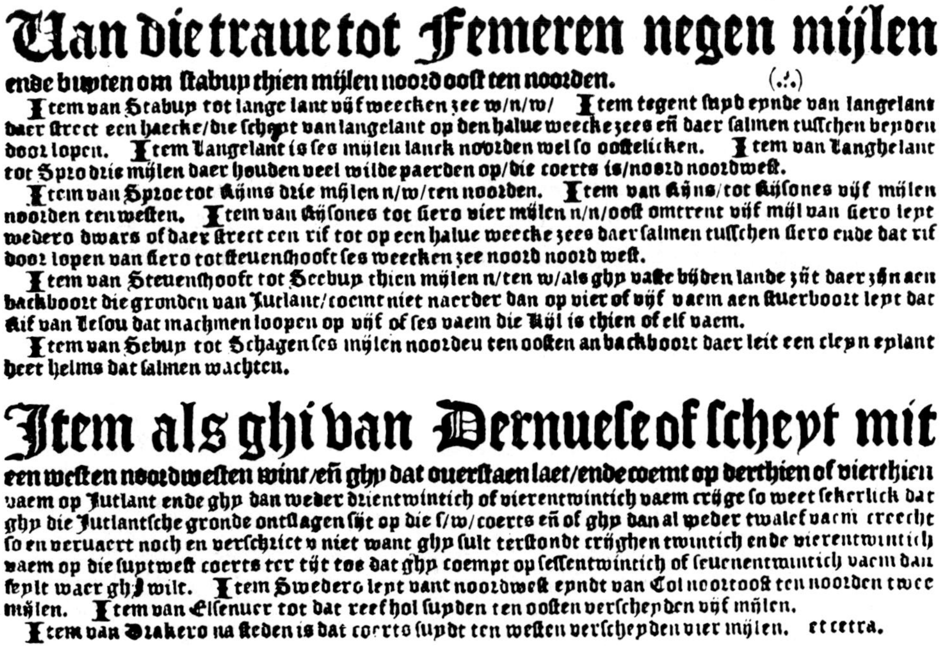

Van die traue tot Femeren negen mijlen

ende buyten om ſtabup thien mijlen noord ooſt ten noorden. (.:.)

Item van Stabup tot lange lant vijf weecken zee w/n/w/ Item tegent ſuyd eynde van langelant daer ſtrect een haecke/die ſcheypt van langelant op den halue weecke zees eñ daer ſalmen tuſſchen beyden door lopen. Item Langelant is ſes mijlen lanck noorden wel ſo ooſtelicken. Item van Langhelant tot Spro drie mijlen daer houden veel wilde paerden op/die coerts is/noord noordweſt.

Item van Sproe tot Rijns drie mijlen n/w/ten noorden. Item van Rijns/tot Rijſones vijf mijlen noorden ten weſten. Item van Rijſones tot ſiero vier mijlen n/n/ooſt omtrent vijf mijl van ſiero leyt wedero dwars of daer ſtreet een rif tot op een halue weecke zees daer ſalmen tuſſchen ſiero ende dat rif door lopen van ſiero tot ſteuenshooft ſes weecken zee noord noord weſt.

Item van Steuenshooft tot Seebup thien mijlen n/ten w/als ghy vaſte bijden lande zijt daer zijn aen backboort die gronden van Jutlant/coemt niet naerder dan op vier of vijf vaem aen ſtuerboort leyt dat Rif van Leſou dat machmen loopen op vijf of ſes vaem die Kijl is thien of elf vaem.

Item van Sebup tot Schagen ſes mijlen noorden ten ooſten an backboort daer leit een cleyn eylant heet helms dat ſalmen wachten.

Jtem als ghi van Dernueſe of ſcheypt mit

een weſten noordweſten wint/eñ ghy dat ouerſtaen laet/ende coemt op derthien of vierthien vaem op Jutlant ende ghy dan weder drientwintich of vierentwintich vaem crijge ſo weet ſekerlick dat ghy die Jutlantſche gronde ontſlagen ſijt op die ſ/w/coerts eñ of ghy dan al weder twaelf vaem creecht ſo en veruaert noch en verſchrict v niet want ghy ſult terſtondt crijghen twintich ende vierentwintich vaem op die ſuytweſt coerts ter tijt toe dat ghy coempt op ſeſſentwintich of ſeuenentwintich vaem dan ſeylt waer ghij wilt. Item Swedero leyt vant noordweſt eyndt van Col noortooſt ten noorden twee mijlen. Item van Elſenuer tot dat reef hol ſuyden ten ooſten verſcheyden vijf mijlen.

Item van Drakero na ſteden is dat coerts ſuydt ten weſten verſcheyden vier mijlen. et cetera.

Abb. 60 Segelanweisungen von der Trave bis Kap Skagen und von Kap Lindesnes nach Nordjütland. (1558)

Abb. 61 Vertonung von Kap Lindesnes. Text: »So bietet sich Kap Lindesnes dar, wenn Ihr Euch OzN davon befindet«. (1558)

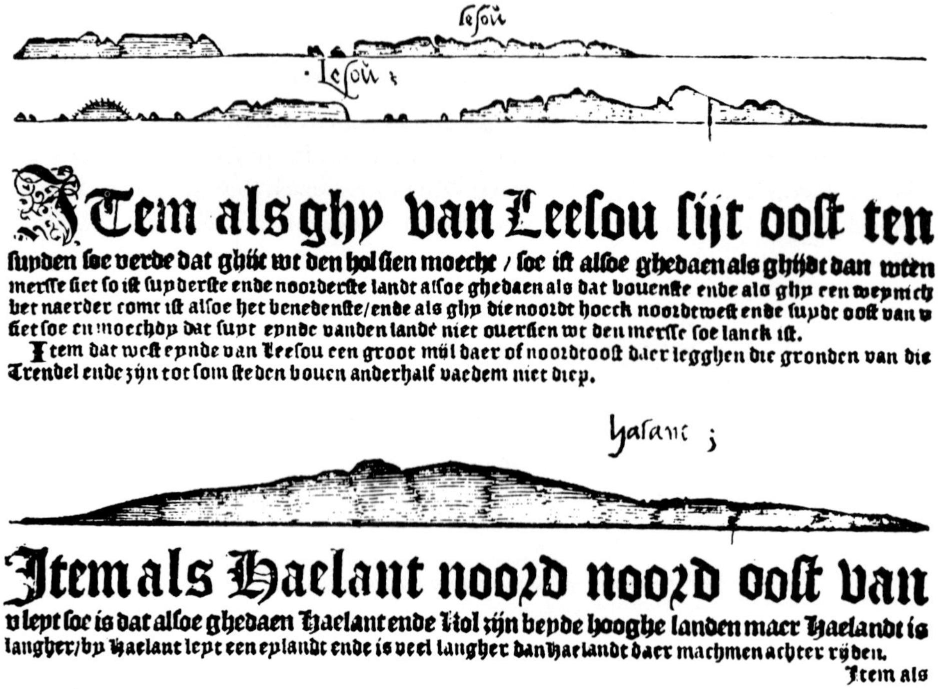

Item als ghy van Leesou sijt oost ten suyden soe verde dat ghijt wt den holsien moecht / soe ist alsoe ghedaen als ghijt dan wten mersse siet so ist suyderste ende noorderste landt alsoe ghedaen als dat bouenste ende als ghy een weynich het naerder comt ist alsoe het benedenste/ende als ghy die noordt hoeck noordtwest ende suydt oost van u siet soe en moechdy dat suyt eynde vanden lande niet ouersien wt den mersse soe lanck ist.

Item dat west eynde van Leesou een groot mül daer of noordtoost daer legghen die gronden van die Trendel ende zijn tot som steden bouen anderhalf vaedem niet diep.

Item als Haelant noord noord oost van u leyt soe is dat alsoe ghedaen Haelant ende Kol zijn beyde hooghe landen maer Haelandt is langher/by Haelant leyt een eylandt ende is veel langher dan Haelandt daer machmen achter rÿden.

Item als

Abb. 62 Zwei Vertonungen von Læsø sowie Seitenansicht von Halland (West-Schweden). Beschreibung von Læsø und Halland. (1558)

Abb. 63 Vertonung von Gotland. (1558)

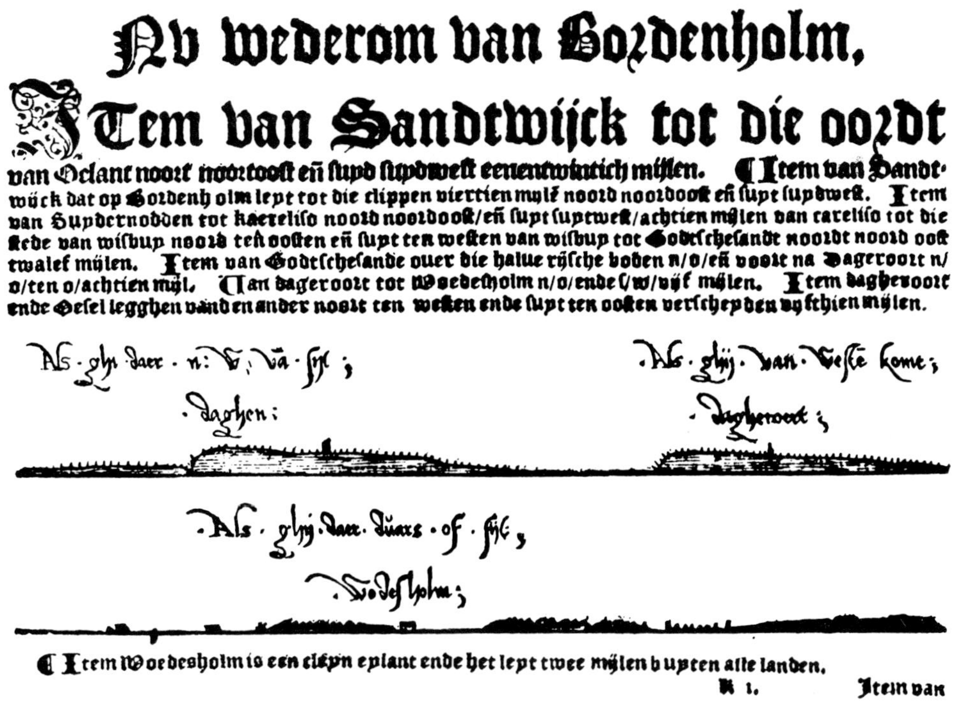

Nu wederom van Bordenholm.

Item van Sandtwijck tot die oordt van Oelant noort noortoost en suyd suydwest eenentwintich mijlen. Item van Sandtwijck dat op Bordenholm leyt tot die clippen viertien mijl noord noordoost en suyt suydwest. Item van Suydernodden tot kaerelso noord noordoost/en suyt suytwest/achtien mijlen van carelso tot die stede van wisbuy noord ten oosten en suyt ten westen van wisbuy tot Godtschesandt noordt noord oost twalef mijlen. Item van Godtschesande ouer die halue rijsche boden n/o/en voort na Dageroort n/o/ten o/achtien mijl. Van dageroort tot Woedesholm n/o/ende s/w/vijf mijlen. Item dagheroort ende Oesel legghen van den ander noort ten westen ende suyt ten oosten verschepden vyfthien mijlen.

Item Woedesholm is een cleyn eylant ende het leyt twee mijlen buyten alle landen.

K 1. Item van

Abb. 64 Segelanweisung Bornholm/Öland/Gotland/Ösel/Dagerö. Zwei Vertonungen von Dagerort. Texte: »Wenn Ihr NW [von Dagerort] seid« – »Wenn Ihr von W kommt«. Vertonung der Insel Odensholm (W Reval). Text: »Wenn Ihr querab davon seid«. (1558)

Dits die Caerte vander Zee om oost en west te seylen/en is vandie beste Piloots/ en is wt die alderveste Caerten gecorrigeert diemen weet te vinden/en elcke cust opzijn ghestelt/Verbetert en vermeerdert met veel schone Figueren daer op gemaect. En oec salmen hier in vinde wat een man van node is omme Stuermanschap te leren. Anno. 1561.

Abb. 65 »Dies ist die Beschreibung der See, um nach O und W zu segeln«. Titelblatt der Hochoktav-Ausgabe eines größtenteils auf Anthonisz. zurückgehenden Segelhandbuchs von 1561. (München, Bayerische Staatsbibliothek)

Abb. 66 Vertonung von Huisduinen, des nördlichsten Teils von Noordholland. (C. Anthonisz., etwa 1544)

Abb. 67 Vertonung von s'Gravezande, Zuidholland. (C. Anthonisz., etwa 1544)

Abb. 68 Vertonung des Raumes Den Briel/Maas. (C. Anthonisz., etwa 1544)

Abb. 69 Vertonung der Insel Walcheren mit Middelburg und Vlissingen etc. (C. Anthonisz., etwa 1544)

Abb. 70 Kirchtürme auf Walcheren. Text: »Dies ist Koudekerk hinter den Dünen«. (C. Anthonisz. [?], etwa 1544)

Abb. 71 Vertonung der flandrischen Küste von Sluis bis Blankenberghe. (C. Anthonisz., etwa 1544)

Abb. 72 Vertonung der Kanalinsel Wight. (C. Anthonisz., etwa 1544)

Abb. 73 Vertonung von Beachy Head (englische Kanalküste). (C. Anthonisz., etwa 1544)

Abb. 74 Vertonung der englischen Ostküste von Orfordness bis Winterton. (C. Anthonisz., etwa 1544)

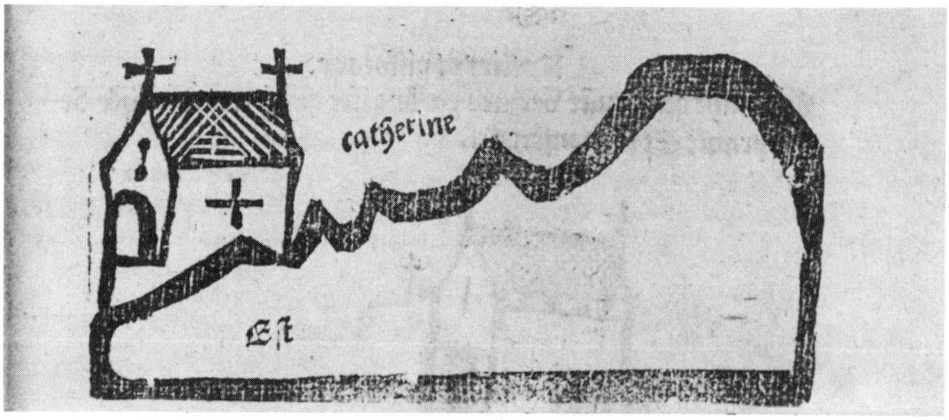

Abb. 75 Pierre Garcie: Vertonung des Cabo de Santa Catalina (NO Bilbao). Aus: »Le grant routtier«. Poitiers 1521

Abb. 76 Vertonung der Kanalinsel Wight. Aus: »Le grant routtier«. (1521)

Abb. 77 Vertonung von Beachy Head (englische Kanalküste). Aus: »Le grant routtier«. (1521)

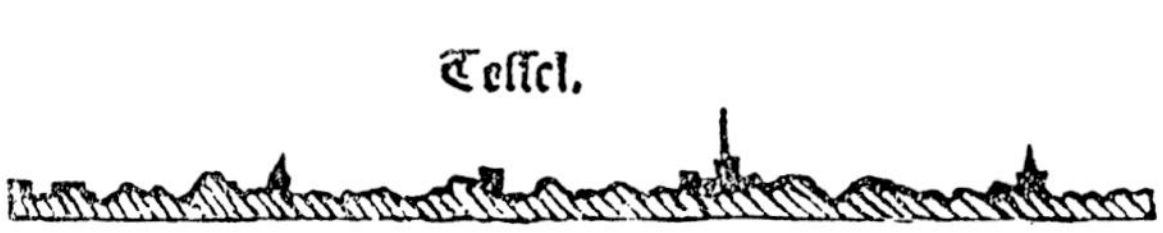

Abb. 78 Vertonung der Insel Texel. (C. Anthonisz., etwa 1544)

Abb. 79 Vertonung der Insel Vlieland. (C. Anthonisz., etwa 1544)

Abb. 80 Vertonung der Insel Terschelling. (C. Anthonisz., etwa 1544)

Abb. 81 Vertonung der Insel Schiermonnikoog. (C. Anthonisz., etwa 1544)

Abb. 82 Vertonung der Insel Rottum. (C. Anthonisz., etwa 1544)

Abb. 83 Vertonung der Insel Borkum, von W gesehen. (C. Anthonisz., etwa 1544)

Abb. 84 Vertonung der Insel Juist. (C. Anthonisz., etwa 1544)

Abb. 85 Vertonung der Insel Wangeroog. (C. Anthonisz., etwa 1544)

Abb. 86 Vertonung der Kirche von Langwarden, Nordbutjadingen. (C. Anthonisz., etwa 1544)

Abb. 87 Vertonung der Kirche von Blexen, Nordbutjadingen. (C. Anthonisz., etwa 1544)

Abb. 88 Vertonung von Neuwerk, Elbemündung. (C. Anthonisz., etwa 1544)

Abb. 89 Vertonung von Helgoland mit Roter (links) und Weißer (rechter Teil) Klippe, die mit dem »Scholvershuk« endet. (C. Anthonisz., etwa 1544)

Abb. 90 Insel Læsø, Kattegat. (C. Anthonisz., etwa 1544)

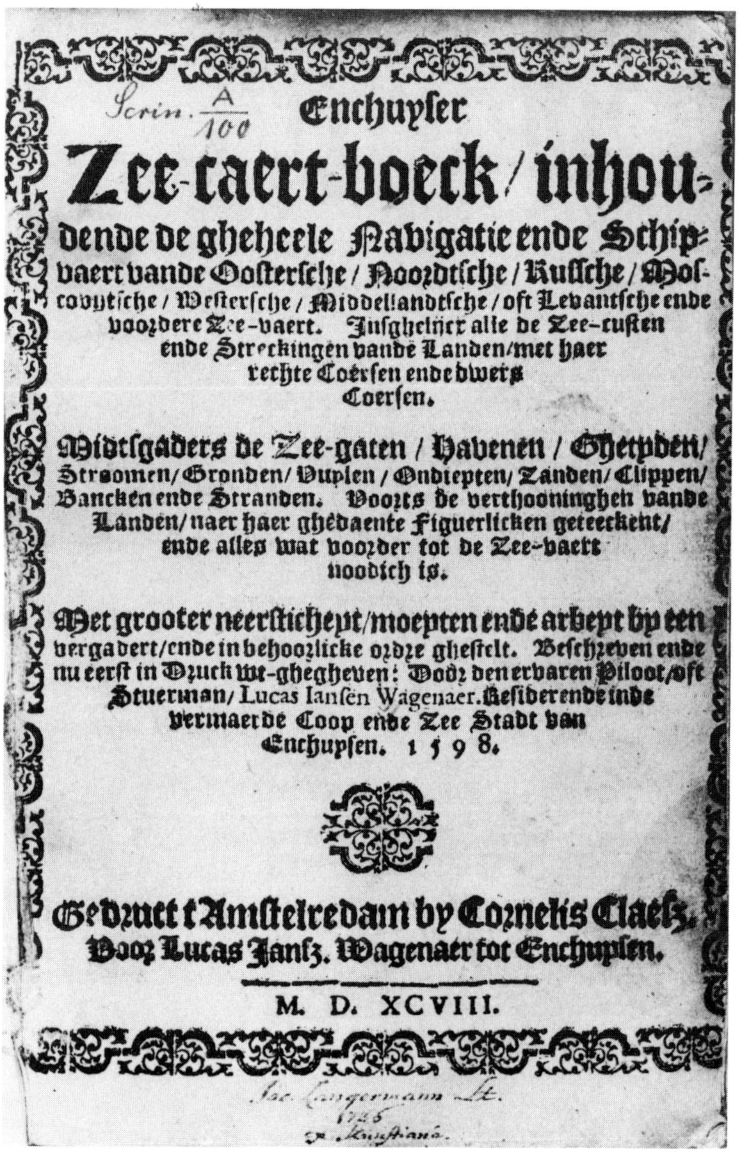

Scrin. A/100

Enchuyser
Zee-caert-boeck / inhou-
dende de gheheele Navigatie ende Schip-
vaert vande Oostersche / Noordtsche / Russche / Mos-
covytische / Westersche / Middellandtsche / oft Levantsche ende
voordere Zee-vaert. Insghelijcx alle de Zee-custen
ende Streckingen vande Landen / met haer
rechte Coersen ende dwers
Coersen.

Midtsgaders de Zee-gaten / Havenen / Ghetyden /
Stroomen / Gronden / Duylen / Ondiepten / Zanden / Clippen /
Bancken ende Stranden. Voorts de verthooninghen vande
Landen / naer haer ghedaente Figuerlicken geteeckent /
ende alles wat voorder tot de Zee-vaert
noodich is.

Met grooter neersticheyt / moeyten ende arbeyt by een
vergadert / ende in behoorlicke ordre ghestelt. Beschreven ende
nu eerst in Druck wt-ghegheven: Door den erbaren Piloot / oft
Stuerman / Lucas Iansen Wagenaer. Residerende inde
vermaerde Coop ende Zee Stadt van
Enchuysen. 1598.

Gedruckt t'Amstelredam by Cornelis Claesz.
Voor Lucas Jansz. Wagenaer tot Enchuysen.

M. D. XCVIII.

Abb. 91 Titelblatt des »Enchuyser Zee-caert-boeck« des L.J. Waghenaer. Amsterdam 1598. (Hamburg, Staats- und Universitätsbibliothek)

Søkartet
offuer Øster oc Vester
Søen:
Vdi huilcken mand finder paa det allerflitigste/ aff de beste Piloter optegnet oc Beschreffuen all Søens leylighed oc skickelse/ met Grunden/ Dybet/ Strømmene / Løbet/ Tiderne etc. oc alt andet som Skibsfolcket er fornøden at vide: Oc er denne Søkart colligeret oc vddraget aff de allerbeste Carter mand kand finde / oc huert Koers besynderlig set vdi sin sted / Met skiøne Figurer som der til ere tienstactige formeret: Alle Skippere / Styrmend oc andre / som bruge Seylatzen til villie oc tieniste Fordansket.

Prentet i Kiøbenhaffn / aff Laurentz Benedicht.
1568.

Abb. 92 »Søkartet«. Titelblatt einer dänischen Ausgabe des Segelhandbuchs des C. Anthonisz., gedruckt von Laurentz Benedicht. Kopenhagen 1568. (Kopenhagen, Kgl. Biblioteket)

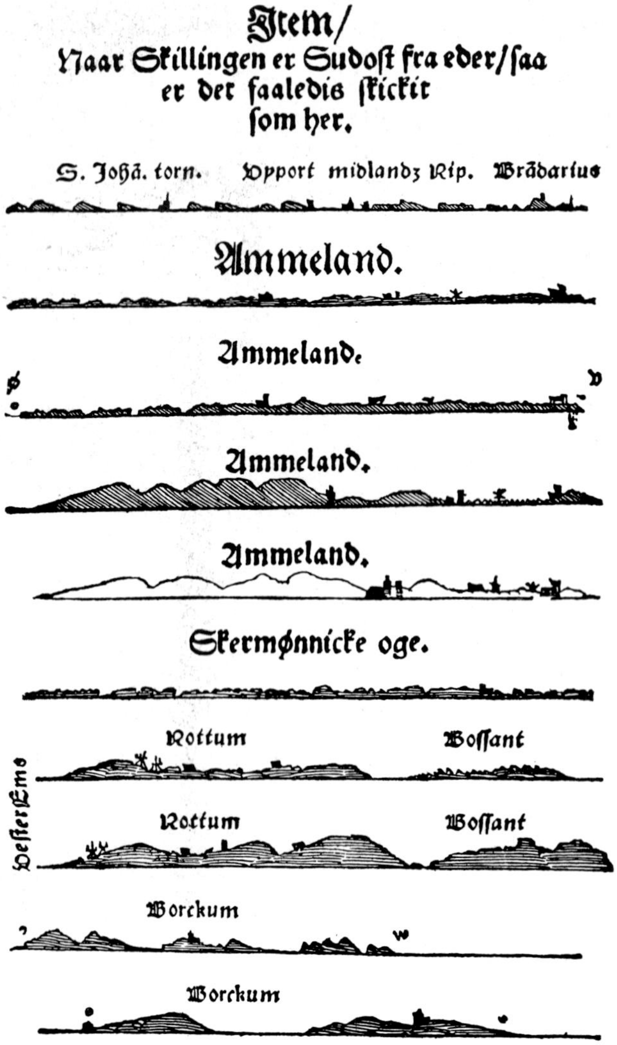

Abb. 93 Vertonungen der Inseln Terschelling bis Borkum des L. Benedicht. Kopenhagen 1568. Auf Satzspiegel des Hochoktav verkleinerte Seitenansichten des C. Anthonisz. von 1558

Dit is die Caerte vã der Zuyder Zee . tot dat Vlye toe ende tot dat Marsdiep toe/om met schepen/ wt ofte in te seylen van Amstelredam ter Zeewaert en- de weer Zee weder om tot Amstelredam. 1566.

Den verstandighen tot eenen Spieghel/eñ den dwaesen tot een verachtinghe.

Abb. 94 Titelblatt eines Segelhandbuchs Zuiderzee. Antwerpen 1566. (Kopenhagen, Kgl. Biblioteket)

Item dit is die ordinancie ope die ghemene schip peren stuermannen boetsgesellẽ eñ coop- luydẽ mit malcanderen beghereende vã schip- rechte datmẽ in Hollant/Zeelãt/Vlaẽ- deren houdende zijn.

Abb. 95 Titelblatt der »Ordinancie«, des sog. Wisby'schen Seerechts. Amsterdam 1541. Beigegeben dem Segelhandbuch »Dies ist die Beschreibung der See, um nach O und W zu segeln«. Amsterdam 1541. (Amsterdam, Universiteitsbibliothek)

Abb. 96 Darstellung der Mondphasen. (C. Anthonisz., etwa 1544)

Te weten doet aldus

Maect van coper of yser ofte om lichtelick ende slecht te doē/so maect van hout een rondē hoep recht passer ront eñ verdeelt die in vierentwintigen gelijcke delen/eñ op elcke punt daer steect een penneknop/ en bint vier coorden aen een rinck/eñ die twee coorden die bint van twaleuen tot twaleuen/ ende die ander twee van sessen tot sessen/ende hout den leyster door den rinck als hier ghefigureert staet.

Om dit noch scherper
ende beter te verstaen.

Item dit instrument is oock om by die Lei

ster te sien snachts wat die clock heeft/soe weet dat dit halue ront daer die uren op staen eñ het hele ront daer die Planeten op staen beroerlickē vanden anderen zijn om te verströckē dat de letteren op haer placts comen/want elcke letter bedupt eenmaent/te weten/die J. Januarius eñ die F. Februario, &c, eñ so voort/eñ dese cleine gradē om't ront/dat zijn de dagen vanō maent/daerom moet ghijt elcke dach een graet of stiphē verstrijkē so hebdijt so perfect bijden nacht als ghijt indē dach bider sonne hebt.

Abb. 97 Nokturnal mit Beschreibung und Anleitungen zum Gebrauch. (1558)

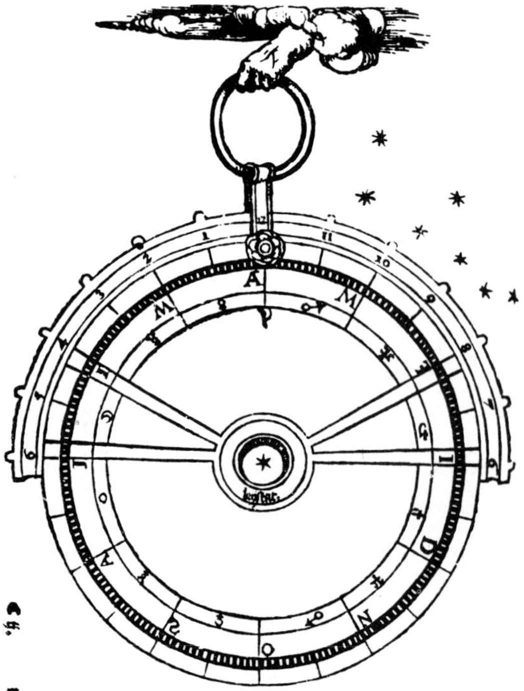

Abb. 98 Gerät zur Bestimmung der Zeit in der Nacht. (1558)

Abb. 99 Kompaßrose. (1558)

Abb. 100 Darstellung des Gebrauchs des Jakobstabs. (1558)

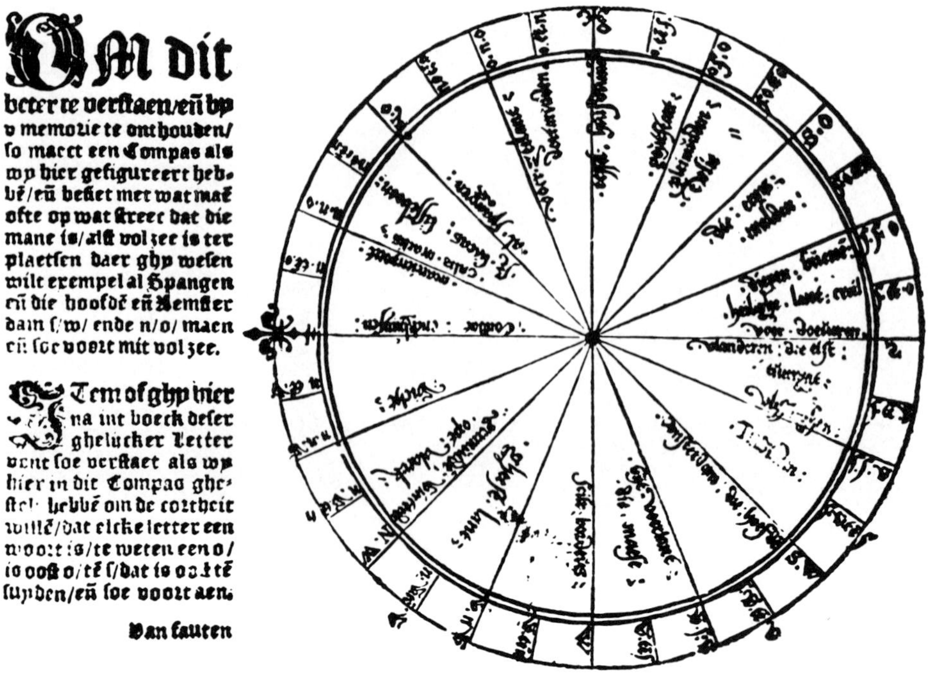

Abb. 101 Hochwasserdiagramm. (1558)

Abb. 102 Netzfigur für Seekarten. (1558)

Item die onduytsche hebben de westersche

zee ende hauenen coertsen ende gronden ghedaenten daer of diepen ende loopen van stromen ende ghetyden elck tot sinen plaetsen beschreuen daert behoorlicken is om die naercomende zeemante behelpen daer si godlijck en eerlijck aenghedaen hebben/want duer die sulcke onderwijs is in voorleden tijden menich mans lijf ende ghoet behouden ende om dies willen dat wy duytschen van Hollandt ende Zeelandt dese wateren van die noortzee/Denemarcken of Oostersche zee niet beschreuen en hebben als dat wel behoorden van diepten ende ghedaenten van gronden ende hoemen eenighe hoecken of strandē of eenighe Eylanden soude moeghen looden/ ende hoe die gronden elck tot sinen plaets ghedaen is/ ende om dat dit niet ghedaen en is so isser menich ghoetmans lijf ende ghoet verlooren.

Net namē ontrent die elf om dat dat niet

Net recht beschreuen en is om van besuyden die elf te varen of te laten dat weten die ghemenen stuermans redelick wel als si die wint so suydelickē hebben/dat si die suytgrondē mogen of seylē op een vloet so nemen si die slach van die suytgront op twaelf vaem aen/eñ op vijfthien vaem of/ so langhe alsmen sijt verby beyden tillen want die wester til placht twaelf vaem in te ghaen/eñ die Ooster til/ acht vaem/so machmen op seuen vaem aen/eñ op twaelf vaem of/dit weten die meestendeel van die stuermans wel/maer alst die wijnt dijt noortwesten is/eñ is een vloet soe moetmen die elf van by noorden varen dat weten die sommighe stuerlydē niet om dattet niet beschreuen en is/ende dat heeft menich mans halsen ghecost/nochtans ist so goet van by noorden te varen als van by suyden/eñ om dat te weten alsmē comt omtrent neuen. Heylighelant en stuck by suyden soe vijntmen diep sessentwintich vaem ende daer hangt een weynich weerts aent loot somtijts niet met allen/ende soe vloech alsmen een weynich verby Heylighelant is/so droechtet terstont/ende alsmen vijfthien vaem heeft/soe gaetet terstont suyd suytoost eñ dan droochtet noch op/ende is wat oneffen tot sommighe steden/ende wat grusich/ende alsmen negen vaem hebt ende dan bet droocht/so droochtet met een werp twee vaem/ende dat duert langhe/wel meer dan een half myle/ende is slechtsant/en vijnt ghy droogher dan seuen vaem/so gaet wat suydelicker/ende vijnt ghy wat diper dan seuen vaem so gaet wat oostelicker/ende so gheringhe als ghy ouersant compt soe hebdy die elf/eñ ghy hebt terstont sesthien vaem op een vloet dit salmen aldus beuinden.

Item dit in

Item dit is goet te besoecken ende seluen

te beuijnden alsmen die elf wt seylt met een goet weer alsmen wel seylen eñ looden mach soe seylt west noortwest of noordelicker of ghy ten Heylige lant wilde wesē eñ loot also/eñ als ghi vā westē comt eñ wilt op die elf wesen/eñ dattet goet weer is/eñ die wint so weerlick is datmen van by noorden moet varen also machment besoekē eñ tis van noot datment eerst besoect want daer grote macht an leyt

Item van Schagen ist niet beschreuen nochtans waert wel van noot so sal ickt hier verhalen na dat ick vernemē can/tis dē sommige wel kenlick dat daer schepē zijn geseylt wt die Sond met een hooch suydē wint/eñ si mosten by nacht seylē om Schagen om dat si sorchdē dat si te veer souden seylen/om dat die wint dwers op Noorwegen/was so hebben si te vroech gelost eñ seylden binnen Schagen sonder te diepen oft werpen en hebben haer schapen verloren/eñ sommige in grooten perijckel geweest om dattet niet beschreuen en was/ nochtans ist kenlick dat binnen Schaeghen vlack is/ ende soe vroech alsmen een weynich verby Schaghen compt soe isset terstont heel diep/die gheen die dat begeeren te weeten this ghoet te besoecken ist lang versuymt/elck practiseert voort.

Item hier is een deel van die elf beschreuen eñ van ontrent Schagen wat daer of is te doen/ende noch tot veel plaetsen in die Oostersche zeewaert van noot datmen die gronden oock beschreef/daer men se beschrijuen mach/maer ontrent Lesou / eñ Anout/Trindel/Nijdinck/ daer en ist niet wel te beschrijuē/eñ ontrent Osel lukeroort die dwael grondē zijn nz wel te beschrijuē/ mer die kust vā pomerē/koerlāt/gotlant/bordenholm de bleeczee si valsterboē/westedē drakē/rifoutholm zeelāt nz lappesāt/an dese eilandē/kustē grondē eñ sandē/mach mē de meestendeel/wel beschrijuē/al weeter wel nich seacht noch loot gebruyct/om de onachtsaemhz isser grote scha geschiet de strandē en sandē en grondē vā Hollant en Vrieslāt zijn nz beschreuē daerom isser menich schip verlorē op die hakē/op die hantgift de daer wt steet bi westē vlielant op die grondē/vant vlie en ranser die op borē rif eñ op borcomer rif/eñ Juist de hakē comt nz naerd dā .xij. vaē/de hantgift eñ die grondē vā ranser diep/eñ tolic comt nz naer dā x. vaē bornrif op .ix. vaē borcā eñ Juister comt niet naerder dā .vij. vaē/wacht v op de vloet so na te comē

dat Spangaerts

Abb. 103 Zusätzliche Segelanweisung für die Außen-Elbe. Zwei Seiten aus der »Onderwijsinge«. (1558)

Abb. 104 Auf der »Caerte van oostlant« des C. Anthonisz. beruhende »Beschreibung des Königreichs Dänemark«. Landkarte im ältesten Atlas der Welt, dem »Theatrum orbis terrarum« des A. Ortelius. Antwerpen 1570 und öfter. (Hier abgebildet nach der kolorierten Ausgabe von 1571; Hamburg, Staats- und Universitätsbibliothek)

DANIAE
REGNI
TYPVS
SEPTENTRIO
Meler lacus
SVEDIAE PARS.
Stockholm
Niwpen
Gotsche sandt
Prondelsten
Swalagen
Norcopen
Varos
Slijkhauen
Oestergarde
Westergarde
GOTIA INSVLA, ENINGIA Plinio, ut quidam vult.
Stekholm
Sandwigen
Karlso
GODTLANDIAE PARS.
Kalmar
OELANT.
ORIENS.
Aßou lacus
Wartsbergen
Olleden
Valkenborch
Laholm
HALANDIA.
SINVS
Engelholm
SCANIA.
Kol. Promontorium
Elsenborg
Londen
Lands-kroon
Malmo
SONT
CKEN
Elleboge
Somerhauen
BLIECKER
Santhamer
Bleicker
Wiklippen
SVEVICVM MARE, olim MARE BALTICVM, hodie Germanis DE OOSTSEE.
BORNHOLM.
Sandwijck
Nex.
POMERANIA
VANDALIA.
Dantzick
Lowenborg
Stolp
Botow
PRVSSIAE PARS.
Vistula fl.
Venedicus sinus
RVGEN
Colberg
Belgard
Tempelborg
Waldou desertum
Willem see
Valkenborg
Stetin
Stepnitz
Gryppenhagen
Koningberg
Rostock
BVRCH.
MERIDIES.
Scala miliarium Germanicorum
5 10 15 20 25 30

De Seekarte oſt

vnd weſt tho ſegelen / vth den beſten Piloten/ vnd der beſten Karten geta-
gen vnd ys ein yder kos op dat
ſyne geſtellet.

Vnd erſtlich de Karte van der Süder-
ſee vppet Flye tho / vnd vpt Marßdeep mit
ſchepen vth vnd in tho ſegelende / van Amſter-
dam thor Seewert/vnd vth der ſee
wedder tho Amderdam.

M. D. lxxi.

Abb. 105 Titelblatt der plattdeutschen Ausgabe des Amsterdamer Segelhandbuchs von 1558, herausgegeben von Joachim Löw. Hamburg 1571. (Ehemals: Lübeck, Städtische Bibliothek)

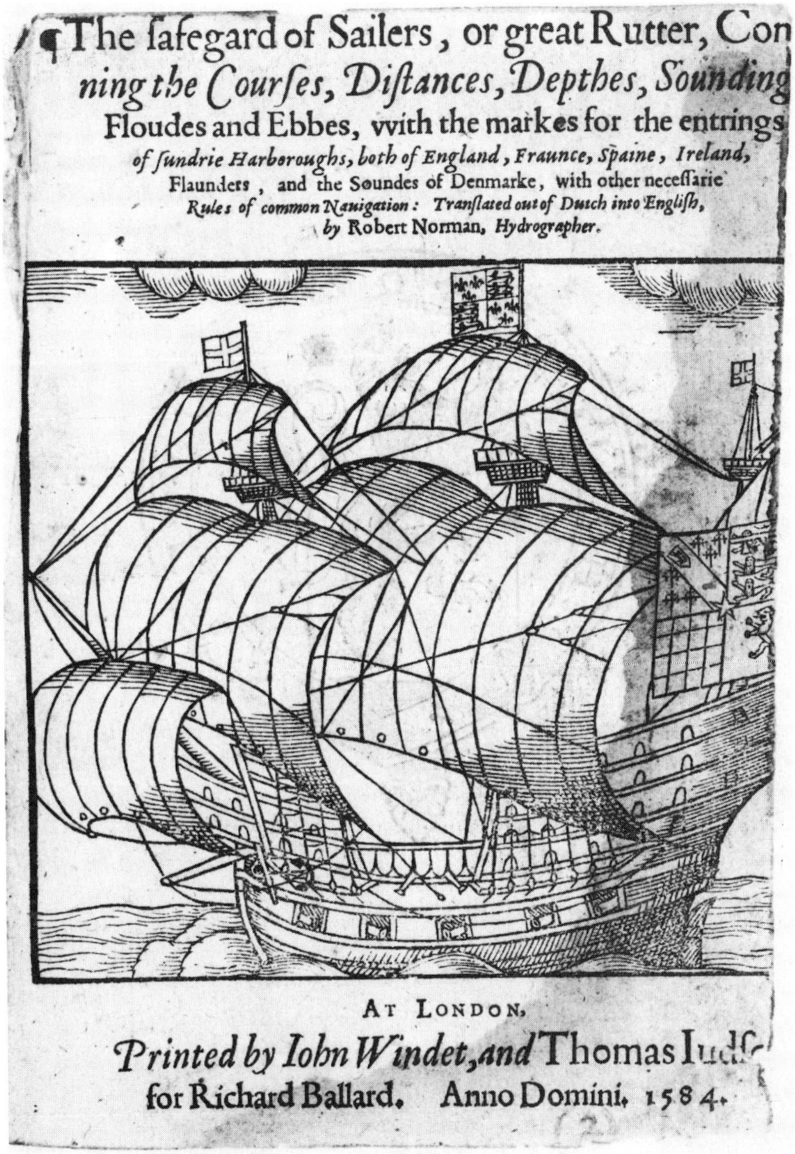

¶ The safegard of Sailers, or great Rutter, Con
ning the Courses, Distances, Depthes, Soundin
Floudes and Ebbes, with the markes for the entrings
of sundrie Harboroughs, both of England, Fraunce, Spaine, Ireland,
Flaunders, and the Soundes of Denmarke, with other necessarie
Rules of common Nauigation: Translated out of Dutch into English,
by Robert Norman, *Hydrographer.*

AT LONDON,
Printed by Iohn Windet, and Thomas Iud
for Richard Ballard. Anno Domini. 1584.

Abb. 106 Englische Übersetzung des Amsterdamer Segelhandbuchs von 1558, herausgegeben von Robert Norman, London 1584. (Oxford, Bodleyan Library, Savile. L. 18.(2), Titelseite)

Gheprent int Graefschap van Hol-
lant in die vermaerde coopstadt vã
Aemstelredam aen die oude side in die Kerckstraet/ By my Jan Ewout
zoon Figuer snijder/wonende inden vergulden Passer.

Abb. 107 Impressum des Amsterdamer Segelhandbuchs von 1558. (Letzte Seite)

Publikationsverzeichnis Arend Wilhelm Lang

Das vorliegende Buch ist das letzte Werk Arend W. Langs. Es bietet die Summe einer jahrzehntelangen Forschungstätigkeit und ist daher auch der geeignete Ort, durch eine Zusammenstellung der Veröffentlichungen des verdienten Wissenschaftlers einen Überblick über sein Lebenswerk zu geben. Arend Lang hatte nicht nur einen unkonventionellen wissenschaftlichen Werdegang, sondern auch die Veröffentlichungen seiner Forschungsergebnisse entsprachen nicht immer den üblichen Gepflogenheiten. Manches, das für einen sehr kleinen Kreis von Spezialisten gedacht war, wurde nur maschinenschriftlich vervielfältigt. Diese Arbeiten sind aber, da in den genannten Instituten für Interessierte greifbar, ebenso aufgenommen wie Artikel in Tageszeitungen, in denen Lang Früchte seiner Arbeit einem sehr großen Leserkreis mitteilte.

Dankbar benutzt habe ich die Liste »Veröffentlichungen von Arend W. Lang«, die Günter Luck im »Jahresbericht 1982 der Forschungsstelle für Insel- und Küstenschutz Norderney«, S. 163–171, herausgegeben hat. Diese Liste beruht auf Langs eigenen Aufzeichnungen, die aber unvollständig waren. Sie ist deshalb hier überarbeitet und erweitert worden; doch glaube ich, daß auch dieses Verzeichnis trotz intensiver Suche noch immer nicht vollständig ist. Hinweise auf eventuell übersehene Publikationen sind daher sehr willkommen.

Uwe Schnall

1934 1. Die Normannenpoorten an den friesischen Dorfkirchen, ihre Entstehung und Bedeutung. In: De Vrije Fries 32, 1934, S. 90–112.

1936 2. Die Wohn- und Wasserverhältnisse des Kreises Leer. Diss. med. Bonn 1936.

1941 3. Das Unglück vor Borkum. In: Ostfriesland, Mitteilungsblatt des Bundes der Ostfriesischen Heimatvereine (im folgenden: Ostfriesland) 1941, Heft 5, S. 22.

1942 4. Friesisch-finnische Beziehungen im frühen Mittelalter. In: Ostfriesland 1942, Heft 8, S. 6–10.

1944 5. Was uns alte Seebücher über Friesland erzählen. In: Ostfriesland 1944, Heft 11, S. 10–16.

1950 6. Untersuchungen zur älteren Darstellung der ostfriesischen Inselkette, insbesondere Juist, Bant, Buise und Norderney. Norderney 1950. (Ms. Forschungsstelle Norderney). – (Dass., Ms. Wasser- und Schiffahrtsamt Norden, 1952).

7. The Augsburg Travel Guide of 1563 and the Erlinger Road Map of 1524. In: Imago mundi 7, 1950, S. 84–88.

8. Die älteste Karte der ostfriesischen Küste. In: Ostfreesland (-Kalender) 33, 1950, S. 46–52.

9. Das älteste Kursbuch Deutschlands. (Ohne weitere Angaben, Stockholm 1950.)

10. Zur Wiederauffindung einer 400 Jahre verschollenen Karte Ostfrieslands. In: Ostfriesischer Kurier vom 4.11.1950.

11. Die älteste Spezialkarte Oldenburgs. In: Nordwest-Zeitung vom 18.12.1950.

12. Der Untergang der Insel Bant. In: Ostfreesland (-Kalender) 34, 1951, S. 37–44. 1951
13. Spuren alter ostfriesischer Salzindustrie. Wiederauffindung im Bereich der Insel Bant. In: Ostfriesischer Kurier vom 3.2.1951.
14. (als Enno Frisinga:) Grenzen als Barrikaden. In: Ostfriesen-Zeitung vom 3.3.1951.
15. (als Enno Frisinga:) Wiederbegegnung mit Helgoland. In: Ostfriesen-Zeitung vom 29.12.1951.
16. Die älteste Seekarte Ostfrieslands. (Ohne weitere Angaben, 1951).

17. Helgoland auf alten Karten. In: Packross, James, und Peter Rickmers (Hrsg.): Helgoland ruft. Hamburg 1952. S. 47–59. 1952
18. Martin Faber's Map of the Ems Mouth. In: Imago mundi 9, 1952, S. 79–82.
19. Bericht über die historische Entwicklung des Juister Watts und der Seegaten zwischen Juist und Norderney vom 16. bis zum Beginn des 20. Jahrhunderts. In: Jahresbericht 1952 der Forschungsstelle für Insel- und Küstenschutz, Norderney, Bd. 4. (Masch. vervielfältigt.)
20. (als Enno Frisinga:) Die Festungen Oldenburgs zur Dänenzeit. In: Nordwest-Zeitung vom 24.12.1952.

21. Cornelis Anthonisz († 1577), der Begründer der Hydrographie Niedersachsens. In: Neues Archiv für Niedersachsen 6, 1953, S. 219–242. 1953
22. Die geomorphologische Entwicklung des Juister Watts. Norderney 1953. (Ms. Forschungsstelle Norderney).
23. Ostfrieslands Küste in der Darstellung der älteren Segelhandbücher. In: Ostfreesland (-Kalender) 36, 1953, S. 41–50.

24. Untersuchungen zum Gestaltungswandel des Emsmündungstrichters von der Mitte des 16. Jahrhunderts bis zum 20. Jahrhundert. Band I und II. Emden 1954. (Ms. Wasser- und Schiffahrtsamt Emden, Abt. Emsmessung). 1954
25. (als Enno Frisinga:) Ostfrieslands älteste Zeitung erzählt aus zwei Jahrhunderten. In: Ostfriesischer Kurier vom 24.12.1954.
26. Gegen die Insel rast der Sturm. (Ohne weitere Angaben, 24.12.1954).

27. Das Juister Watt. Entwicklung der Inseln und des Festlandes um das Wattengebiet von Juist bis Norderney seit dem 16. Jahrhundert. Bremen 1955. (= Schriften der Wirtschaftswissenschaftlichen Gesellschaft zum Studium Niedersachsens, Band 57; zugleich: Veröffentlichungen des Niedersächsischen Amtes für Landesplanung und Statistik, Reihe A I, Band 57.) 1955
28. De ældste trykte fremstillinger af de danske kyster. In: Handels- og Søfartsmuseet på Kronborg, Årbog 1955, S. 49–76.
29. Traces of lost North European sea charts of the 15th century. In: Imago mundi 12, 1955, S. 31–44.
30. Norden im Mittelalter. Bilder aus seiner wirtschaftlichen und kulturellen Vergangenheit. In: Heim und Herd. Beilage zum Ostfriesischen Kurier, Nr. 6–7, 1955.
31. Die älteste Karte des Kreises Norden. In: Ostfriesischer Kurier vom 25.6.1955.

32. Agenten und Spione an unserer Küste. Ostfriesland im Spiegel ausländischer Geheimberichte des 16. Jahrhunderts. In: Ostfriesischer Kurier vom 24.12.1956. (Zugleich: Land um den Upstallsboom vom 24.12.1956.) 1956

33. Die älteste gedruckte Seekarte der Ems. Erläuterungen zur Lichtdruckausgabe der »Beschreibung der ostfriesischen Küste« des Lucas Jansz. Waghenaer von 1584. Juist 1957. (= Nordseeküste. Volkstümliche Vorträge und Abhandlungen 1957

des Küstenmuseums Juist [im folgenden: Nordseeküste], Heft 1). – (Zugleich: Nordseewerke Emden 1957, mit geändertem Untertitel: Erläuterungen zur Lichtdruckausgabe der »Beschrijvinge van de zee Custen van Oost Vriesslandt« des Lucas Jansz. Waghenaer von 1584.)

1958 34. Gestaltungswandel des Emsmündungstrichters. Untersuchungen zur Entwicklung der Emsmündung von der Mitte des 16. bis zum Beginn des 20. Jahrhunderts. Bremen 1958. (= Schriften der Wirtschaftswissenschaftlichen Gesellschaft zum Studium Niedersachsens, Band 58; zugleich: Veröffentlichungen des Niedersächsischen Amtes für Landesplanung und Statistik, Reihe A I, Band 58.) – (Umschlagtitel: Emsmündung).

35. Historische und kartographische Untersuchungen zur Entwicklung der ostfriesischen Inseln östlich von Norderney. Band I und II. Norderney 1958. (= Arbeiten aus der Forschungsstelle für Insel- und Küstenschutz, Norderney, Nr. 3; Ms. Forschungsstelle Norderney.)

1959 36. (zusammen mit Hans Mortensen:) Die Karten deutscher Länder im Brüsseler Atlas des Christian s'Grooten (1573). Band I: Karten, Band II: Text. Göttingen 1959. (= Abhandlungen der Akademie der Wissenschaften in Göttingen, phil.-hist. Klasse, 3. Reihe, Band 44.)

37. Die älteste erhaltene Spezialkarte Ostfrieslands (1564). Erläuterungen zur Lichtdruckausgabe der Karte Ostfrieslands und des Groningerlandes des Christian s'Grooten. (Die Karte »Pars Phrisiae Orientalis et Occidentalis« des Christian s'Grooten von 1564 [1573]). Juist 1959. (= Nordseeküste, Heft 2). – (Zugleich in: Jahrbuch der Gesellschaft für bildende Kunst und vaterländische Altertümer zu Emden [im folgenden: Emder Jahrbuch] 39, 1959, S. 97–114.)

38. (Gutachten:) Die Entwicklung der hoheitsrechtlichen Verhältnisse des Emsmündungsgebietes westlich Borkum in historischer Sicht. Aurich 1959. (Ms. in der Wasser- und Schiffahrtsdirektion Nordwest, Aurich.)

1960 39. Martin Fabers Seekarte der Emsmündung von 1642. Erläuterungen zur Lichtdruckausgabe. (»Die Pascaerte« des Martin Faber von 1642). Juist 1960. (= Nordseeküste, Heft 3). – (Zugleich in: Emder Jahrbuch 40, 1960, S. 97–113.)

40. (Gutachten:) Untersuchungen über die Entwicklung des Raumes Minsener Oog vom Ende des 16. Jahrhunderts bis Mitte des 19. Jahrhunderts. Wilhelmshaven 1960. (Ms. Wasser- und Schiffahrtsamt Wilhelmshaven.)

41. Ist Juist immer eine Insel gewesen? In: Juister Inselpost, Sondernummer 1840, 1960.

1961 42. Die »Seekarte der Watt- und Außenfahrt« des Mathurin Guitet (1708–10). Erläuterungen zur Lichtdruckausgabe. Juist 1961. (= Nordseeküste, Heft 4). – (Zugleich in: Friesisches Jahrbuch 3, 1961, S. 9–38; das ist gleichzeitig: Emder Jahrbuch 41; Jahrbuch des Nordfriesischen Vereins für Heimatkunde und Heimatliebe 34; Jahrbuch des Nordfriesischen Instituts 7; Jierboek 1961 fan de Fryske Akademy.)

43. Historische und kartographische Untersuchungen zur Entwicklung des Jadegebietes. Band I und II. Norderney 1961. (= Arbeiten aus der Forschungsstelle für Insel- und Küstenschutz, Norderney, Nr. 4; Ms. Forschungsstelle Norderney.)

44. Die älteste erhaltene Karte Wurtfrieslands. In: Jahrbuch der Männer vom Morgenstern 42, 1961, S. 138–145.

1962 45. Die Erstausgabe der Ostfriesland-Karte des Ubbo Emmius (1595). Erläuterungen zur Lichtdruckausgabe. Juist 1962. (= Nordseeküste, Heft 5). – (Zugleich in: Emder Jahrbuch 42, 1962, S. 93–125.)

46. Kleine Kartengeschichte Frieslands zwischen Ems und Jade. Entwicklung der Land- und Seekartographie von ihren Anfängen bis zum Ende des 19. Jahrhunderts. Juist 1962. (= Nordseeküste, Heft 6). – (Zugleich: Hier büst Du to Huus, Heft 6, Norden 1962.) – 2., durchgesehene Auflage 1985.
47. (als Enno Frisinga:) »Da ertrank Volk und Vieh sonder Zahl und geschah grosser Jammer«. In: Ostfriesischer Kurier vom 24.12.1962.

48. Die »Weihnachtsflut« vom 25. Dezember 1717. Erläuterungen zur Lichtdruck- 1963
ausgabe der Karte »Geographische Vorstellung der jämmerlichen Wasser-Flutt in Nieder-Teutschland« des J.B. Homann von 1718. Juist 1963. (= Nordseeküste, Heft 7).
49. Die »Nie vnd warhafftige Beschrivinge des Ostfreslandes« des David Fabricius von 1589. Erläuterungen zur Lichtdruckausgabe. Juist 1963. (= Nordseeküste, Heft 8.) – (Zugleich unter dem Titel: Die »Nie vnd warhafftige Beschrivinge des Ostfreslandes«. Eine wiederentdeckte Karte des David Fabricius von 1589. In: Emder Jahrbuch 43, 1963, S. 91–124.)
50. Historische und kartographische Untersuchungen zur Entwicklung der Küste und der Watten von Nordbutjadingen bis zur Elbmündung. Band I und II. Norderney 1963. (= Arbeiten aus der Forschungsstelle für Insel- und Küstenschutz Norderney, Nr. 5; Ms. Forschungsstelle Norderney.)

51. Das Wurster und Neuwerker Watt auf alten Karten. In: Jahrbuch der Männer 1964
vom Morgenstern 45, 1964, S. 94–124.
52. Archiv für Geschichte der Deutschen Nord- und Ostseeküste. In: Mitteilungen. Verein f. Niedersächs. Volkstum e.V., Bremen, Jg. 39, Heft 74, 1964, S. 138-140.

53. Entwicklung, Aufbau und Verwaltung des Seezeichenwesens an der deutschen 1965
Nordseeküste bis zur Mitte des 19. Jahrhunderts. Bonn 1965. – (Umschlagtitel: Geschichte des Seezeichenwesens.)
54. Det ældste kort over Nordeuropas søruter. In: Handels- og Søfartsmuseet på Kronborg, Årbog 1965, S. 145–172.
55. Juist und sein Küstenmuseum. In: Mein Juist – mein Watt. Zs. f. d. Freunde d. Juister Wattwanderungen, Jubiläumsausgabe 1965.
56. »... in allem die wahre Wohlfahrt von Juist gesucht.« – Aus dem Leben und Wirken des Juister Inselpfarrers Gerhard Otto Christian Janus. In: Die Muschel. Kurzeitung des Nordseeheilbades Juist, Jubiläumsausgabe vom 28.5.1965.

57. (Rezensionen von:) Waghenaer, Lucas Jansz.: De Spieghel der Zeevaerdt. 1584/ 1966
85. Reprint Amsterdam 1964. – Ortelius, Abraham: Theatrum Orbis Terrarum. 1570. Reprint Amsterdam 1964. In: Die Erde 97, 1966, S. 237f.
58. Der friesische Dichter Gysbert Japiks. In: Ostfriesenzeitung vom 29.6.1966.

59. Seekarten der südlichen Nord- und Ostsee. Ihre Entwicklung von den Anfängen 1968
bis zum Ende des 18. Jahrhunderts. Festschrift aus Anlaß des 100. Jahrestages der Gründung der Norddeutschen Seewarte Hamburg. Hamburg 1968. (= Deutsche Hydrographische Zs., Ergänzungshefte, Reihe B, Nr. 10.)

60. Historisches Seekartenwerk der Deutschen Bucht. Voraustext, 1. und 2. Liefe- 1969
rung. Neumünster 1969.

61. Untersuchungen zur morphologischen Entwicklung des nördlichen Elbeästuars 1970
von 1560 bis 1960. Hamburg 1970. (= Hamburger Küstenforschung, Heft 12.)

62. On the Beginnings of the Oldest Descriptions and Sea-charts by Seamen from 1972
North-West Europe. In: Proceedings of the Royal Society of Edinburgh, Sect. B., Vol. 77, 1972, S. 53-58.

1974 63. Historisches Seekartenwerk der Deutschen Bucht. 3. und 4. Lieferung. Neumünster 1974.

1975 64. Untersuchungen zur morphologischen Entwicklung des Dithmarscher Watts von der Mitte des 16. Jahrhunderts bis zur Gegenwart. Hamburg 1975. (= Hamburger Küstenforschung, Heft 31.)

1976 65. Das Watt auf alten Karten. In: Wattenmeer. Ein Naturraum der Niederlande, Deutschlands und Dänemarks. Neumünster 1976. S. 242–247. – (Dass., niederld.: De Waddenzee op oude kaarten. In: Waddenzee. Harlingen 1976; dass., dänisch: Vadehavet på gamle kort. In: Vadehavet. Esbjerg 1976.)

66. Untersuchung zur historisch-morphologischen Entwicklung des Elbeästuars. II. In: Hamburger Küstenforschung, Heft 36, 1976, S. 1–26 und 13 Taf.

67. Features in the Hydrographical History of the North and Baltic Seas. In: Map Making to 1900. VIIIth International Cartographical Conference, Moscow 1976.

1977 68. Das Kartenbild der Renaissance. Ausstellung der Herzog August Bibliothek Wolfenbüttel. Ausstellungskatalog. Wolfenbüttel 1977. (= Ausstellungskataloge der Herzog August Bibliothek 20.)

1978 69. (Rezension von:) Der Katalanische Weltatlas vom Jahre 1375. Reprint Stuttgart 1977, hrsgg. von H. Chr. Freiesleben. In: Karthographische Nachrichten 28, 1978, S. 235f.

70. (Gutachten, zusammen mit Gerhard Wiedemann:) Gutachten zur Frage der Aufstellung der Ostbake Neuwerk oder der wissenschaftlich abgesicherten Möglichkeiten einer originalgetreuen Rekonstruktion der Neuwerker Blüse auf dem Gelände des Deutschen Schiffahrtsmuseums in Bremerhaven. – Kurzer geschichtlicher Abriß der Blüse Neuwerk. Bremerhaven 1978. (Ms. Deutsches Schiffahrtsmuseum, Bremerhaven.)

1980 71. Historisches Seekartenwerk der Deutschen Bucht. 5. Lieferung. Neumünster 1980.

72. 200 Jahre Kirche im heutigen Juister Inseldorf. In: Ostfriesischer Kurier (ohne Angabe, 1980).

1981 73. Historisch-morphologische Untersuchung der Wesermündung. Bremerhaven 1981. (Ms. Wasser- und Schiffahrtsamt Bremerhaven.)

1985 74. Historisches Seekartenwerk der Deutschen Bucht. 6. Lieferung. Neumünster 1985. (Abschlußlieferung; nicht im ursprünglich geplanten Umfang herausgegeben.)

1986 75. Die »Caerte van oostlant« des Cornelis Anthonisz. 1543. Die älteste gedruckte Seekarte Nordeuropas und ihre Segelanweisung. Hamburg 1986. (= Schriften des Deutschen Schiffahrtsmuseums, Band 8.)